DEEP LEARNING ILLUSTRATED
A Visual, Interactive Guide to Artificial Intelligence

图解 深度学习
可视化、交互式的人工智能指南

[美] 乔恩·克罗恩（Jon Krohn）　　格兰特·贝勒费尔德（Grant Beyleveld）

阿格莱·巴森斯（Aglaé Bassens）著

刘乐平　刘芳　程瑞华　译

人民邮电出版社

北　京

图书在版编目（ＣＩＰ）数据

图解深度学习：可视化、交互式的人工智能指南 /
（美）乔恩·克罗恩，（美）格兰特·贝勒费尔德，（美）
阿格莱·巴森斯著；刘乐平，刘芳，程瑞华译. -- 北京：
人民邮电出版社，2022.12
ISBN 978-7-115-59153-1

Ⅰ. ①图… Ⅱ. ①乔… ②格… ③阿… ④刘… ⑤刘
… ⑥程… Ⅲ. ①机器学习—图解 Ⅳ. ①TP181-64

中国版本图书馆CIP数据核字(2022)第063869号

- ◆ 著　　　　［美］乔恩·克罗恩（Jon Krohn）

　　　　　　　［美］格兰特·贝勒费尔德（Grant Beyleveld）

　　　　　　　［美］阿格莱·巴森斯（Aglaé Bassens）

　　译　　　　刘乐平　刘　芳　程瑞华

　　责任编辑　王峰松

　　责任印制　王　郁　焦志炜

- ◆ 人民邮电出版社出版发行　　北京市丰台区成寿寺路 11 号

　　邮编　100164　　电子邮件　315@ptpress.com.cn

　　网址　https://www.ptpress.com.cn

　　临西县阅读时光印刷有限公司印刷

- ◆ 开本：787×1092　1/16

　　印张：18.5　　　　　　　　　2022 年 12 月第 1 版

　　字数：417 千字　　　　　　　2022 年 12 月河北第 1 次印刷

　　著作权合同登记号　图字：01-2020-0633 号

定价：119.80 元

读者服务热线：**(010)81055410**　印装质量热线：**(010)81055316**

反盗版热线：**(010)81055315**

广告经营许可证：京东市监广登字 20170147 号

内容提要

　　本书利用精美的插图和有趣的类比,对深度学习的主流技术和背后的原理进行了深入浅出的讲解,解释了什么是深度学习,深度学习流行的原因,以及深度学习与其他机器学习方法的关系。阅读本书,读者可以掌握卷积神经网络、循环神经网络、生成对抗网络和深度强化学习等热门技术,学习 TensorFlow、Keras 和 PyTorch 等热门工具的使用,同时能够更深刻地理解计算机视觉、自然语言处理和游戏等领域的人工智能应用。本书还提供了简单明了的示例和代码,能够帮助读者动手实践。

　　本书适合人工智能、机器学习、深度学习等领域的开发人员、数据科学家、研究人员、分析师和学生阅读。

对本书的赞誉

"在未来的几十年里,人工智能将极大地改变我们生活的每一方面,这在很大程度上归功于当今科技在深度学习方面的突破。本书全面、清晰地展示了人工神经网络目前已经实现的功能,并对即将发生的奇迹进行了展望。"

——Tim Urban,Wait But Why 博客的作者,插画家

"这是一本通俗易懂、简明实用、综合全面的深度学习入门手册,也是一本配有精美插图的机器学习图书。"

——Michael Osborne 博士,牛津大学机器学习(专业)教授

"这本书应该是深度学习初学者的第一站,因为它包含了许多具体的、易于理解的例子,以及相应的教程和演示代码。强烈推荐。"

—— 李崇博士,Nakamoto & Turing Labs 联合创始人,
哥伦比亚大学客座教授

"现在很难想象开发新产品时不考虑使用机器学习来丰富它们的功能。深度学习在许多实际领域都有广泛的应用,本书用清晰易懂的直观方法介绍了深度学习,对任何想了解什么是深度学习以及它将如何影响未来工作和生活的人都很有帮助。"

——Helen Altshuler,谷歌公司工程主管

"这本书充分利用了漂亮的插图和有趣的类比,使深度学习背后的理论变得十分易于掌握。此外,它还提供了简单明了的示例代码和最佳实践,使读者能够立即将这一变革性技术应用到他们感兴趣的特定领域。"

——Rasmus Rothe 博士,Merantix 实验室创始人

　　"对于任何想了解深度学习是什么以及为什么它能驱动当今几乎所有自动化应用程序（从聊天机器人、语音识别工具到自动驾驶汽车）的人来说，本书都是珍贵的资源。插图和生物学解释有助于使复杂的话题变得生动起来，并使人们更容易掌握和理解深度学习的基本概念。"

——Joshua March，Conversocial 公司首席执行官兼联合创始人，

Message Me 一书的作者

　　"深度学习重新规范和定义了机器视觉、自然语言和序列决策任务。如果你想通过深度神经网络处理数据，构建高性能模型，那么这本书凭借其创新的、高度可视化的方法，就是你的一个理想起点。"

——Alex Flint 博士，机器人专家兼企业家

序

将机器学习作为统计学和计算机工程学的未来发展方向,已经得到越来越多专业人士的认可。机器学习正在引领其他学科和行业,并重塑客户服务、设计、银行业、医疗健康、制造业的新格局。无论如何高估机器学习对当今世界造成的影响,以及它在未来几年甚至几十年给人类生活带来的变革,都不为过。许多机器学习方法已被专业人员广泛使用,例如惩罚回归(penalized regression)、随机森林(random forest)和提升树(boosted tree)算法等,但最令人瞩目的机器学习方法无疑是深度学习(deep learning)。

深度学习已经颠覆了计算机视觉和自然语言处理的传统方法,研究人员仍在积极探索神经网络可以大显身手的新领域。在上述计算机视觉、自然语言处理以及音频合成和机器翻译等领域,深度学习已展现出超强的复制人类经验的能力。但令人遗憾的是,深度学习底层的数学知识和概念往往令人生畏,很多初学者都因此被拒之门外。

本书作者尝试解决这一难题,他们努力使本书中的相关知识变得浅显易懂又不失深度,从而提升读者的阅读体验。本书和“数据与分析”系列中其他图书一样,面向更广泛的读者,适合具有各种专业背景的人士学习。这个系列包括 *R for Everyone*、*Pandas for Everyone*、*Programming Skills for Data Science* 和 *Machine Learning with Python for Everyone*。本书尽量避免使用冗繁的数学符号,不得不使用数学公式时,也会辅以通俗易懂的解释。本书将用清晰的图示和 Keras 代码帮助读者理解,相关程序的源代码均可从 Jupyter 记事本文件中获得[①]。

本书作者乔恩·克罗恩(Jon Krohn)具有多年的深度学习课程教授经验,他在纽约开源统计编程聚会(New York Open Statistical Programming Meetup)上的演讲令人难忘。在这次演讲之后,他成立了深度学习研究小组(Deep Learning Study Group),小组成员被他对深度学习的深刻领悟和高超的写作技巧所折服,在相互讨论和资料分享中得到了很大的收获。格兰特·贝勒费尔德(Grant Beyleveld)和阿格莱·巴森斯(Aglaé Bassens)分别负责本书中深度学习算法的应用和插画绘制工作。

本书将深度学习理论、所需的数学知识、代码和可视化全面融合起来。本书涵盖深度学习的主要内容,包括全连接网络(fully connected network)、卷积神经网络(convolutional neural network)、循环神经网络(recurrent neural network)、生成对抗网络(generative adversarial network)、强化学习(reinforcement learning)以及相关应用。本书可以作为神经网络理论及其应用实践的指南,是希望了解神经网络的读者的理想选择。无论你是谁,只要你愿意,请跟随作者一起踏上深度学习之旅,相信你会获益匪浅。

Jared Lander

Addison-Wesley “数据与分析”系列丛书编辑

---

① 可在 GitHub 网站上搜索“deep-learning-illustrated”,以查看 Jupyter 记事本文件。

前言

神经元(neuron)是人类脑细胞的重要组成部分。数十亿个相互连接的神经元组成了我们的神经系统,使我们能够感知、思考和采取行动。西班牙医生圣地亚哥·卡哈尔(Santiago Cajal,如图 1 所示)通过对脑组织切片的细微染色和检查,第一次识别出生物神经元[①](参见图 2)。20 世纪初期,研究人员开始探讨这些生物神经元是如何工作的。20 世纪 50 年代,随着对大脑功能理解的不断深入,科学家们开始尝试利用计算机进行仿真实验,他们将人工神经元(artificial neuron)连接在一起,构成人工神经网络(artificial neural network),粗略地对自然界中真实的生物神经元进行模仿。

 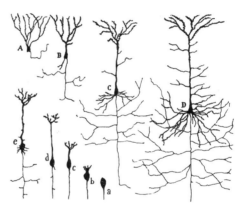

图 1　圣地亚哥·卡哈尔(1852—1934)　　图 2　一幅来自圣地亚哥·卡哈尔(1894 年)的手绘图解,展示了神经元的生长(a～e)和神经元样本之间的对比,这些样本分别来自蛙(A)、蜥蜴(B)、老鼠(C)和人类(D)

在了解了神经元的简要历史后,我们可以直接对深度学习这一术语进行定义:深度学习是一个多层的网络,在这个网络的每层之间,包含数千、数百万甚至更多的人工神经元,第一层的人工神经元将信息传递给第二层,第二层再将信息传递给第三层,层层传递,直到最后一层输出数值。不过,仅仅通过这种纯文字给出的简单定义,读者很难感受到深度学习令人惊叹的强大功能,也很难深刻体会到它与众不同的细微处理。

正如我们将在第 1 章中详述的那样,随着计算资源足够便宜,大数据集更易获得,以及理论上更多里程碑式的突破,深度学习在 2012 年的机器视觉竞赛中的表现极为抢眼,与此同时,它的第一波浪潮如海啸般席卷而来。在随后激动人心的几年里,深度学习的发展受到研究学者和业内专家的极大关注。如今,深度学习技术的进步已使日常生活中的无数应用更加智能和便捷,从特斯拉的自动驾驶仪到亚马逊的 Alexa 语音识别,从不同语言间的实时

---

① Cajal, S.-R. (1894). *Les Nouvelles Idées sur la Structure du Système Nerveux chez l'Homme et chez les Vertébrés*. Paris: C. Reinwald & Companie.

翻译到在数百种谷歌产品中的集成,深度学习已经将大量计算任务的精确率从 95% 提高到 99%,甚至更高——这种微妙的几个百分点的提高,可以使日常应用服务的自动化智能水平像被施了魔法一样迅速提升。尽管本书中具体详尽的交互式代码示例会帮助读者揭开这些魔法的神秘面纱,但是深度学习确实赋予了机器在完成复杂任务上无与伦比的超人的能力,这些复杂任务种类多样,如人脸识别、文本摘要和复杂的棋牌游戏等。鉴于这些重要的进展,"深度学习"自然而然地成了流行媒体、工作场所和家庭中"人工智能"的代名词。

这些都是令人激动的变革时刻,你在阅读本书的过程中将有所体会,也许一生中只有这一次机会,目睹一个概念在如此短的时间内如此广泛地渗透到社会生活的方方面面。我们很高兴看到你对深度学习产生兴趣,我们迫不及待地想和你分享这种前所未有的技术变革所带来的新奇感受。

如何阅读本书

本书分为 4 部分。第 I 部分适合任何对深度学习这一主题感兴趣的读者。这一部分是对深度学习的高度概览,介绍什么是深度学习,它是如何发展的,又是怎样无处不在的,它与人工智能、机器学习和强化学习等概念之间是什么关系。第 I 部分含有生动有趣的定制图示、直观的类比和以人物为中心的叙述,应该对所有读者,包括还没有任何软件编程经验的人,都有所启发。

相比之下,第 II 部分～第 IV 部分是为软件开发人员、数据科学家、研究人员、分析师和其他希望学习如何在他们所在的领域里应用深度学习技术的人准备的。本书的这些部分将会最大限度地少用数学公式,而尽可能用直观的视觉效果和 Python 实操示例讲述基础理论。除了基础理论,机器视觉(第 10 章)、自然语言处理(第 11 章)、生成对抗网络(第 12 章)和深度强化学习(第 13 章)均附有 Jupyter 记事本的示例代码,这有助于加深读者对深度学习方法和应用体系的理解。为清楚起见,我们会以等宽字体展示引用的代码。为了提高可读性,在代码块中,我们还包含了默认的 Jupyter 样式(如绿色的数字、红色的字符串)。

如果想更详细地了解深度学习的数学和统计学基础,我们推荐你使用以下两本书来进一步学习。

- Michael Nielsen 的《深入浅出神经网络与深度学习》(*Neural Networks and Deep Learning*),这是一本简短的书,利用有趣的互动小程序来演示概念,使用的数学符号与本书相似。

- Ian Goodfellow(将在第 3 章中介绍)、Yoshua Bengio(如图 1.10 所示)和 Aaron Courville 的《深度学习》(*Deep Learning*)一书,这本书全面涵盖了神经网络技术的数学基础。

在本书的某些地方,你会发现一只生动可爱的三叶虫(如图 3 所示)正在阅读一本叫作 *A.I.* 的书。阅读中的三叶虫是一只喜欢扩展你的知识面的小书虫,会给你提供一些它认为你可能会感兴趣或对你有帮助的非专业内容。与此同时,带警示号的三叶虫(如图 4 所示)会提示你注意一些可能引发问题的文字,因此它会使问题得到澄清。除了栖息在侧边栏的三叶虫,我们还会使用大量脚注,这些同样不是必要的内容,却提供了对新术语和缩写的快速解释,以及对重要论文和其他参考文献的引用,如果你有时间的话,可以进一步了解。

图 3　阅读中的三叶虫，它喜欢扩展你的知识面

图 4　这只带警示号的三叶虫会在文中一些特定
位置提醒你小心。请留意它！

对于本书的大部分内容，我们也给出了相应的视频教程[①]。虽然本书为我们提供了一个更彻底地阐明理论概念的机会，但视频教程让你能够从不同的角度熟悉我们的 Jupyter 记事本，其中每一行代码的重要性都是在录入时口头描述的[②]。视频教程分为 3 个主题，每个主题都与本书的特定章节相对应：

- *Deep Learning with TensorFlow LiveLessons*[③]：第 1 章、第 5 章～第 10 章；
- *Deep Learning for Natural Language Processing LiveLessons*[④]：第 2 章和第 11 章；
- *Deep Reinforcement Learning and GANs LiveLessons*[⑤]：第 3 章、第 4 章、第 12 章和第 13 章。

[①] 本书的英文版提供了相应的视频课程，感兴趣的读者可以从 Addison-Wesley 官网搜索这些课程，并自行购买。——编者注

[②] 本书中涉及的许多 Jupyter 记事本都是直接从视频中派生出来的，这些视频都是在编写本书之前录制的。在某些地方，我们决定更新本书的代码，因此，虽然有些代码的视频版本和书中的版本非常接近，但它们可能并不总是完全相同。

[③] Krohn，J. 的 *Deep Learning with TensorFlow LiveLessons*：*Applications of Deep Neural Networks to Machine Learning Tasks*（视频课程），Addison-Wesley 于 2017 年出版。

[④] Krohn，J. 的 *Deep Learning for Natural Language Processing LiveLessons*：*Applications of Deep Neural Networks to Machine Learning Tasks*（视频课程），Addison-Wesley 于 2017 年出版。

[⑤] Krohn，J. 的 *Deep Reinforcement Learning and GANs LiveLessons*：*Advanced Topics in Deep Learning*（视频课程），Addison-Wesley 于 2018 年出版。

致谢

我们非常感谢 untapt 团队，特别是 Andrew Vlahutin、Sam Kenny 和 Vince Petaccio II，他们为我们编写本书提供了很大的支持，特别要提到的是神经网络发烧友 Ed Donner，他不断激发我们的热情，鼓励我们在深度学习领域持续追求。

此外，非常感谢深度学习研究小组（Deep Learning Study Group）的数十名成员，他们定期参加我们在 untapt 的纽约办事处举办的激动人心、充满活力的会议。因为本书是从我们的学习小组的讨论中衍生出来的，所以很难想象没有他们，我们将如何构思本书。

感谢我们的技术审稿人提供的有价值的反馈，这些反馈显著地提升了本书的内容品质。这些审稿人是 Alex Lipatov、Andrew Vlahutin、Claudia Perlich、Dmitri Nesterenko、Jason Baik、Laura Graesser、Michael Griffiths、Paul Dix 和 Wah Loon Keng。感谢本书（英文原版书）的编辑和经理 Chris Zahn、Betsy Hardinger、Anna Popick 和 Julie Nahil，他们的细心和周到保证了本书的清晰表达和完美展现。感谢 Jared Lander，他领导了纽约开源统计编程社区，同时为我们的深度学习研究小组播下种子，并促成了与 Pearson 的 Debra Williams Cauley 的会面。特别感谢 Debra，她从我们遇到她的那天起就非常支持我们各种新奇的出版理念，并在确保本书成功出版方面发挥了重要作用。也要感谢在学术上指导我们并一直激励我们的科学家和机器学习专家，特别是 Jonathan Flint、Felix Agakov 和 Will Valdar。

最后，感谢我们的家人和朋友，他们不仅对我们在周末和假期还在工作表示理解，还给予了我们真心的赞美和鼓励。

作者简介

乔恩·克罗恩（Jon Krohn）是 untapt 机器学习公司的首席数据科学家。他参与了由 Addison-Wesley 发布的一系列广受好评的教程，包括 *Deep Learning with TensorFlow* 和 *Deep Learning for Natural Language Processing* 等直播课程。他在纽约市数据科学学院讲授深度学习课程，并担任哥伦比亚大学的客座讲师。

他拥有牛津大学神经科学博士学位，2010 年以来，在 *Advances in Neural Information Processing Systems* 等重要同行评议期刊上发表了多篇机器学习方面的研究论文。

格兰特·贝勒费尔德（Grant Beyleveld）是 untapt 机器学习公司的一名数据科学家，他的工作是利用深度学习进行自然语言处理。他拥有纽约市 Mount Sinai 医院 Icahn 医学院的生物医学博士学位，研究过病毒和宿主的关系。他是深度学习研究小组的创始成员。

阿格莱·巴森斯（Aglaé Bassens）是一位插画师。她曾在牛津大学拉斯金（Ruskin）美术学院和伦敦大学斯莱德（Slade）美术学院研修美术。除插画师的工作外，她还擅长绘制静物画和壁画。

资源与支持

本书由异步社区出品,社区(https://www.epubit.com)为您提供相关资源和后续服务。

配套资源

本书提供部分章节的源代码下载,要获得相关配套资源,请在异步社区本书页面中单击 ,跳转到下载界面,按提示进行操作即可。注意:为保证购书读者的权益,该操作会给出相关提示,要求输入提取码进行验证。

提交错误信息

作者和编辑尽最大努力来确保书中内容的准确性,但难免会存在疏漏。欢迎您将发现的问题反馈给我们,帮助我们提升图书的质量。

当您发现错误时,请登录异步社区,按书名搜索,进入本书页面,单击"提交勘误",输入错误信息,单击"提交"按钮即可(见下图)。本书的作者和编辑会对您提交的错误信息进行审核,确认并接受后,您将获赠异步社区的 100 积分。积分可用于在异步社区兑换优惠券、样书或奖品。

扫码关注本书

扫描下方二维码,您将会在异步社区微信服务号中看到本书信息及相关的服务提示。

与我们联系

我们的联系邮箱是 contact@epubit.com.cn。

如果您对本书有任何疑问或建议,请您发邮件给我们,并请在邮件标题中注明本书书名,以便我们更高效地做出反馈。

如果您有兴趣出版图书、录制教学视频,或者参与图书翻译、技术审校等工作,可以发邮件给我们;有意出版图书的作者也可以到异步社区在线投稿(直接访问 www.epubit.com/selfpublish/submission 即可)。

如果您来自学校、培训机构或企业,想批量购买本书或异步社区出版的其他图书,也可以发邮件给我们。

如果您在网上发现有针对异步社区出品图书的各种形式的盗版行为,包括对图书全部或部分内容的非授权传播,请您将怀疑有侵权行为的链接发邮件给我们。您的这一举动是对作者权益的保护,也是我们持续为您提供有价值的内容的动力之源。

关于异步社区和异步图书

"异步社区"是人民邮电出版社旗下 IT 专业图书社区,致力于出版精品 IT 图书和相关学习产品,为作译者提供优质出版服务。异步社区创办于 2015 年 8 月,提供大量精品 IT 图书和电子书,以及高品质技术文章和视频课程。更多详情请访问异步社区官网 https://www.epubit.com。

"异步图书"是由异步社区编辑团队策划出版的精品 IT 专业图书的品牌,依托于人民邮电出版社数十年的计算机图书出版积累和专业编辑团队,相关图书在封面上印有异步图书的 LOGO。异步图书的出版领域包括软件开发、大数据、人工智能、测试、前端、网络技术等。

异步社区

微信服务号

目录

第 I 部分　深度学习简介　1

第1章　生物视觉与机器视觉　2

1.1　生物视觉　2

1.2　机器视觉　6

　　1.2.1　神经认知机　7

　　1.2.2　LeNet-5　7

　　1.2.3　传统机器学习方法　9

　　1.2.4　ImageNet 和 ILSVRC　10

　　1.2.5　AlexNet　10

1.3　TensorFlow Playground　13

1.4　Quick, Draw!　14

1.5　小结　15

第2章　人机语言　16

2.1　自然语言处理的深度学习　16

　　2.1.1　深度学习网络能够自动学习表征　16

　　2.1.2　自然语言处理　17

　　2.1.3　自然语言处理的深度学习简史　18

2.2　语言的计算表示　19

　　2.2.1　独热编码　19

　　2.2.2　词向量　20

　　2.2.3　词向量算法　22

　　2.2.4　word2viz　23

　　2.2.5　局部化与分布式表示　24

2.3　自然人类语言要素　25

2.4　Google Duplex　27

2.5　小结　28

第3章　机器艺术　29

3.1　一个热闹的通宵　29

3.2　伪人脸算法　31

3.3　风格迁移:照片与莫奈风格间的相互转换　33

3.4　让你的素描更具真实感　34

3.5　基于文本创建真实感图像　35

3.6　使用深度学习进行图像处理　35

3.7　小结　36

第4章　对弈机　38

4.1　人工智能、深度学习和其他技术　38

4.1.1　人工智能　39

4.1.2　机器学习　39

4.1.3　表征学习　39

4.1.4　人工神经网络　39

4.1.5　深度学习　40

4.1.6　机器视觉　40

4.1.7　自然语言处理　41

4.2　机器学习问题的3种类型　41

4.2.1　监督学习　41

4.2.2　无监督学习　41

4.2.3　强化学习　42

4.3　深度强化学习　43

4.4　电子游戏　44

4.5　棋盘游戏　45

4.5.1　AlphaGo　46

4.5.2　AlphaGo Zero　49

4.5.3　AlphaZero　50

4.6　目标操纵　52

4.7　主流的深度强化学习环境　53

4.7.1　OpenAI Gym　53

4.7.2　DeepMind Lab　54

4.7.3　Unity ML-Agents　55

4.8　人工智能的3种类型　56

4.8.1　狭义人工智能　56

4.8.2　通用人工智能　56

4.8.3　超级人工智能　56

4.9　小结　56

第Ⅱ部分　图解深度学习基本理论　57

第5章　先代码后理论　58

5.1　预备知识　58

5.2　安装　58

5.3　用Keras构建浅层网络　59

5.3.1　MNIST手写数字　59

5.3.2　浅层网络简图　60

5.3.3　加载数据　61

5.3.4　重新格式化数据　63

5.3.5　设计神经网络架构　64

5.3.6　训练深度学习模型　65

5.4　小结　66

第6章　热狗人工神经元检测器　67

6.1　生物神经元概述　67

6.2　感知机　68

6.2.1　热狗/非热狗感知机　68

6.2.2　本书中最重要的公式　71

6.3　现代人工神经元与激活函数　72

6.3.1　sigmoid神经元　72

6.3.2　tanh神经元　73

6.3.3　ReLU：线性整流单元　74

6.4　选择神经元　74

6.5　小结　75

6.6　核心概念　75

第7章　人工神经网络　76

7.1　输入层　76

7.2　全连接层　76

7.3　热狗检测全连接网络　77

7.3.1　通过第一个隐藏层的正向传播　78

7.3.2　通过后续层的正向传播　79

7.4　快餐分类网络的softmax层　81

7.5 浅层网络回顾 83

7.6 小结 84

7.7 核心概念 84

第8章 训练深度网络 85

8.1 损失函数 85

8.1.1 平方损失函数 85

8.1.2 饱和神经元 86

8.1.3 交叉熵损失函数 86

8.2 优化:学习最小化损失 88

8.2.1 梯度下降 88

8.2.2 学习率 89

8.2.3 batch size和随机梯度下降 90

8.2.4 解决局部极小值问题 92

8.3 反向传播 94

8.4 调整隐藏层层数和神经元数量 94

8.5 用Keras构建中等深度的神经网络 95

8.6 小结 98

8.7 核心概念 98

第9章 改进深度网络 99

9.1 权重初始化 99

9.2 不稳定梯度 104

9.2.1 梯度消失 104

9.2.2 梯度爆炸 105

9.2.3 批量归一化 105

9.3 模型泛化(避免过拟合) 106

9.3.1 L1/L2正则化 107

9.3.2 dropout 108

9.3.3 数据增强 110

9.4 理想的优化器 110

9.4.1 动量 110

9.4.2 Nesterov动量 111

9.4.3 AdaGrad 111

9.4.4 AdaDelta和RMSProp 111

　　　　9.4.5　Adam　112

　　9.5　用Keras构建深度神经网络　112

　　9.6　回归　114

　　9.7　TensorBoard　116

　　9.8　小结　118

　　9.9　核心概念　118

第Ⅲ部分　深度学习的交互应用　119

　第10章　机器视觉　120

　　10.1　卷积神经网络　120

　　　　10.1.1　视觉图像的二维结构　120

　　　　10.1.2　计算复杂度　120

　　　　10.1.3　卷积层　121

　　　　10.1.4　多个卷积核　122

　　　　10.1.5　卷积示例　123

　　　　10.1.6　卷积核的超参数　126

　　10.2　池化层　127

　　10.3　用Keras实现LeNet-5　129

　　10.4　用Keras实现AlexNet和VGGNet　133

　　10.5　残差网络　136

　　　　10.5.1　梯度消失：深度CNN的最大缺点　136

　　　　10.5.2　残差连接　136

　　　　10.5.3　ResNet　138

　　10.6　机器视觉的应用　139

　　　　10.6.1　目标检测　139

　　　　10.6.2　图像分割　142

　　　　10.6.3　迁移学习　143

　　　　10.6.4　胶囊网络　147

　　10.7　小结　147

　　10.8　核心概念　147

　第11章　自然语言处理　149

　　11.1　自然语言数据的预处理　149

　　　　11.1.1　分词　151

11.1.2 将所有字符转换成小写 153

11.1.3 删除停顿词和标点符号 153

11.1.4 词干提取 154

11.1.5 处理 n-grams 155

11.1.6 预处理整个语料库 156

11.2 通过word2vec创建词嵌入 158

11.2.1 word2vec背后的基本理论 158

11.2.2 词向量的评估 160

11.2.3 word2vec的运行 160

11.2.4 词向量的绘制 163

11.3 ROC曲线下的面积 167

11.3.1 混淆矩阵 168

11.3.2 计算ROC AUC指标 169

11.4 通过常见网络实现自然语言分类 171

11.4.1 加载IMDb电影评论 171

11.4.2 检查IMDb数据 173

11.4.3 标准化评论长度 176

11.4.4 全连接网络 176

11.4.5 卷积网络 182

11.5 序列数据的网络设计 186

11.5.1 循环神经网络 186

11.5.2 LSTM 189

11.5.3 双向LSTM 192

11.5.4 堆叠的循环神经网络 192

11.5.5 seq2seq模型和注意力机制 193

11.5.6 自然语言处理中的迁移学习 194

11.6 非序列架构——Keras函数式API 195

11.7 小结 198

11.8 核心概念 199

第12章 生成对抗网络 200

12.1 生成对抗网络的基本理论 200

12.2 "Quick, Draw!"数据集 202

12.3 判别器网络 205

12.4 生成器网络 208

12.5 对抗网络 211

12.6 训练生成对抗网络 212

12.7 小结 218

12.8 核心概念 219

第13章 深度强化学习 220

13.1 强化学习的基本理论 220

13.1.1 Cart-Pole 游戏 221

13.1.2 马尔可夫决策过程 222

13.1.3 最优策略 224

13.2 深度Q-Learning网络的基本理论 225

13.2.1 值函数 226

13.2.2 Q值函数 226

13.2.3 估计最优Q值 226

13.3 定义DQN智能体 227

13.3.1 初始化参数 229

13.3.2 构建智能体的神经网络模型 231

13.3.3 记忆游戏 232

13.3.4 记忆回放训练 232

13.3.5 选择要采取的行动 233

13.3.6 保存和加载模型参数 234

13.4 与OpenAI Gym环境交互 234

13.5 通过SLM Lab进行超参数优化 236

13.6 DQN智能体以外的智能体 238

13.6.1 策略梯度算法和REINFORCE 算法 239

13.6.2 Actor-Critic算法 240

13.7 小结 240

13.8 核心概念 241

第Ⅳ部分 您与人工智能 243

第14章 推进专属于您的深度学习项目 244

14.1 深度学习项目构想 244

14.1.1 机器视觉和生成对抗网络 244

14.1.2 自然语言处理 246

14.1.3 深度强化学习 246

14.1.4 转换现有的机器学习项目 247

14.2 引申项目资源 248

14.3 建模过程和超参数调优 249

14.4 深度学习框架 251

14.4.1 Keras 和 TensorFlow 251

14.4.2 PyTorch 253

14.4.3 MXNet、CNTK、Caffe 等深度学习
框架 253

14.5 Software 2.0 253

14.6 迈向通用人工智能 255

14.7 小结 256

第 V 部分 附录 259

附录 A 神经网络的形式符号 260

附录 B 反向传播 262

附录 C PyTorch 265

本书图片来源 271

第 I 部分
深度学习简介

第1章　生物视觉与机器视觉

第2章　人机语言

第3章　机器艺术

第4章　对弈机

第1章
生物视觉与机器视觉

在本章甚至本书的大部分内容中，我们都会用生物有机体的视觉系统来类比深度学习理论及其在日常生活中的应用。这种类比的思维方法，不仅可以帮助我们了解深度学习的基本理论，还可以提升我们洞察深度学习核心的能力，从而理解深度学习方法之所以功能强大且应用广泛的本质。

1.1 生物视觉

大约五亿五千万年前,在史前寒武纪时期,地球上的物种数量开始激增(参见图 1.1)。生物化石记录中有证据[1]表明,这次物种激增是由三叶虫的光探测器(视觉系统)进化引发的。三叶虫[2]是一种与螃蟹相关的海洋远古生物(参见图 1.2)。生物体的视觉系统,即便是原始的三叶虫光探测器,也具备了令其本身欣喜愉悦的功能。例如,生物体在一定范围之内,可以通过视觉系统找到美味的食物,发现友好的伙伴或致命的天敌。其他感官,如嗅觉系统,也能使生物体感受到这些,但与视觉系统相比,其精确性会变差,速度上也达不到光速的视觉反应。如果以上假说成立,则可以推测正是由于三叶虫光探测器的进化,才极大提高了三叶虫的捕食技巧,使得三叶虫迅速繁殖,与此同时,也促进了三叶虫食物链上下端的生物不断进化繁殖,诱发了寒武纪时期的物种大爆发。

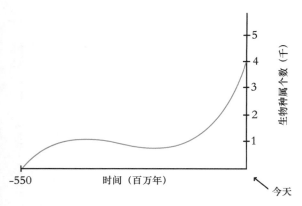

图 1.1 地球上的物种数量在五亿五千万年前的史前寒武纪时期开始迅速增加。"属"是相关物种的类别

---

[1] Parker, A. (2004). *In the Blink of an Eye: How Vision Sparked the Big Bang of Evolution*. New York: Basic Books.

[2] 三叶虫(trilobite)是最早进化出眼睛的远古生物,从而成为寒武纪时期的海洋霸主。它们的眼睛是由细小的方解石结晶透镜构成的。大多数的三叶虫有全色眼,与昆虫的复眼类似。三叶虫的全色眼中有多达 15 000 个六边形透镜紧密相连,就像蜂窝的巢室一样,而每个透镜略朝不同方向。只要有动物移动,三叶虫的全色眼中就可以呈现出模糊的影像。——译者注

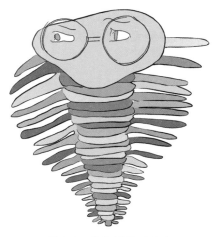

图 1.2　戴眼镜的三叶虫

在三叶虫视觉系统不断发展的 5 亿年中,视觉感知的复杂性也逐渐增大。事实上,在现代哺乳动物中,大脑皮层[①]的很大一部分——大脑的外部灰质——就与视觉有关。20 世纪 50 年代末,约翰·霍普金斯大学的神经生理学家 David Hubel 和 Torsten Wiesel(参见图 1.3)对哺乳动物大脑皮层中视觉信息的处理方式进行了开创性的研究[②]。因为这项重要研究工作,他们在 1981 年荣获诺贝尔生理学或医学奖[③]。

图 1.3　获得诺贝尔奖的神经生理学家 David Hubel(左)和 Torsten Wiesel(右)

---

① 关于大脑皮层的几点粗略说明:首先,大脑皮层一般是较高级别生物的大脑才有的,相对于爬行动物和两栖动物等较老的动物种类,这种结构增加了哺乳动物行为的复杂性。其次,因为大脑皮层是大脑的外表面,而这个皮层组织是灰色的,所以学者们普遍称大脑为灰质,但事实上大脑的大部分是白质。总的来说,相比灰质,白质负责将信息传递到更远的地方,因为白质中的神经元有一层白色的脂肪层,可以提高信号传导的速度。一个粗略的类比是将白质中的神经元视为高速公路。这些高速公路很少有入口或出口,但是可以将信号从大脑的一个部分快速传送到另一个部分。相比之下,灰质的"城乡小路"以牺牲速度为代价,将无数神经元相互连通。因此,一个粗略的概括是将大脑皮层(灰质)视为大脑中进行最复杂计算的部分,让有能力进行最复杂计算的动物——如哺乳动物,尤其是像智人这样的类人猿——完成最复杂的行为。

② Hubel, D. H., & Wiesel, T. N. (1959). Receptive fields of single neurones in the cat's striate cortex. *The Journal of Physiology*, 148, 574-591.

③ 1981 年的诺贝尔生理学或医学奖由 David Hubel 和 Torsten Wiesel 与美国神经生物学家 Roger Sperry 分享。

　　Hubel 和 Wiesel 在他们的研究中(参见图 1.4),通过向被麻醉的猫展示不同的图形,记录猫的大脑皮层中接收视觉输入的神经元的活动状况。初级视觉皮层是大脑皮层的第一部分,其作用是接收来自眼睛的视觉输入。

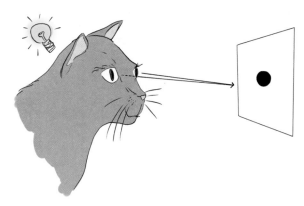

图 1.4　Hubel 和 Wiesel 使用一台投影仪为被麻醉的猫播放幻灯片,同时记录猫的初级视觉皮层的神经元活动。在实验中,电子记录设备被植入猫的头骨。为了更直观地观察实验,我们觉得用灯泡是否发光来代表猫的神经元是否被激活可能会更好一些。图中描绘的是初级视觉皮层的一个神经元被幻灯片的直线边偶然激活的场景

　　Hubel 和 Wiesel 将猫麻醉,把猫头固定在定向支架中,让猫面向几米外的屏幕,然后使用投影仪在屏幕上投射各种不同几何性质的图形(如点和线条),并利用特殊的细金属电极检测装置,研究猫的脑神经细胞对不同类型光刺激产生的反应。他们首先给猫展示了点的图形,如图 1.4 中所示的圆点,但得到的实验结果令人沮丧:猫的主要视觉神经细胞没有丝毫反应。

　　初步的实验结果让他们感到沮丧,这些神经细胞在动物解剖学的理论分析上,应该是视觉信息进入大脑皮层的门户,但实验结果却表明,视觉刺激对它们却没有产生任何影响。Hubel 和 Wiesel 有些心烦意乱,他们试图在猫的面前跳跃和挥舞手臂,以刺激猫的视觉神经细胞,但徒劳无功,还是没有引起任何反应。

　　与人类发现 X 射线以及发明青霉素和微波炉的过程类似,就在 Hubel 和 Wiesel 几乎要放弃这一实验的瞬间,一次偶然的观察给他们带来了惊喜:当他们从投影仪中按某个特殊角度取出一张幻灯片进行替换时,猫的视觉神经细胞突然对这一幻灯片替换过程中意外产生的某个朝向的亮暗对比线条反应强烈,产生了明显的电信号。实验的成功让这两位学者欣喜若狂,他们激动地在约翰霍普金斯大学实验室的走廊里来回跳跃。

　　为了验证这个惊喜的实验结果是不是因偶然巧合所致,Hubel 和 Wiesel 进一步重复对实验进行观察。结果发现,猫眼视觉皮层中的神经细胞对光点或大面积弥散光刺激无反应,对一定方位的亮暗对比边或直线光束反应敏感,他们把这些神经细胞命名为简单神经元。

　　为了确定一个简单神经元对特定方向会做出什么反应,Hubel 和 Wiesel 利用更多神经元分别检测一个特定方向,以 360° 地覆盖所有方向,如图 1.5 所示。这些简单神经元完成方向定位后,大量的信息会被传递给复杂神经元。复杂神经元由于接收到已经被简单神经元处理的视觉信息,因而可以更好地完成定位,将多个线性方向重组成更复杂的形状,如角或曲线。

　　图 1.6 展示了分层神经元如何组织信息并向更高级的神经元传递信号,进而使大脑可以逐渐响应更复杂的视觉刺激。首先来看老鼠头部的图像,光刺激老鼠每只眼睛的视网膜神经

元,原始视觉信息从眼睛被传递到大脑的初级视觉皮层。第一层初级视觉皮层神经元(Hubel
和 Wiesel 发现的简单神经元)接收这种输入并检测特定方向的直线。这样的神经元有成千上
万个,为了简单起见,图 1.6 中只显示了 4 个。这些简单神经元会将是否存在特定方向线条的
信息传递给后续的复杂细胞层;复杂细胞层吸收并重组这些信息,从而能够呈现更复杂的视觉
刺激,例如老鼠头部的曲线轮廓。随着信息在后续层之间传递,视觉刺激的表示会逐渐变得更
加复杂和抽象。正如图 1.6 中最右边的神经元层所描绘的,经过许多分层处理之后(虚线箭头
表示省略了很多中间处理层),大脑最终能够表示出抽象的视觉概念,例如老鼠、猫、鸟或狗。

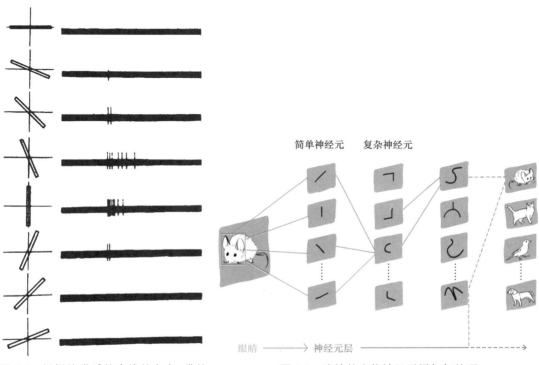

图 1.5 根据给猫看的直线的方向,猫的
初级视觉皮层中的一个简单神经元会以
不同的速度放电。直线的方向已在图的
左边列出,而图的右边显示了随着时间
的推移(步长为秒)细胞的放电(电活
动)。其中,垂直方向的直线(图左边的
第 5 行)会导致简单神经元最剧烈的电
活动。稍偏离垂直方向的直线(图左边
的第 2、3、4、6 行)导致的电活动明显减
少,而接近水平方向的直线(图左边的第
一行和最后一行)几乎不会引起电活动

图 1.6 连续的生物神经元层如何处理
生物大脑中的视觉信息

如今,根据对脑外科病人大脑皮层神经元所做的大量的病例研究,以及像核磁共振成像
这样的非侵入性技术[①],神经科学家拼凑出了一张相当细致的视觉皮层区域图,不同区域分

---

① 尤其是功能性核磁共振成像,它可以展示当大脑进行特定活动时,大脑皮层的哪些区域特别活跃或不活跃。

别处理特定的视觉刺激,如颜色、运动和面部(参见图1.7)。

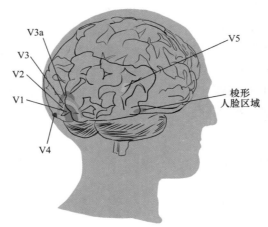

图 1.7　视觉皮层区域。V1 区域接收来自眼睛的输入,包含检测边缘方向的简单神经元。通过无数后续神经元层(包括 V2 区域、V3 区域和 V3a 区域)的信息重组,呈现越来越抽象的视觉刺激。在人脑中,有些区域会包含具备专门功能的神经元簇,负责对颜色(V4 区域)、运动(V5 区域)和人脸(梭形人脸区域)的检测等

1.2　机器视觉

虽然上述生物视觉系统的发现过程非常有趣,但是我们讨论它并不仅仅是因为它有趣,更主要的原因在于它是现代机器视觉深度学习方法的灵感来源,这一点在本节中表现得更为突出。

图 1.8 显示了生物有机体视觉和机器视觉的发展历史时间线。蓝色时间轴显示了生物视觉(三叶虫视觉)的发展情况,以及 Hubel 和 Wiesel 于 1959 年发表的关于初级视觉皮层的研究成果。我们将机器视觉的发展历史时间线表示为两条平行的时间线,粉红色时间线显示了深度学习的发展路径,这也是本书关注的主要内容;紫色时间线显示了传统机器学习(Machine Learning,ML)的发展路径。两条时间线的对比可以说明,功能强大的深度学习方法引发了机器视觉领域一场深刻的变革。

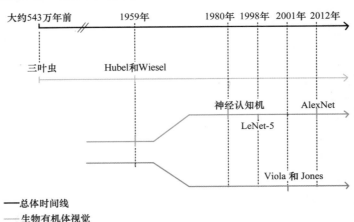

图 1.8　生物有机体视觉和机器视觉的发展历史时间线,包括深度学习和传统机器学习方法中的关键历史时刻

1.2.1 神经认知机

20世纪70年代末,日本的电气工程师Kunihiko Fukushima受到简单神经元和复杂神经元(由Hubel和Wiesel发现)的启发,提出了神经认知机[1]。有两点需要特别注意。

■ Fukushima在自己的文章中明确提到了Hubel和Wiesel的工作,其论文引用了Hubel和Wiesel的关于初级视觉皮层组织的3篇里程碑式的文章,包括引用文中的"简单神经元"和"复杂神经元"这种说法区分神经认知机的第一层和第二层。

■ 神经认知机通过分层方式排列人工神经元[2],就像图1.6中的排列方式那样。人工神经元代表靠近原始图像的第一层细胞中的线条方向,而后续更深的层则代表更复杂、更抽象的物体。为了阐明神经认知机和深度学习家族的强大特性,我们会在本章末尾给出一个生动的例子[3]。

1.2.2 LeNet-5

神经认知机能够识别手写字符[4],Yann LeCun(参见图1.9)和Yoshua Bengio(参见图1.10)研发的LeNet-5模型[5]准确且高效,在识别手写字符方面取得了重大进展。LeNet-5的分层体系结构(参见图1.11)在Fukushima的领导下,以Hubel和Wiesel发现的生物性激活为基础,得以建立[6]。此外,LeCun和他的同事在训练模型时还借助了更优质的数据[7]、更快的处理能力,以及起关键性作用的反向传播算法。

图1.9 出生于法国巴黎的Yann LeCun是人工神经网络和深度学习研究领域的杰出人物之一。LeCun是纽约大学数据科学中心的创办人,也是社交网络Facebook人工智能研究的负责人

图1.10 Yoshua Bengio是人工神经网络和深度学习研究领域的另一位杰出人物。他出生于法国,是蒙特利尔大学计算机科学专业的教授,并在加拿大高级研究所共同指导著名的Machines and Brains项目

---

[1] Fukushima, K. (1980). Neocognitron:A self-organizing neural network model for a mechanism of pattern recognition unaffected by shift in position. *Biological Cybernetics*, 36, 193-202.

[2] 我们将在第7章中精确地定义什么是人工神经元。目前,大家只需要把每个人工神经元看作一个快速的小算法就足够了。

[3] 具体来说,后面的图1.19就是这种层次结构的一种抽象表示。

[4] Fukushima, K., & Wake, N. (1991). Handwritten alphanumeric character recognition by the neocognitron. *IEEE Transactions on Neural Networks*, 2, 355-365.

[5] LeCun, Y., et al. (1998). Gradient-based learning applied to document recognition. *Proceedings of the IEEE*, 2, 355-365.

[6] LeNet-5是第一个卷积神经网络,在现代机器视觉领域占主导地位,我们将在第10章中进行详细介绍。

[7] 他们的经典数据集——手写MNIST数据集,将在第Ⅱ部分"图解深度学习基本理论"中被广泛使用。

输入图像 ⟶ 粗略的简单特征 ⟶ 更精细的复杂特征 ⟶ 概率输出

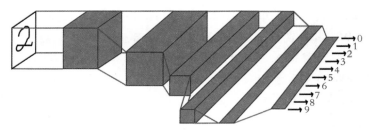

图 1.11　Fukushima 在 LeNet-5 中保留了 Hubel 和 Wiesel 在初级视觉皮层中发现的分层结构,并在神经认知机中加以利用。和其他系统一样,最左边的隐藏层检测简单的边,而后续隐藏层提取越来越复杂的特征。通过这种方式处理信息,例如,手写的"2"应该被正确地识别为数字 2(在右边的一列数字中已用绿色突出显示)

反向传播[①](back propagation,简称 backprop)有助于深度学习模型中人工神经元层的高效学习。得益于反向传播和研究人员的数据处理能力,LeNet-5 不断发展,并作为深度学习技术率先应用于商业领域。例如,美国的邮政系统利用 LeNet-5 识别信封上手写的邮政编码。您可以在本书第 10 章中亲身体验 LeNet-5——通过自行设计和训练来识别手写的数字。

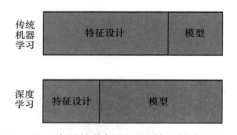

图 1.12　将原始数据经过巧妙的技术转换成输入变量,这一特征设计过程通常是传统机器学习算法的核心部分。相比之下,深度学习的应用通常只涉及很少甚至不涉及特征设计,其大部分时间花在模型架构的设计和调优上

根据 Yann LeCun 与其同事设计的算法,LeNet-5 可以准确识别手写的数字,而不要求实现算法的研究人员熟悉任何关于手写数字特征的专业知识。因此,LeNet-5 展现了深度学习和传统机器学习思想之间的根本区别。如图 1.12 所示,传统机器学习方法的特点是需要研究人员将大部分精力投入于特征设计。这种特征设计通过对原始数据应用巧妙、复杂的算法,来将数据预处理成输入变量,而这些变量适合应用传统的统计技术来建模。传统的统计技术(如回归、随机森林和支持向量机)对未处理的数据几乎无效,因而输入数据的处理一直是传统机器学习研究人员主要的关注点。

总的来说,传统的人工智能从业者在优化和遴选人工智能模型上不会花费太多的精力和时间。然而,深度学习方法颠覆了这些工作的优先级。应用深度学习的人员通常花很少的时间,甚至完全不花时间设计特征,而是用各种人工神经网络架构来建模数据,这些架构能将原始输入自动处理成有用的特征。深度学习和传统机器学习的区别是本书的核心主题。1.2.3 小节将通过一个典型的特征设计方面的例子来阐明这种区别。

---

① 我们将在第7章中介绍反向传播算法。

1.2.3 传统机器学习方法

LeNet-5 之后,包括深度学习在内的人工神经网络的研究不再受到人们的欢迎,主要是因为大家觉得深度学习中的自动特征生成过程并不实用。虽然应用于识别手写字符方面的效果很好,但是人们认为"无特征"思想的适用性有限[1]。运用特征设计的传统机器学习似乎更有前途,人们于是将资金从深度学习研究上转移了出去[2]。

如图 1.13 所示,21 世纪初,Paul Viola 和 Michael Jones 的著名研究生动地说明了什么是特征设计[3]。Viola 和 Jones 使用了矩形滤波器,参见图 1.13 中垂直或水平的黑白条。在图像上施加这些滤波器,而后将产生的特征输入机器学习算法,便能够可靠地检测人脸的存在。这项工作颇受关注,因为采用的算法非常有效,足以成为生物学领域之外的第一个实时人脸检测器[4]。

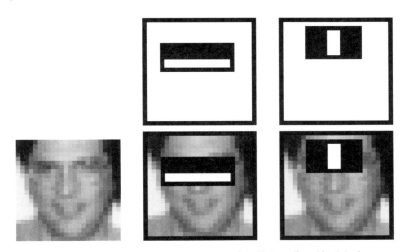

图 1.13 Viola 和 Jones(2001)利用设计的特征可靠地检测人脸。
他们的高效算法在被富士数码相机采用后,增强了实时自动对焦功能

通过多年对人脸特征的研究,智能的人脸检测滤波器被设计出来,可以将原始像素处理成特征,然后输入机器学习模型。当然,它一般仅限于检测像 Angela Merkel 或 Oprah Winfrey 那样知名人物的脸,而不能检测普通人的脸。尤其当开发的检测滤波器用于检测房屋、汽车、约克郡犬等非人脸类别的物体时,更需要掌握相应类别物体的专业知识,而这又需要学术界多年的通力合作才能达成。

---

① 当时,与优化深度学习模型相关的绊脚石已经解决,包括较差的权重初始化(将在第 9 章中讨论)、协变量漂移(也将在第 9 章中讨论)及相对低效的 sigmoid 函数的大量使用(将在第 6 章中讨论)等问题。

② 对人工神经网络研究的公共资助正在全球范围内减少,但加拿大联邦政府的持续支持是例外,这让蒙特利尔大学、多伦多大学和阿尔伯塔大学成为该领域的动力源泉。

③ Viola, P., & Jones, M. (2001). Robust real-time face detection. *International Journal of Computer Vision*, 57, 137-154.

④ 几年后,他们的高效算法被应用到富士数码相机中,第一次促进了面部自动对焦功能——这是今天数码相机和智能手机普遍拥有的功能。

图 1.14 庞大的 ImageNet 数据集是美籍华人、计算机科学教授 Fei-Fei Li 和她的同事于 2009 年在普林斯顿大学取得的成果。Fei-Fei Li 现在是斯坦福大学的一名教师，同时也是谷歌云计算平台的首席科学家

1.2.4 ImageNet 和 ILSVRC

如前所述，LeNet-5 相对于神经认知机的优势之一是具有更大规模、更高质量的训练数据集。神经网络的下一个突破也是由一个高质量的公共数据集促成的，但这个数据集的规模要大得多。由 Fei-Fei Li（参见图 1.14）设计的 ImageNet 是一个有标签的照片索引库，它为机器视觉研究人员提供了大量的训练数据[①]。用于训练 LeNet-5 的手写数字数据包含数万张图像，相比之下，ImageNet 拥有数千万张图像。

ImageNet 数据集中的 1400 万张图像涉及 22 000 个类别。这些图片多种多样，如集装箱船、豹、海星和接骨木莓。自 2010 年以来，Fei-Fei Li 在 ImageNet 数据子集上持续举办名为 ILSVRC 的公开挑战赛，这已成为评估世界一流机器视觉算法的首要依据。ILSVRC 子集由 1000 种类别的 140 万幅图像组成。除了提供很多大类，ILSVRC 子集也包含子类，比如狗的子品种，从而不仅具有评估算法区分广泛变化的图像的能力，而且具有专门考查算法区分微妙变化的图像的能力[②]。

1.2.5 AlexNet

如图 1.15 所示，在 ILSVRC 的头两年，竞赛中的所有优胜算法都基于特征设计驱动的传统机器学习思想。在第三年，只有一种参赛算法不是传统的最大似然算法。如果 2012 年的那个深度学习模型没有被开发出来，或者构建它的人没有参与 ILSVRC，那么年复一年，图像分类的准确性将会停滞不前。在 Geoffrey Hinton（参见图 1.16）领导的多伦多大学实验室工作的 Alex Krizhevsky 和 Ilya Sutskever，用他们提交的成果（如今被称为 AlexNet，参见图 1.17）打破了当时的标准[③,④]。这是一个令人难忘的分水岭。一瞬间，深度学习架构从众多机器学习算法中脱颖而出。学者和商业从业者争相学习人工神经网络的基础知识，并创建软件库（其中许多是开源的），用他们自己的数据和应用案例来训练深度学习模型，以应用于机器视觉或其他领域。如图 1.15 所示，自 2012 年以来，在 ILSVRC 公开挑战赛上表现最佳的所有模型都是基于深度学习的。

[①] Deng, J., et al. (2009). ImageNet：A large-scale hierarchical image database. *Proceedings of the Conference on Computer Vision and Pattern Recognition*.

[②] 您可以自行尝试区分约克郡犬和澳大利亚丝毛犬的照片。这很难，但是 Westminster Dog Show 的评委以及当代机器视觉模型可以轻松做到。附带说一句，这些包含较多狗信息的数据是用 ImageNet 训练的深度学习模型更倾向于把其他物体误判为狗的原因。

[③] Krizhevsky, A., Sutskever, I., & Hinton, G. (2012). ImageNet classification with deep convolutional neural networks. *Advances in Neural Information Processing Systems*, 25.

[④] 图 1.17 底部的图片来自 Yosinski, J., et al. (2015). Understanding neural networks through deep visualization. *arXiv*：1506.06579.

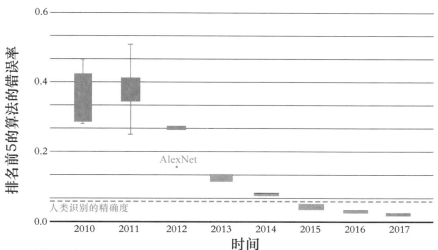

图 1.15　按年度分列的 ILSVRC 优胜者的表现。AlexNet 在 2012 年的比赛中以绝对优势胜出。自那以后,最好的算法都是深度学习模型。2015 年,机器超过了人类识别的精确度

图 1.16　著名的英国–加拿大人工神经网络先驱 Geoffrey Hinton,他被大众媒体誉为"深度学习教父"。Hinton 是多伦多大学的荣誉退休教授,也是谷歌的工程研究员,负责管理多伦多搜索巨头 Brain 团队。2019 年,Hinton、Yann LeCun(参见图 1.9)和 Yoshua Bengio(参见图 1.10)因为在深度学习方面所做的卓越工作而获得图灵奖——计算机科学领域的最高荣誉

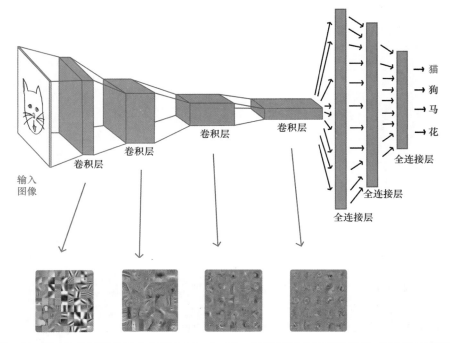

图 1.17 AlexNet 的分层架构让人想起 LeNet-5。第一层代表简单的视觉特征,如边缘,更深层代表逐渐复杂的特征和抽象概念。底部显示的是令每层神经元产生最大响应的图像示例,类似于图 1.6 中生物视觉系统的各层,展示了视觉特征的复杂性逐层增加。在此处显示的示例中,输入 LeNet-5 的猫图像已被正确识别(已用绿色突出显示)

虽然 AlexNet 的层次结构让人想起 LeNet-5,但有 3 个主要因素,使 AlexNet 在 2012 年成为最先进的机器视觉算法。

(1)训练数据。Krizhevsky 和他的同事不仅可以访问大规模的 ImageNet 数据集,还可以通过对训练图像进行转换和增强来人为地扩展他们可以获得的数据(您在第 10 章中也会这样做)。

(2)机器的运算能力。从 1998 年到 2012 年,不仅单位成本的计算能力大幅提高,而且 Krizhevsky、Hinton 和 Sutskever 还对两个图形处理器[①]进行了编程,以前所未有的效率训练他们的大型数据集。

(3)架构的进步。AlexNet 比 LeNet-5 更深(层数更多),AlexNet 利用了一种新型的人工神经元[②]和一个巧妙的技巧[③],这有助于提高深度学习模型的泛化能力。和 LeNet-5 一样,您将在第 10 章中自行构建 AlexNet,并使用它对图像进行分类。

ILSVRC 的例子解释了为什么像 AlexNet 这样的深度学习模型在行业内和计算应用中,会如此广泛使用且具有突破性:它们极大地减少了构建高精度预测模型所需的专业知识。这种从专业知识驱动的特征设计转向惊人且强大的自动特征生成深度学习模型的趋

[①] 图形处理器(Graphical Processing Unit,GPU)主要是为渲染视频游戏而设计的,但是它非常适合执行矩阵乘法,恰好深度学习算法常常需要开启数百个并行计算线程来进行矩阵乘法运算。

[②] 第 6 章将要介绍的整流线性单元(ReLU)。

[③] 第 9 章将要介绍的 Dropout 层。

势,不仅在视觉应用中得到普遍证实,而且在自然语言处理(第 2 章)和复杂游戏(第 4 章)中也得到广泛证实[①]。一个人不再需要完全理解游戏的策略并编写一个能够掌握它的程序,开发语言翻译工具也不再需要成为几种语言的权威专家。对于快速增长的应用领域来说,应用深度学习技术的能力超过了在特定领域熟练掌握知识的能力。这种熟练程度以前可能需要相关人员具有博士学位,或者在某一领域从事多年博士后研究,而深度学习能力的水平可以相对容易地获得提高——就比如您可以通过阅读这本书来提高!

1.3　**TensorFlow Playground**

为了用一种有趣的、交互式的方式明确深度学习的层次性和特征学习的本质,您可以访问 TensorFlow Playground 网站。进入这个网站后,您的浏览器应该自动地展示为图 1.18 所示的那样。在第 II 部分,我们会返回来详细解释页面中的所有术语。您目前可以暂时直接忽略它们,知道这是一个深度学习模型就足够了。模型架构由 6 层人工神经元组成:输入层(在"FEATURES"标题下)、4 个"HIDDEN LAYERS"(负责学习)和一个"OUTPUT"层(最右边的网格,其在两个轴上的范围是$-6\sim+6$)。这个深层神经网络的目标是学习如何仅仅根据橙色点(负样本)和蓝色点(正样本)在网格中的位置来区分它们。因此,在输入层中,我们只输入关于每个点的两条信息:水平位置(X_1)和垂直位置(X_2)。默认情况下,网格中会显示用作训练数据的点。通过选中"Show test data"复选框,您还可以看到用于评估学习性能的点的位置。至关重要的是,这些测试数据不会被用来训练网络,因此,它们能帮助我们准确评估网络的泛化性能。

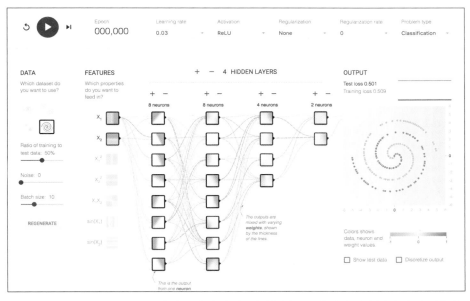

图 1.18　这个深层神经网络是为学习如何根据橙色点(负样本)和蓝色点(正样本)在右边网格中 X_1 和 X_2 轴上的位置来区分它们的螺旋形分布而准备的

①　Gideon Lewis-Kraus 在其于 2016 年 12 月 14 日发表在《纽约时报》的文章 *The Great A.I. Awakening* 中,对机器翻译领域的混乱进行了特别有趣的叙述。

单击左上角突出显示的"开始"按钮,对网络进行训练,直到右上角的"Test loss(训练损失)"和"Training loss(测试损失)"都接近 0,比如小于 0.05。这个过程需要的时间取决于您使用的计算机硬件,一般为几分钟。

如图 1.19 所示,您现在应该能看到和神经认知机、LeNet-5(参见图 1.11)和 AlexNet(参见图 1.17)类似的人工神经网络架构,其中,各层人工神经元表示输入数据的特征,神经元的位置越深(越靠右),特征的复杂性和抽象性越高。每次网络运行时,网络在神经元级别对螺旋形分类的细节都不是千篇一律的,但大体方法是一样的(您可以刷新页面,重新训练网络,亲自试试)。最左边隐藏层的人工神经元专门负责区分边缘(直线),每个边缘有特定的方向。第一个隐藏层的神经元将信息传递给第二个隐藏层的神经元,每个神经元则将边缘重组为稍微复杂一些的特征,如曲线。后面每一层的神经元对来自前一层神经元的信息进行重组,从而逐渐提高神经元所能代表的特征的复杂性和抽象性。在最后一层(最右边的一层),神经元已经学习到非常复杂的螺旋形分类特征,使网络能够根据点在网格中的位置(点的 X_1 和 X_2 坐标)准确地预测点是橙色的(负样本)还是蓝色的(正样本)。将光标悬停在一个神经元上,最右边的"输出"网格中将会显示其特征图,读者可以逐个查看,以检查所有神经元之间的异同。

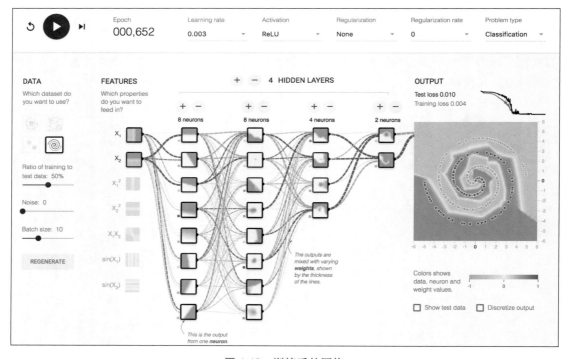

图 1.19　训练后的网络

1.4　Quick, Draw!

要交互式地体验执行机器视觉任务的实时深度学习网络,请打开 withgoogle 网站的 quickdraw 页面,玩"Quick, Draw!"游戏。单击"Let's Draw!"开始游戏。系统提示您画一个物体,深度学习算法会猜出您画的是什么。在第 10 章的末尾,我们将介绍设计类似于机器视觉算法需要的所有理论和实际代码。您画的图形将被添加到一个数据集中,当您在第 12 章中创建一个能够模仿人类绘制涂鸦的深度学习模型时,该数据集会被用到。

请坐稳扶好!我们正开始一次奇妙的深度学习旅行。

1.5　小结

在本章中,我们追溯了深度学习的历史,从它的生物学启发到 2012 年 AlexNet 的胜利。AlexNet 将这项技术推向了众人瞩目的舞台。与此同时,我们重申,深度学习模型的层次结构使其能够对逐层复杂的表示进行编码。为了使这个概念具体化,我们在 TensorFlow Playground 上训练了一个人工神经网络,并借助交互式演示来使结论清晰明了。在第 2 章中,我们将从视觉应用转移到语言应用上来,继续扩展本章介绍的思想。

第2章
人机语言

在第1章中，我们通过类比生物视觉系统的方法引入了深度学习基本理论。本书开始时就已介绍，深度学习的核心优势之一在于能够从数据中自动学习特征。在本章中，我们将探讨深度学习在自然语言领域的应用，研究它是如何自动学习词义特征的，并在此基础上进行拓展学习。

奥地利-英国哲学家 Ludwig Wittgenstein 在其具有开创性的遗作 *Philosophical Investigations* 中提出了一个著名的论点：一个词的意义在于它在语言中是如何使用的[①]。他进一步指出：人们无法猜测一个词的功能。我们必须从这个词的实际使用中体会它的深意。Wittgenstein 认为词语本身没有真正的意义。更确切地说，只有通过分析词语在上下文语境中所起的作用，我们才能够确定其含义。正如您将在本章中看到的，自然语言处理（Natural Language Processing，NLP）的深度学习在很大程度上依赖于这一前提。我们引入了用于将单词转换为数值模型输入的 word2vec 技术，并通过结合语言中的大量上下文来对单词进行分析，从而具象化地获得单词的语义特征向量。

有了这个概念之后，我们首先将自然语言处理的深度学习融合为一门学科，然后讨论现代深度学习技术是如何组织词汇并表达语言的。等到本章结束时，您应该已经很好地掌握深度学习和自然语言处理能够做什么，这是您在第11章中编写相关代码的理论基础。

2.1 自然语言处理的深度学习

本章的两个核心概念是深度学习和自然语言处理。首先，我们分别讨论这两个概念；然后随着章节的进展，我们再将它们融合在一起进行研究。

2.1.1 深度学习网络能够自动学习表征

正如本书前言所述，深度学习可以定义为：由简单人工神经元组成的多层人工神经网络。图 2.1 表明，深度学习应该算是机器学习范畴中的一种表征学习算法，其中的表征学习是指能够从数据中自动学习特征的相关技术。事实上，我们可以

---

① Wittgenstein，L.（1953）. *Philosophical Investigations*.（Anscombe，G.，Trans.）. Oxford，UK：Basil Blackwell.

互换使用"特征"和"表征"这两个术语。

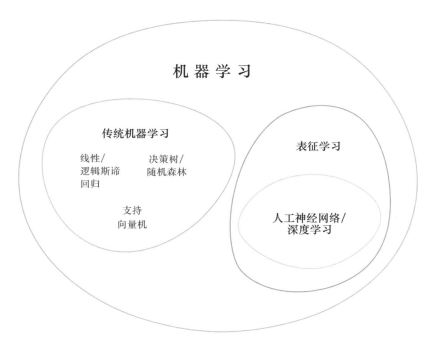

图 2.1　使用机器学习的维恩图可以将传统机器学习与表征学习
（能够从数据中学习特征的技术的集合）区分开

图 1.12 可以帮助我们理解表征学习相对于传统机器学习为什么具有优势。传统的最大似然法通常效果尚可，因为进行人工特征设计的代码可以将原始数据（无论是图像、语音还是文档中的文本）转换为机器学习算法（如回归、随机森林或支持向量机）"看得懂"的输入特征，这些算法擅长对特征进行加权，但并不特别擅长直接从原始数据中学习特征。这种手动创建特征的工作通常是高度专业化的。例如，为了处理语言数据，可能需要研究人员在语言学方面至少具有研究生水平。

深度学习的一个主要好处在于降低了对学科专业知识的需求。人们可以将数据直接输入深度学习模型，而不是从原始数据中手动调整输入特征。在将数据样本提供给深度学习模型的过程中，网络第一层的人工神经元将提取这些数据的简单特征，而后续的每一层则在前一层的基础上学习更加复杂的非线性特征。正如您将在本章中发现的，这不仅仅是一个是否方便的问题，深度学习的自动学习属性还具有其他优势。由人类设计的特征往往不全面、过于具体，并且可能需要冗长、烦琐的构思、设计和验证循环，这种迭代过程可能会持续数年。与此同时，表征学习模型训练速度快（通常需要数小时或数天的模型训练），对输入数据和任务领域的变化都有很强的适应性。

2.1.2　自然语言处理

自然语言处理（NLP）是计算机科学、语言学和人工智能交叉形成的一个研究领域（参见图 2.2）。自然语言处理包括使用人类的自然口语或自然书面语，比如您现在正在读的这个句子，并利用机器进行处理以自动完成一些任务，或者使一项任务对人类来说更容易完成；

而我们利用软件语言编写的代码或电子表格中的字符串虽然同样可以算作语言,但它们却不属于自然语言的范畴。

下面是 NLP 的一些应用示例。

■ 文档分类:使用文档(如电子邮件、推文或电影评论)中的语言将其归到某个特定类别(如"非常紧急""正能量""公司股价预测方向"等)。

■ 机器翻译:协助使用辅助机器翻译技术的翻译公司将文字从源语言(如英语)翻译成目标语言(如德语或汉语),并尽可能实现全自动的多语种翻译(尽管并不总是那么完美)。

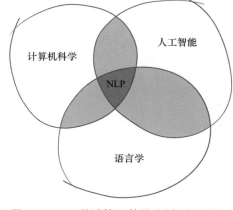

图 2.2   NLP 是计算机科学、语言学和人工智能交叉形成的一个研究领域

■ 搜索引擎:自动完成用户的搜索,并预测他们正在寻找什么信息或网站。

■ 语音识别:解析语音命令以提供信息或采取行动,就像 Amazon 的 Alexa、Apple 的 Siri 或 Microsoft 的 Cortana 等虚拟助手一样。

■ 聊天机器人:能够长时间与人从容地对话;尽管这在今天仍很难百分之百完成,但在限制性场景中进行简单对话早已较为普遍,例如公司的电话客户服务。

一些十分容易构建的自然语言处理应用程序是拼写检查器、同义词建议器和关键词搜索查询工具。这些简单的任务可以用确定性的、基于规则的代码直接解决,比如使用参考字典或叙词表。深度学习模型对于这些应用程序来说是不必要的,因此本书不会做进一步讨论。

比这稍微复杂一点的自然语言处理任务包括按照阅读难度给文档分级,在搜索框中输入内容以进行预测,以及从文档或网站中提取包含价格或名称[①]等字眼的信息。这些中等难度的自然语言处理任务非常适合用深度学习模型来完成。例如,您在第 11 章中将利用各种深度学习架构来预测影评的褒贬程度。

机器翻译、自动问答和聊天机器人是较为困难的自然语言处理任务。这些任务都很棘手,因为在实际应用中它们需要对关键细节非常敏感(例如,幽默是非常难以察觉的),并且对问题的回答可能依赖于对先前问题的间接回答,而语义可能需要通过由许多句子组成的长文本来传达。像这样复杂的自然语言处理任务已经超出本书的讨论范围;然而,我们讨论的内容能为您完成它们提供极好的基础。

2.1.3   自然语言处理的深度学习简史

图 2.3 中的时间线显示了深度学习被应用于自然语言处理的历史里程碑。这一时间线始于 2011 年,当时多伦多大学的计算机科学家 George Dahl 与其在 Microsoft Research 的同事首次将深度学习算法应用于巨大的自然语言数据集[②]。Dahl 与其团队训练了一个深度神经

---

① 包括地点、公众人物、公司名称和产品等。

② Dahl, G., et al. (2011). Large vocabulary continuous speech recognition with context-dependent DBN-HMMs. *Proceedings of the International Conference on Acoustics,Speech,and Signal Processing.*

网络来识别人声录音中的大量词汇。正如我们已经在第 1 章中详细描述的那样,深度学习的下一个里程碑出现在一年后的多伦多:在 ILSVRC 公开挑战赛上,深度学习算法 AlexNet 彻底击垮了传统的机器学习算法(参见图 1.15)。在此后相当长一段时间里,人们受到这种超强性能的震撼,开始越来越多地在机器视觉应用中采用深度学习算法。

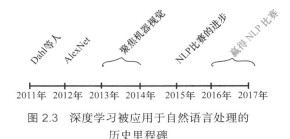

图 2.3　深度学习被应用于自然语言处理的历史里程碑

　　到了 2015 年,深度学习在机器视觉领域取得的进展开始渗透到 NLP 角逐中,比如那些比拼机器从一种语言到另一种语言的机器翻译准确性的比赛。这些深度学习模型用了更少的研发和训练时间、更低的计算时间复杂度,却达到接近传统机器学习方法精度的水平。事实上,这种计算复杂度的降低为 Microsoft 提供了一个机会——将实时机器翻译软件压缩到手机处理器上,您要知道过去这种任务是需要通过互联网上传至远程服务器进行计算的,这显然是个巨大的进步。在 2016 年和 2017 年,深度学习模型正式进入 NLP 角逐,不仅比传统的机器学习模型更有效,而且在准确性上也开始超越它们。本章的剩余部分将对此进行说明。

2.2　语言的计算表示

　　为了让深度学习模型处理语言,我们必须将输入转换成一种它可以理解的形式。对于目前的任何计算机系统来说,其实就是语言对应的数值型二维矩阵。将文本转换成数字的两种流行方法是独热编码和词向量。[①] 我们将在本节中依次讨论这两种方法。

2.2.1　独热编码

　　用机器对自然语言进行数字编码的传统方法是独热编码(参见图 2.4)。在这种方法中,由单词组成的整句话(例如,"the""bat""sat""on""the"和"cat")由矩阵的所有列表示。同时,矩阵中的每一行代表一个特定单词在句子中的分布。如果输入自然语言算法的句子所在的语料库[②]包含 100 个不同的单词,那么独热编码的单词矩阵将有 100 行。如果语料库中有 1000 个不同

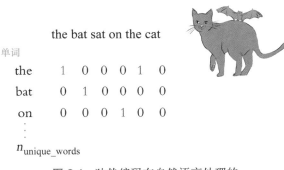

图 2.4　独热编码在自然语言处理的传统机器学习方法中占主导地位

---

① 除此之外,还有基于词频的自然语言处理方法,如 TF-IDF(词频-逆文本频率指数)和 PMI(点间互信息)。

② 语料库(源于拉丁语"body")是所有文档的集合,这些文档被用作给定自然语言应用程序的输入数据。在第 11 章中,您将使用一个由 18 本经典书籍组成的语料库;并且在第 11 章的后半部分,您将使用另一个包含 25 000 条电影评论的语料库。还有更大一点的语料库,比如由维基百科上所有的英文文章组成的语料库。最大的语料库则是互联网上所有可公开获取的数据。

的单词,那么独热矩阵中将有 1000 行,以此类推。

独热矩阵中的元素由二进制值组成,即它们是 0 或 1。每列最多包含一个 1,其他位置均为 0,这意味着独热矩阵是稀疏的[①]。值“1”表示语料库中的特定位置(列)存在特定单词(行)。在图 2.4 中,我们的整个语料库只有 6 个单词,其中 5 个是唯一的。考虑到这一点,我们的小语料库中单词的独热表示有 6 列 5 行。第 1 个单词出现在句子中的第 1 个和第 5 个位置,如矩阵第 1 行中包含“1”的单元格所示。我们的小语料库中的第 2 个单词是 bat,它只出现在句子中的第 2 个位置,所以它位于矩阵的第 2 列第 2 行,由值“1”表示。像这样的独热表示非常简单,而且它们是一种可以作为输入被深度学习模型(或者其他机器学习模型)接收的形式。然而,我们马上就会发现,当整合到自然语言应用程序中时,独热表示的简单性和稀疏性将会限制模型的发挥。

2.2.2　词向量

词向量是信息密集型的单词编码方案。独热编码只捕获关于词在句子中位置的信息,而词向量(也称为单词嵌入矩阵或向量空间嵌入矩阵)同时捕获关于词在句子中含义和位置的信息。[②] 这些额外的信息可以使词向量表现更好,原因有很多,我们将在本章中慢慢道来。然而,类似于第 1 章中提到的,深度学习机器视觉模型可以自动学习视觉特征,词向量则使得深度学习的 NLP 模型能够自动学习语言特征。

当我们创建词向量时,最重要的是我们希望将语料库中的每个单词分配到多维空间(称为向量空间)中一个特定的、有意义的位置。最初,每个单词被分配到向量空间中的一个随机位置。然而,由于训练会使得经常联合使用的词汇所对应的词向量相互靠近,而使得几乎不相关的词汇所对应的词向量相互远离,因此单词在向量空间中可以逐渐被调整到能够代表单词意思的那个位置。[③]

图 2.5 用一个简单的例子更详细地展示了单词向量构建方式背后的机制。从语料库中的第一个单词开始,一次向右移动一个单词,直至到达语料库中的最后一个单词,我们认为每个单词都是目标单词。对于在图 2.5 中捕捉到的特定时刻,关注的目标单词恰好是“word”,下一个目标单词是“by”,然后是“the”,依次类推。对于每个目标单词,我们依次考虑它与上下文单词之间的关系。在这个简单示例中,我们使用了大小为 3 的“上下文单词窗口”。这意味着当“word”为目标单词时,其左边的 3 个单词(a、know 和 shall)与右边的 3 个单词(by、company 和 the)将一起构成总共 6 个上下文单词。[④] 当我们将关注点移到下一个目标单词(by)时,上下文单词窗口也向右移动一个位置,从而在将“shall”和“by”去掉的同时,分别添加

---

① 稀疏矩阵中包含的非零值很少,但零值很多,因此是稀疏的。相比之下,稠密矩阵的信息非常丰富:它们通常包含很少甚至没有零值。

② 严格来讲,独热编码在技术上本身就是“词向量”,因为独热矩阵中的每一列都由一个向量组成,该向量表示给定位置的一个单词。然而在深度学习社区中,术语“词向量”的使用通常仅限于本小节涉及的信息密集型表示方法,也就是由 word2vec、GloVe 及相关技术派生的方法。

③ 正如本章开头所述,Ludwig Wittgenstein 提出应该根据一个单词周围的词汇来理解其含义。1957 年,英国语言学家 J.R.Firth 用一个短语简洁地表达了这个想法:“You shall know a word by the company it keeps.” Firth, J. (1957). *Studies in linguistic analysis*. Oxford:Blackwell。

④ 从数学方面看,因为单词顺序为词向量提供的额外信息微不足道,所以不考虑上下文单词的特定顺序会更简单和有效。建议按照上下文单词的首字母顺序排列它们,这是一种有效、随机的做法。

"word"和"it"作为上下文单词。

将自然语言转换为词向量的较为流行的两种技术是 word2vec[①] 和 GloVe[②]。这两种技术的任务都是根据特定目标单词的上下文单词准确预测该目标单词。[③] 为了在大语料库中一个单词接一个单词的预测中迭代优化预测精度,可以逐个将这些经常出现在相似上下文中的单词分配到向量空间中更加临近的位置,反之亦然。

图 2.5 这个简单的例子演示了使用诸如 word2vec 和 GloVe 等技术将自然语言转换为词向量的高级过程

图 2.6 是向量空间的示意图。向量空间可以有任意多个维度,称为 n 维向量空间。实际上,根据所使用语料库的丰富性和 NLP 应用程序的复杂性,我们可能会创建一个数十维、数百维甚至数千维(极端情况下)的词向量空间。如前所述,语料库中的任何给定单词(如 king)都会被分配到向量空间中的一个位置。例如,在一个 100 维的向量空间中,单词 king 的位置是由一个向量指定的,该向量包含 100 个数字,每个数字依次对应单词 king 在各个维度中的位置。

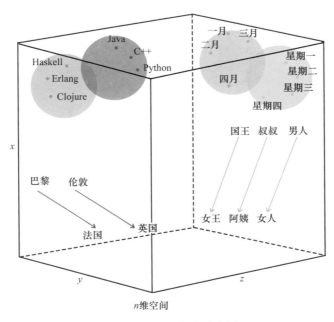

图 2.6 向量空间的示意图

---

① Mikolov,T.,et al.(2013). Efficient estimation of word representations in vector space. *arXiv*:1301.3781.

② Pennington,J.,et al.(2014). GloVe:Global vectors for word representations. *Proceedings of the Conference on Empirical Methods in Natural Language Processing*.

③ 我们也可以预测给定目标单词的上下文单词,更多内容详见第11章。

人类大脑不擅长三维以上的空间推理,图 2.6 所示的向量空间只有三维。在这个三维的向量空间中,语料库中的任何给定单词都需要 3 个数字坐标才能定义它在向量空间中的位置:x、y 和 z。在这个示例中,单词"king"的含义由 3 个数字组成的向量 V_{king} 表示。如果 V_{king} 在向量空间中的坐标为 $x=-0.9$、$y=1.9$ 和 $z=2.2$,则可以使用简洁的方式描述这个位置:$[-0.9, 1.9, 2.2]$。当我们对单词向量进行算术运算时,这种简洁的描述方式很快就会派上用场。

两个单词在向量空间中距离越近[①],它们的意义就越接近,这是由自然语言中出现在它们附近的上下文单词的相似性决定的。同义词和一些反复出现的拼写错误将会与目标单词具有几乎相同的上下文,因此在向量空间中也会具有几乎相同的位置。在相似的上下文中使用的词,例如那些表示时间的词,往往在向量空间中彼此临近。在图 2.6 中,"星期一""星期二""星期三"都用相应的橙色点表示,我们可以看出:它们都集中在立方体右上角的橙色点群内。同时,表示月份的词汇集中在立方体的紫色点群内,虽然与表示星期几的橙色点群靠得很近,但却只有很小一部分重叠。这两种词汇都与日期有关,同属于更广泛的日期词汇范畴,但它们却是相互独立的子点群。再举个例子,我们会在词向量空间中距离那些表示日期的词汇较远的位置(假设在立方体的左上角)找到聚集在一起的表示编程语言的点群,表示面向对象编程语言(如 Java、C++ 和 Python 等)的点都在其中;而在附近,我们将会发现,表示函数式编程语言(如 Haskell、Clojure 和 Erlang 等)的点会形成另一个独立的子点群。我们在第 11 章中将会讲到,当把含义不太具体但却传达了一定意义的词汇(例如,"创造""发展""构建"等动词)嵌入向量空间时,它们也会在词向量空间中占据一席之地,这在 NLP 任务中非常有用。

2.2.3　词向量算法

值得注意的是,研究人员发现向量空间中的位移矢量存储了单词之间的相关性信息,因此我们可以用这种位移来代表单词之间含义的相对关系,这确实不太容易理解。回到图 2.6 所示的立方体,棕色箭头代表国家与其首都的关系。也就是说,如果我们计算代表巴黎和法国这两个词汇的点之间的位移矢量的方向和距离,然后从伦敦出发移动同样的方向和距离,我们就会发现自己处在代表英国这个词汇的坐标的附近。再举个例子,我们可以计算代表男人和女人词向量坐标之间位移矢量的方向和距离,向量空间中的这种移动代表性别,在图 2.6 中用绿色箭头表示。如果我们从任何给定的男性特定的术语(如国王、叔叔)开始,沿着绿色的方向和距离走,我们应该能找到靠近该术语的女性特定的对应术语(如女王、阿姨)的坐标。

能够通过从向量空间中的一个词移到另一个词来获取其特定含义(例如性别、国家与其首都的关系),意味着我们可以执行词向量运算。这方面的典型例子如下:如果我们从表示"king"的向量 V_{king} 开始(假设 $V_{king}=[-0.9, 1.9, 2.2]$),减去表示"man"的向量(假设 $V_{man}=[-1.1, 2.4, 3.0]$),并加上表示"woman"的向量(假设 $V_{woman}=[-3.2, 2.5, 2.6]$),我们就可以找到一个靠近代表"queen"向量的位置。为了使算法清晰明了,我们可以逐个维度地计算 V_{queen} 的位置。

① 用欧氏距离进行测量,即两点之间的直线距离。

$$x_{\text{queen}} = x_{\text{king}} - x_{\text{man}} + x_{\text{woman}} = -0.9 + 1.1 - 3.2 = -3.0$$
$$y_{\text{queen}} = y_{\text{king}} - y_{\text{man}} + y_{\text{woman}} = 1.9 - 2.4 + 2.5 = 2.0 \qquad (2.1)$$
$$z_{\text{queen}} = z_{\text{king}} - z_{\text{man}} + z_{\text{woman}} = 2.2 - 3.0 + 2.6 = 1.8$$

综合考虑所有 3 个维度,我们预计 $\boldsymbol{V}_{\text{queen}}$ 会接近 $[-3.0, 2.0, 1.8]$。

图 2.7 提供了一个更有趣的例子,在网络上爬取获得一个大型的自然语言语料库,而后在其上训练得到一个词向量模型。正如我们稍后在第 11 章的实践中所展示的那样,在向量空间中保持单词之间有意义的定量关系对于应用于 NLP 任务的深度学习模型来说十分必要。

$$\boldsymbol{V}_{\text{king}} - \boldsymbol{V}_{\text{man}} + \boldsymbol{V}_{\text{woman}} = \boldsymbol{V}_{\text{queen}}$$
$$\boldsymbol{V}_{\text{bezos}} - \boldsymbol{V}_{\text{amazon}} + \boldsymbol{V}_{\text{tesla}} = \boldsymbol{V}_{\text{musk}}$$
$$\boldsymbol{V}_{\text{windows}} - \boldsymbol{V}_{\text{microsoft}} + \boldsymbol{V}_{\text{google}} = \boldsymbol{V}_{\text{android}}$$

图 2.7 词向量代数运算的示例

2.2.4 word2viz

用来探索词向量奥秘的可交互式工具 word2viz 的默认界面如图 2.8 所示。从右上角的下拉列表框中选择"Gender analogies",然后在"Modify words"标题下填上成对的新单词。如果您填写了表示性别的特定词语(例如 princess 和 prince、duchess 和 duck 以及 businesswoman 和 businessman),则应该发现它们在坐标系中所处的位置耐人寻味。

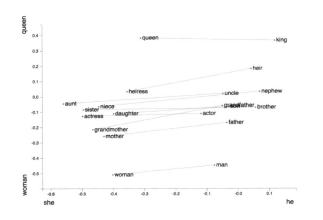
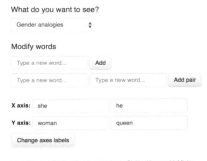

图 2.8 word2viz 的默认界面,这是一种用于交互式地探索词向量的工具

word2viz 工具的开发者 Julia Bazińska 将一个 50 维的词向量空间压缩到了二维空间,以便在二维坐标系中可视化地展示向量。[①] 在默认设置下,Bazińska 将 x 轴的正方向设置为从单词"she"指向"he"以作为性别的参考轴,同时将 y 轴的正方向设置为从单词"woman"指向"queen"以作为身份普通与高贵的参考轴。展示出来的单词将通过在一个庞大的自然语

---

① 在第 11 章中,我们将详细介绍如何降低向量空间的维数以实现可视化。

言数据集上进行训练而被放置到向量空间中——该数据集由 40 万个不同单词的 60 亿个实例组成①,并且单词的意义决定了其在两个坐标轴上的坐标位置。越是表示雍容华贵的单词(类似于 queen),其纵坐标越大,并且表示女性的单词(类似于 she)都落在了表示男性的单词(类似于 he)的左侧。

在充分了解了 word2viz 的"Gender analogies"视图后,您也可以尝试使用词向量空间的其他参考系。从"What do you want to see?"下拉列表框中选择"Adjectives analogies",填入单词"small"和"smallest"。随后,您可以先将 x 轴标签改为 nice 和 nicer,之后再改为 small 和 big。另外,切换到"Numbers say-write analogies"视图后,您可以尝试将 x 轴标签改为 3 和 7。

通过选择"Empty"视图,您可以从头开始构建自己的 word2viz 视图。(词向量的)世界是您的,在熟悉了图 2.6 之后,您也许想要尝试一下我们前面提到的国家与其首都的关系。为此,您可以将 x 轴的正方向设置为从"西"指向"东",并将 y 轴的正方向设置为从"城市"指向"国家"。完全符合这种设计的单词对包括伦敦-英国、巴黎-法国、柏林-德国和北京-中国。

　　一方面,word2viz 是一种能够帮助您深入浅出地理解词向量的方式;另一方面,word2viz 也是您详细了解给定词向量空间的优缺点的必要工具。例如,在"What do you want to see?"下拉列表框中选择"Verb tenses",然后填入单词"lead"和"led"。从单词在向量空间中被分配的坐标可以看出,用于训练该向量空间的自然语言数据中存在一定的性别刻板印象。切换到"Jobs"视图后,这种性别上的主观偏差会更加明显。可以肯定地说,任何大型自然语言数据集都会有一些主观上的先验性偏差。如何减少词向量空间中的系统性偏差是一个十分活跃的研究领域。注意这些偏差的源头可能就存在于您的训练数据中,最好的做法是针对多样性的目标用户群分别测试您的 NLP 应用程序,以检查结果是否足够可靠。

2.2.5　局部化与分布式表示

通过形象的比喻,我们获得了对词向量空间的直观理解,继而对其与自然语言处理领域早已使用多年的独热表示做了对比(参见图 2.4)。概括来说,词向量在 n 维空间中是以分布式的表示方式来存储单词含义的。也就是说,如果使用词向量,那么当我们在向量空间中从一个位置移到另一个位置时,词义将逐渐分布开来。相比之下,独热表示是集中式的。它们将给定单词的信息离散地存储在极度稀疏矩阵的一行中。

为了更全面地描述集中式的独热表示与基于向量的分布式表示的区别,表 2.1 在一系列属性上对它们做了比较。第 1,独热表示只是简单的二进制标志,缺乏细节上的连续变化,而基于向量的分布式表示非常精细:在向量中,关于单词的信息被标记在连续的量化空间中。在这个高维空间中,捕捉单词之间的关系有着无限的可能性。

第 2,在实践中使用独热表示时,经常需要人工设计的、工作量消耗极大的分类法,比如词典和其他专门的参考语言数据库②。基于向量的分布式表示不需要这种外部参考,仅仅基于自然语言数据就可以完全自动生成。

---

① 事实上是 40 万个令牌,我们稍后将对此进行研究。

② 比如 WordNet,它用于描述同义词和上义词的"is-a"关系。例如,家具是椅子的上义词。

第 3,独热表示不能很好地处理新单词。一个新引入的单词需要在原来矩阵的基础上添加一行,对语料库中的现有行重新进行分析,然后通过引入一些外部信息源来更改代码。而使用基于向量的分布式表示方法,可以先找到一个已经包含新单词的上下文单词的向量空间,而后通过在自然语言数据集上训练该向量空间来吸收新单词,于是新单词获得自己的 n 维向量。最初,涉及新单词的训练数据可能很少,因此它的向量在 n 维空间中可能定位不太准确,但是全部原有单词的定位保持不变,并且模型不会失效。随着新单词在自然语言中出现次数的增加,其向量空间坐标的精确度将会不断提高。[①]

第 4,独热表示的使用经常涉及对语言意义的主观解释,这是因为它们通常需要由(相对较少的)研究人员设计的编码规则或参考数据库给出。相反,在基于向量的分布式表示中,词义的定义是由数据驱动的。[②]

第 5,独热表示在本质上忽略了单词的相似性:语义相似的单词(比如"couch"和"sofa")和不相关的单词(比如"couch"和"cat")在独热表示上没有什么不同。相反,基于向量的分布式表示天生擅长处理单词的相似性:两个单词越相似,它们在向量空间中就越接近。

表 2.1 单词的集中式独热表示方法与基于向量的分布式表示方法的属性对比

独热表示	基于向量的分布式表示
不细微	非常细微
人工分类	自动生成
引入新单词的能力很差	引入新单词的能力很好
涉及主观解释	由自然语言数据驱动
忽略了单词之间的相似性	单词之间的相似性由向量空间中的距离大小表现

2.3 自然人类语言要素

到目前为止,我们只考虑了自然人类语言的一个要素:单词。单词是由构成语言的要素组成的;反过来,单词本身又是更抽象、更复杂的语言要素的组成部分。观察图 2.9,我们可以从构成单词的语言要素开始构建更复杂的语言要素。对于每一个要素,我们将分别从传统机器学习的角度以及深度学习的角度讨论它是如何编码的。当我们讨论这些要素时,请注意分布式的深度学习表示是基于流动的和灵活的向量的,而传统的最大似然表示是局部的和刚性的(参见表 2.2)。

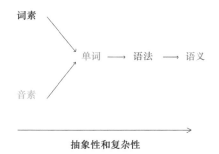

图 2.9 自然语言要素之间的关系。最左边要素是右边要素的组成部分。因此越右边的要素越抽象,在 NLP 应用程序中用它们建模也就越复杂

---

① 生产环境中的 NLP 算法在遇到未包含于训练数据语料库中的单词时,会发生一个这里没有提到的相关问题——词表外(out of vocabulary)单词会影响独热表示和词向量。一些方法(例如 Facebook 的 fastText 库)试图通过考虑子词信息来解决这个问题,但是这些方法不在本书的讨论范围之内。

② 注意它们仍然可能包含自然语言数据中的主观先验性偏差,详情可参考 2.2.4 小节的补充阅读部分。

表 2.2　自然人类语言要素的传统机器学习表示和分布式的深度学习表示

表示法	传统机器学习	深度学习	纯音频
音韵学	所有音素	向量	真
词态学	所有词素	向量	假
单词	独热编码	向量	假
语法	短语规则	向量	假
语义学	Lambda 微积分	向量	假

　　音韵学关注的是说话时语言的发音方式。每种语言都有一组特定的音素(声音)用以组成单词。传统的机器学习方法将听觉输入片段编码为语言可用音素范围内的特定音素;而通过深度学习,我们可以训练一个模型并根据从听觉输入中自动学习的特征来预测音素,然后在向量空间中表示这些音素。在本书中,我们只使用文本格式的自然语言,但是如果您想在其他地方使用这些知识,那么本书介绍的技术可以直接应用到语音数据中。

　　词态学与词的组成形式有关。就像音素一样,每种语言也都有一组特定的词素,它们是词义的最小单位。例如,3 个词素 out、go 和 ing 可以组合形成单词 outgoing。传统的机器学习方法从给定语言的所有词素列表中识别文本中的词素;而在深度学习方法中,我们可以通过训练一个模型来预测特定词素是否出现。人工神经网络中的隐藏层能够将多个词素向量(例如,表示 out、go 和 ing 的 3 个向量)组合成表示一个单词的单个向量。

　　音素(对应音频)和词素(对应文本)结合后便形成单词。在本书中,无论何时我们处理自然语言数据,我们都是在单词层面上工作。我们这样做有 4 个原因。第 1,我们很容易定义一个词是什么并让每个人都熟悉它们。第 2,通过我们将在第 11 章中完成的一个称为"分词"[①]的过程,可以很容易地将自然语言分解为单词。第 3,单词是自然语言中被研究最深入的,特别是在深度学习中,所以我们可以很容易地将尖端技术应用到单词上。第 4,这也是最为关键的一点,词向量更有助于构建 NLP 模型:我们已经了解了相对于深度学习模型中使用的词向量而言,传统机器学习中常用的集中式独热表示的缺点。

　　单词被组合起来便生成语法。句法和词法一起构成了语言的整个语法。句法的作用是将单词排列成短语,再将短语排列成句子,以便在语言使用者之间以一致的方式表达意思。在传统的机器学习方法中,短语被分为离散的、形式化的语言类别[②];而在深度学习方法中,一段文字中的每个单词和短语都可以用 n 维空间中的一个向量来表示,多层人工神经元负责将单词组合成短语。

　　在图 2.9 和表 2.2 中,语义是自然语言中最抽象的要素,它与句子的意思有关。这种意义是从所有潜在的语言要素——比如单词和短语以及一篇文章中出现的总体语境——中推断出来的。推断意义是复杂的,例如,一个段落是应该按照字面意思来理解还是作为一条幽默且讽刺的评论,取决于微妙的语境差异和不断变化的文化风俗。传统机器学习因为不能表达语言的模糊性(例如,相关单词或短语的相似性),所以在捕捉语义方面受到限制。在深度学习中,基于向量的分布式表示再次大显身手。向量不仅可以代表文章中的每个单词和短语,还可以代表每个逻辑表达式。就像前面介绍的语言要素一样,多层人工神经元可以重

① 分词(tokenization)是指使用逗号、句号或空格之类的符号划分一个单词。
② 如"名词短语"和"动词短语"。

组子要素向量,在这种情况下,我们可以通过短语向量的非线性组合来计算语义向量。

2.4 Google Duplex

近年来,Google Duplex 技术是基于深度学习的 NLP 应用中最引人注目的代表。2018 年 5 月,该技术在谷歌的 I/O 开发者大会上发布。这家搜索引擎巨头的 CEO Sundar Pichai 演示了 Google 助理打电话给一家中餐馆预订座位的场景,让观众们欣喜若狂。Duplex 能够自然顺畅地与人交流,这使观众不断发出惊叹声。Duplex 掌握了人类对话的节奏,说话间充满了我们人类在思考时掺杂的"呃"和"嗯"。此外,尽管通话的音频质量一般,而且负责与 Duplex 对话的工作人员口音很重,但 Duplex 没有结结巴巴,而是成功完成了订座任务。

尽管这次演示只是播放了电话录音,没有在现场实际操作,但却给我们留下深刻的印象,尤其是促进这项先进技术获得广泛应用的深度学习算法。通话过程中,信息流在 Duplex 和餐馆老板之间来回流动,Duplex 需要一种复杂的语音识别算法来实时处理音频,并克服线路另一端口音迥异、呼叫质量差以及背景噪声等各种问题[①]。

一旦语音被如实转录,NLP 模型就需要处理句子并确定它的含义。电话另一头的人不知道他们在和机器说话,因此不需要相应地调整他们的语音,但反过来,这意味着人们会用复杂的多种长短句子来回应,这对于机器来说很难识别。

"我们明天没有空位了,但是后天和星期四八点之前有空位。等一下,星期四七点已经订出去了,您看八点以后可以吗?"

这句话杂乱无章,您在发电子邮件时根本不会这么写。但在日常对话中,这类随时更正和替换词句的情况会经常发生,因此 Duplex 必须能明白对方的意思。

当转录完语音并解析完句子的含义之后,Duplex 的 NLP 模型会给出答句。如果与 Duplex 对话的人对答案表示疑惑或不满,Duplex 则会持续追问相关问题以获得更多信息,否则就会确认预订。NLP 模型将生成文本形式的响应,最后通过 Text-To-Speech(TTS)引擎来合成声音。

Duplex 使用的是 Tacotron 和 WaveNet 相结合的全新波形合成技术以及更经典的"concatenative"文本转语音引擎。这就是 Duplex 最为神秘之处:餐厅老板听到的根本不是人的声音。WaveNet 使用的是一个在人类语音真实波形上训练过的深度学习模型,它能够一次一个样本地产生完全合成的波形。而在底层,Tacotron 将单词序列映射到相应的音频特征序列,这些音频特征事实上代表人类语音的细微特点,如音调、语速、语调甚至发音。这些特征随后被输入 WaveNet,由 WaveNet 合成餐厅老板听到的实际声音。整个系统能够产生自然的人声,有正确的节奏、情感和重音。对于在对话中或多或少不那么需要智能和创造力的时刻,可以使用对算力要求较低的级联 TTS 引擎来应付。整个系统会根据需要在各个模型之间动态进行切换。

---

① 这就是所谓的"鸡尾酒会问题",或者说"多讲话者语音分离问题"。人类天生就解决了这个问题,在没有明确指示如何做的情况下,就能很好地将单个声音从杂音中分离出来。尽管有许多研究小组对此问题提出了解决方案,但机器还是很难克服。参见 Simpson, A., et al.(2015). Deep karaoke: Extracting vocals from musical mixtures using a convolutional deep neural network. *arXiv*: 1504.04658; Yu, D., et al. (2016). Permutation invariant training of deep models for speaker-independent multi-talker speech separation. *arXiv*:1607.00325.

从餐厅老板接听电话的那一刻起，语音识别系统、NLP 模型和 TTS 引擎就开始协同工作了；也正从此刻起，Duplex 面对的情况变得越来越复杂，协调所有这些组件相互配合的是一个深度神经网络[①]，它专门处理序列中出现的信息。这个深度神经网络跟踪整个对话过程，并将各种输入和输出提供给适当的模型。

我们应该可以清楚地看出，Duplex 是一个复杂的深度学习模型系统，它能够游刃有余地工作，在通话中与人无缝交互对接。目前，Duplex 的应用还仅限于几个特定的领域：安排约见和预订。机器目前还无法进行更一般的对话，尽管 Duplex 是人工智能迈出的重要一步，但仍任重道远。

2.5 小结

在本章中，我们了解了深度学习在自然语言处理中的应用。我们还进一步描述了深度学习模型从数据中自动提取最相关特征的能力，这种能力降低了对需要大量人工预处理的独热编码的依赖。相较之下，基于深度学习的 NLP 应用则利用词向量嵌入层，从细微处捕捉单词的含义，从而提高了模型的性能和准确性。

在第 11 章中，您将利用神经网络构建一个 NLP 网络模型，该网络模型在处理自然语言数据的输入后，能够直接输出有关这些数据的响应。在这种"端到端"的深度学习模型中，由最初的层创建的词向量将会无缝地流入更深、更抽象的神经网络层，包括那些有"记忆"能力的层。这种模型架构突出展示了词向量配合深度学习的优势和易用性。

[①] 称为循环神经网络，更多细节将在第11章中介绍。

第 3 章
机器艺术

在本章中，我们将介绍一件很多人都不太容易相信的事情：深度学习模型在某种程度上可以创造艺术作品。加州大学伯克利分校的哲学家 Alva Noë 认为：艺术可以帮助我们更好地描绘人性。[①] 若如他所说，机器怎么会创造艺术作品？或者换句话说，从这些机器中产生的创作，实际上是艺术作品吗？我们更偏向的一种解释是：没错，这些创作确实是艺术作品，程序员是使用深度学习模型作为画笔的艺术家。当然，也有很多人认为这些作品是真正的艺术作品：由生成对抗网络（GAN）创作的画作被抢购一空，价格高达每幅 40 万美元。[②]

在本章中，我们会讲到 GAN 背后的深层次概念，您将看到 GAN 产生新颖视觉作品的例子。我们将在与 GAN 相关的潜在向量空间与词向量空间之间建立起一种关联。我们还将介绍一个深度学习模型，它可以作为自动化工具来显著提高照片的质量。

3.1 一个热闹的通宵

坐落在蒙特利尔的谷歌办公楼下有一个酒吧，名为 Les 3 Brasseurs。2014 年，Ian Goodfellow 在 Yoshua Bengio（参见图 1.10）的实验室攻读博士学位时，就在这里构想出了一种算法来虚构逼真的图像[③]，这种技术被 Yann LeCun（参见图 1.9）誉为深度学习领域"最重要"的新突破[④]。

Goodfellow 的朋友们向他描述了他们正在研究的一个生成模型——一个旨在创造某种新事物的计算模型，无论是莎士比亚式的名言、音乐旋律，还是抽象的艺术作品，都能通过这个模型创造出来。当时，他们正试图设计一个可以生成照片级真实感图像的模型，比如人脸肖像。为了通过传统的机器学习方法（参见图 1.12）实现这一想法，设计模型的工程师不仅需要对眼睛、鼻子和嘴巴等面部的关键特征进行分类和近似，还需要准确地估计这些特征应该如何相互进行排列。迄今为止，

---

① Noë，A. (2015，October 5). What art unveils. *The New York Times*.
② Cohn，G. (2018，October 25). AI art at Christie's sells for $432,500. *The New York Times*.
③ Giles，M. (2018，February 21). The GAN father: The man who's given machines the gift of imagination. *MIT Technology Review*.
④ LeCun，Y. (2016，July 28). *Quora*.

他们得到的结果并不令人满意：生成的人脸不是过于模糊，就是缺少鼻子或耳朵等基本元素。

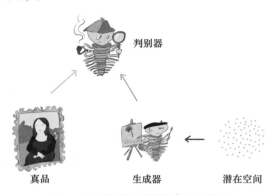

图 3.1 生成对抗网络的高级示意图

也许是因为创造力被一两杯啤酒[1]所激发，Goodfellow 提出了一个革命性的想法—— 一个深度学习模型，其中包含两个互为竞争对手的深度人工神经网络。如图 3.1 所示，两个深度人工神经网络中的一个（充当生成器）负责产生伪造品，另一个（充当判别器）则用来区分伪造品和已提供的真实图像（真品）。两个相互对抗的深度人工神经网络会相互影响：随着生成器变得越来越擅长生产伪造品，判别器需要变得越来越擅长判别真假，反过来生成器就更加需要产生越来越以假乱真的伪造品，以此类推。这种良性循环最终将使生成器产生的伪造图像的风格与真实图像的风格相同，无论是人脸还是其他内容。最重要的是，Goodfellow 的方法不需要在生成模型中进行人工的特征设计。正如我们在机器视觉（第 1 章）和自然语言处理（第 2 章）中阐述的那样，深度学习将自动提取出特征。

真实图像以及由生成器产生的伪造品被提供给判别器，判别器的任务是鉴别哪些是真品。橙色的云代表潜在空间（参见图 3.1），用于给伪造者提供"指导"。这种指导可以是随机的（通常是在网络训练期间，详见第 12 章）或选择性的（在训练后的探索中，参见 3.2 节的图 3.3）。

Goodfellow 的朋友们怀疑他天马行空的想法是否可行。于是当他回到家发现女朋友睡着时，他开始熬夜构建他的对抗式人工神经网络。从网络试验成功的那一刻起，令人震惊的深度学习生成对抗网络家族就正式诞生了！

同年，Goodfellow 与其同事在著名的神经信息处理系统（NIPS）会议上向世界展示了GAN[2]。他们得到的一些结果如图 3.2 所示。GAN 通过训练手写数字产生了这些新奇的图像[3]：图 3.2(b)是人脸照片[4]；图 3.2(c)和图 3.2(d)是来自 10 个不同类别（如飞机、汽车、狗）的照片[5]。图 3.2(c)中的结果明显不如图 3.2(d)中的结果清晰，因为图 3.2(d)使用的 GAN 中集成了机器视觉专用的卷积层[6]，而图 3.2(c)仅使用了一般的层类型[7]。

---

[1] Jarosz, A., et al. (2012). Uncorking the muse: Alcohol intoxication facilitates creative problem solving. *Consciousness and Cognition*, 21, 487-493.

[2] Goodfellow, I., et al. (2014). Generative adversarial networks. *arXiv*:1406.2661.

[3] 来自 LeCun 的经典 MNIST 数据集。

[4] 来自 Hinton（参见图 1.16）研究小组的 Toronto Face 数据库。

[5] 来自 CIFAR-10 数据集。

[6] 我们将在第 10 章中详细介绍相关内容。

[7] 我们将在第 4 章和第 7 章中详细介绍相关内容。

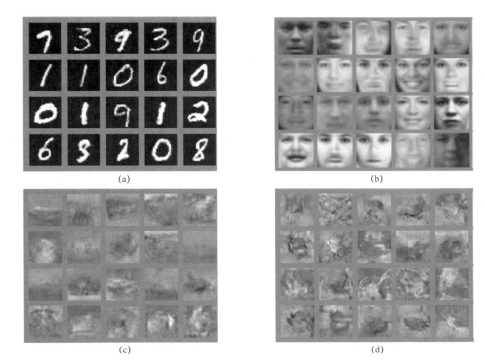

图 3.2　Goodfellow 及其同事在 2014 年发表的 GAN 论文中展示的结果

3.2　伪人脸算法

　　继 Goodfellow 之后,由美国机器学习工程师 Alec Radford 领导的一个研究小组确定了能创造接近真实图像的 GAN 的一些架构约束。图 3.3 提供了一些通过深度卷积 GAN[①]产生的伪人类肖像的例子。在发表的论文中,Radford 和他的团队巧妙地证明了 GAN 相关的潜在空间中的插值运算和算术运算。下面我们先解释一下什么是潜在空间,之后再讨论潜在空间中的插值运算和算术运算。

　　图 3.4 中的潜在空间插图可能会让人想起图 2.6 中的词向量空间。碰巧,潜在空间和向量空间之间有 3 个主要的相似之处。首先,虽然为了简单和易于理解,插图只是三维的,但潜在空间是 n 维空间,通常达到数百维的数量级。例如,您将在第 12 章中自行设计的 GAN 的潜在空间会有 $n = 100$ 维。其次,潜在空间中的两个点越近,它们代表的图像越相似。最后,潜在空间中任何方向上的运动对应于所代表图片内容的逐渐变化,例如相片级真实度的面部图片中人的年龄或性别。

---

① Radford,A.,et al.（2016）. Unsupervised representation learning with deep convolutional generative adversarial networks. *arXiv*：1511.06434v2.

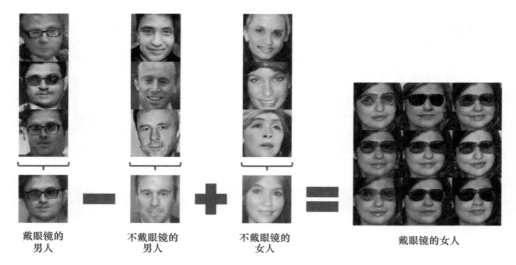

戴眼镜的
男人　　　　不戴眼镜的
男人　　　　不戴眼镜的
女人　　　　　　　　戴眼镜的女人

图 3.3　Radford 等人(2016)的潜在空间算法示例

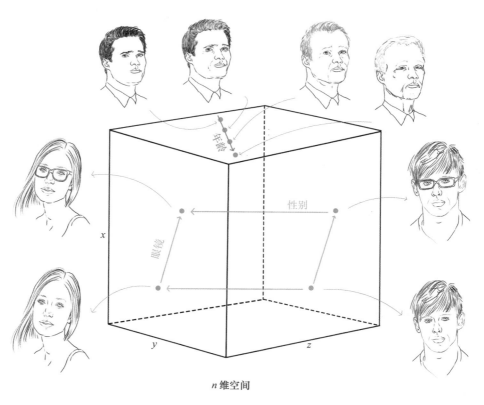

n 维空间

图 3.4　一幅与生成对抗网络相关的潜在空间的漫画。沿着紫色箭头移动,潜在空间对应着一幅看起来
相似的个体逐渐衰老的图像。绿色箭头代表性别,橙色箭头代表戴着眼镜的人

沿着代表年龄的某个 n 维轴选择两个彼此远离的点，在它们之间进行插值，我们可以发现：看起来相同的人（他们是虚构的）逐渐变得越来越老。[①] 在我们的潜在空间插图（参见图 3.4）中，我们用紫色表示这样一个"年龄"轴。为了便于观察实际的 GAN 潜在空间插值，我们建议查阅 Radford 与其同事发表的论文，比如关于如何平滑旋转人工合成的卧室图片角度的文章。您也可以在相关论文中或网站上看到 GAN 的艺术水平，其中的视频由显卡制造商英伟达的研究人员制作，该视频通过人造的高质量名人肖像照片展示了一个惊人的插值过程[②,③]。

下面继续向前推进，讨论如何对我们从 GAN 的潜在空间中采样的图像执行算术运算。当对潜在空间中的一个点进行采样时，我们可以用这个点所在位置的坐标来表示它，类似于第 2 章中描述的词向量。与词向量一样，我们可以用这些向量执行算术运算，并以语义方式在潜在空间中移动。图 3.3 展示了 Radford 与其同事提出的潜在空间算法示例。在 GAN 的潜在空间中，我们从一个代表戴眼镜的男人的点开始，减去一个代表不戴眼镜的男人的点，再加上一个代表不戴眼镜的女人的点，得到的点在潜在空间中十分靠近代表戴眼镜的女人的点。此外，我们还在图 3.4 所示的插图中说明了潜在空间中的点所代表意义之间的关系是如何存储的（同样类似于词向量空间），即潜在空间中点的运算方式。

3.3　风格迁移：照片与莫奈风格间的相互转换

GAN 更神奇的应用之一是风格转换。Zhu、Park 和他们来自伯克利人工智能研究实验室的同事在发表的论文中提出了一种新颖的 GAN[④]，这种 GAN 的能力令人惊叹，如图 3.5 所示。该论文的合著者之一 Alexei Efros 在法国度假时拍摄了一些照片，研究人员利用他们的 CycleGAN 将这些照片转换成了印象派画家 Claude Monet、19 世纪荷兰艺术家 Vincent Van Gogh、后印象派画家 Paul Cezanne、日本浮世绘等流派的风格。您在互联网上可以找到一些与风格迁移有关的例子，比如将莫奈的画转换成照片般真实的图像），此外还有：

- 将夏季场景转换成冬季场景，反之亦然；
- 将一筐筐苹果转换成一筐筐橘子，反之亦然；
- 将平面的低质量照片转换成高端（单反）相机拍摄的照片；
- 将一匹在田野里奔跑的马转换成斑马；
- 将白天拍摄的驾驶视频转换为夜间拍摄的视频。

[①] 在技术层面，与向量空间的情况一样，这个"年龄"轴（或潜在空间中代表某些有意义属性的任何其他方向轴）可能与构成 n 维空间轴的所有 n 维正交。我们将在第 11 章中进一步讨论这个问题。

[②] Karras, T., et al. (2018). Progressive growing of GANs for improved quality, stability, and variation. *Proceedings of the International Conference on Learning Representations*.

[③] 要想尝试区分真实的面孔和 GAN 生成的面孔，请访问 whichfaceisreal 官网。

[④] 名为 GycleGAN，详见 Zhu, J.-Y., et al. (2017). Unpaired image-to-image translation using cycle-consistent adversarial networks. *arXiv*：1703.10593.

图 3.5   使用 CycleGAN 将照片转换成著名画派的风格

3.4   让你的素描更具真实感

Alexei Efros 的 BAIR 实验室开发的另一个 GAN 应用程序是 pix2pix[①]，您可以直接用它自娱自乐——交互式地将图像从一种风格转换成另一种风格。例如，通过使用 edges2cats 工具，我们在图 3.6 的左侧面板中绘制完三眼猫的手绘图之后，右侧面板中就会生成逼真的突变猫。您也可以在浏览器中把自己对鞋、手提袋和建筑等物体天马行空的想象转换成照片般的真实模拟。pix2pix 应用程序的作者称他们的方法为 conditional-GAN（简称 cGAN），因为这种生成对抗网络产生的输出是以提供给它的特定输入为条件的。

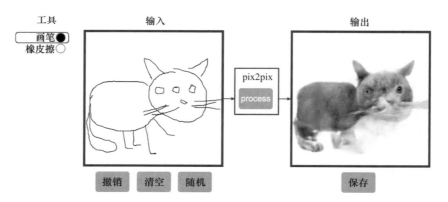

图 3.6   使用 pix2pix 应用程序合成一只逼真的突变猫。左侧面板中的手绘图是 GAN 输出的条件，
这显然不是本书的插画师 Aglaé 绘制的，而是另有其人

---

① Isola，P.，et al.（2017）. Image-to-image translation with conditional adversarial networks. *arXiv*：1611.07004.

3.5 基于文本创建真实感图像

为了充实这一章,下面让我们来看看图 3.7 中真实的照片级高分辨率图像。这些图像是使用 StackGAN[①]生成的。StackGAN 包括两个叠在一起的 GAN,其中的第一个 GAN 负责产生一幅粗糙的低分辨率图像,并给出相关对象的一般形状和颜色。这幅图像随后作为第二个 GAN 的输入,并通过修正缺陷和添加更丰富的细节而被精确校准。StackGAN 也是 cGAN,类似于 pix2pix 应用程序;不同之处在于,图像输出取决于文本输入而不是图像。

图 3.7　使用 StackGAN 生成的照片级高分辨率图像,StackGAN 包括两个叠在一起的 GAN

3.6 使用深度学习进行图像处理

自从数码相机出现以来,图像处理(包括前端处理和后期处理)已经成为大多数(也许不是所有)摄影师工作流程中的一个主要部分。图像处理包括简单的前端处理,例如在按下快门后立即增加图像的饱和度和清晰度,以及在软件(如 Adobe Photoshop 和 Lightroom)中对原始图像文件进行复杂的编辑。

机器学习已被广泛应用于前端处理,在这种情况下,相机制造商希望消费者只需要付出极少的努力就能获得栩栩如生且赏心悦目的照片。这方面的一些例子如下。

- 点拍相机中的早期人脸识别算法,当识别到人物在微笑时,可以优化人脸的曝光和聚焦,甚至有选择地打开快门(参见图 1.13)。
- 场景检测算法,调整曝光设置以捕捉雪的白色或在夜间摄像时打开闪光灯。

---

① Zhang,H.,et al.（2017）. StackGAN：Text to photo-realistic image synthesis with stacked generative adversarial networks. *arXiv*：1612.03242v2.

在后期处理领域,尽管有各种各样的自动工具存在,但摄影师仍然需要在色彩和曝光校正、去噪、锐化、色调映射和修饰等图像后期处理上投入大量时间并掌握很多相关专业知识。

从历史上看,这些校正操作很难以编程方式执行,比如去噪可能需要有选择性地应用于不同的图像,甚至同一幅图像的不同部分。这正是深度学习所擅长的智能应用领域。

在 Chen 与其英特尔实验室[①]的同事们于 2018 年发表的一篇论文中,深度学习被用来增强人们在近乎完全黑暗的环境中拍摄的图像,并取得惊人的效果(参见图 3.8)。简而言之,他们的深度学习模型包含了集成 U-Net[②] 架构的卷积层(我们将在第 10 章中做详细介绍)。作者们为训练该模型采集了一个自定义数据集——See-in-the-Dark,它由 5094 个短曝光[③]、极暗场景的原始图像以及与场景对应的长曝光图像(使用三脚架保持相机稳定后拍摄)组成。长曝光图像的曝光时间是短曝光图像的 100～300 倍,实际曝光时间在 10～30 秒范围内。如图 3.8 所示,基于深度学习 U-Net 的图像处理流程的效果[见图 3.8(c)]远远优于传统流程的效果[见图 3.8(b)]。然而,该模型目前仍有一些局限性。

- 模型的速度不够快,无法实时进行校正(无法在前端运行);然而,在运行时对模型进行优化对此会有所改善。
- 必须为不同的摄像机型号和传感器训练专用网络,而与摄像机型号无关的更一般化方法才是最佳方案。
- 虽然结果远远超出传统流程的能力,但增强后的照片仍有一些缺陷有待改进。
- 数据集仅限于选定的静态场景,因而仍须扩展到其他场景(最主要的是对画面中人的处理)。

撇开局限性不谈,图像处理还是为我们提供了一个有趣的视角,使得我们能够了解深度学习如何在照片的后期处理流程中自适应地校正图像,其复杂程度对于机器来说是前所未有的。

(a) 示例图像　　　　　(b) 传统流程的效果　　　　(c) 深度学习流程的效果

图 3.8　使用传统流程和 Chen 等人的深度学习流程处理示例图像

3.7　小结

在这一章中,我们介绍了 GAN 并展示了这种深度学习方法在潜在空间中,有能力对异常复杂的图像表示进行编码。丰富的视觉表示能力使 GAN 能够创造出具有独特、精细艺

① Chen, C., et al. (2018) Learning to see in the dark. *arXiv*:1805.01934.

② Ronneberger et al. (2015) U-Net: Convolutional networks for biomedical image segmentation. *arXiv*:1505.04597.

③ 也就是说,足够短的曝光时间可以让实际的手持拍摄没有运动模糊,但这也会使图像太暗而变得毫无用处。

术风格的新颖图像。GAN 的作品不单是美学作品，也可以是实用作品。比如，GAN 可以用来扩充自动车辆驾驶的训练数据，加快时装和建筑领域的原型制作速度，以及极大提高富有创造思维的人的能力[①]等等。

在第 12 章中，等到我们讲完了所有必要的深度学习理论之后，您将自行构建一个 GAN 来模仿"Quick，Draw！"数据集中的手绘（第 1 章末尾介绍过）。看看图 3.9，展望一下您能做什么吧！

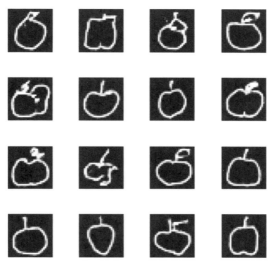

图 3.9　使用我们在第 12 章共同开发的 GAN 架构生成的苹果的新颖"手绘"。通过使用这种方法，您可以在"Quick，Draw！"游戏中涉及的数百个类别的任何一个类别中生成机器绘制的"草图"

① Carter，S.，and Nielsen，M.（2017，December 4）. Using artificial intelligence to augment human intelligence. *Distill*.

第 4 章
对弈机

深度强化学习在人工神经网络方面已经取得突飞猛进的发展,除了第 3 章介绍的生成对抗网络,还包括近年来"人工智能"的一些突破。本章将介绍什么是强化学习以及在一些复杂任务中,强化学习是如何与深度学习融合,让机器达到甚至超过人类水平的,例如雅达利电子游戏、围棋和精确机械臂操作等。

4.1 人工智能、深度学习和其他技术

在本书的前 3 章中,我们介绍了如何应用深度学习来产生图像、语言和新颖的"艺术"。目前,我们已经感受到深度学习与人工智能概念的潜在联系。然而,在正式讨论深度强化学习之前,我们首先需要定义这些概念并弄清概念之间的关系。和往常一样,我们依然借助维恩图来说明,如图 4.1 所示。

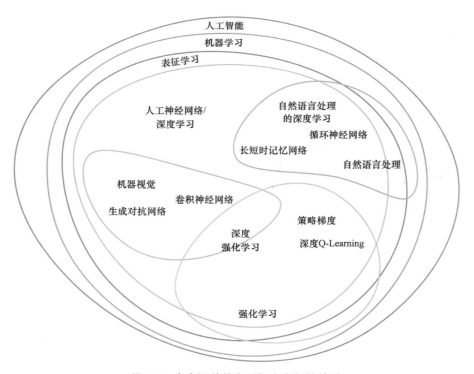

图 4.1 本书涵盖的主要概念之间的关系

4.1.1 人工智能

"人工智能"这个概念新鲜时髦但又含混模糊,同时包罗万象。尽管如此,我们仍尝试对人工智能进行定义:用一台机器处理来自其周围环境的信息,然后将这些信息分解并进行适当决策,以达到实现某些期望结果的目的。根据定义,部分人只是将人工智能理解为"通用智能",因为人们关注的一般是其归纳推理和解决问题的能力。[①] 在实践中,尤其在大众媒体那里,"人工智能"被用来描述那些尖端机器的能力。目前,这些能力包括语音识别、视频内容解析、聊天机器人、自动驾驶、工业机器人以及在像围棋这样的"直觉密集型"棋盘游戏中击败人类。一旦人工智能的能力被突破并且被普遍应用(例如,20 世纪 90 年代最先进的手写数字识别,详见第 1 章),"人工智能"这个名字就会被大众媒体抛弃,因为这会使人工智能定义的标准不断被提高。

4.1.2 机器学习

机器学习和机器人技术一样,属于人工智能的一个方面。机器学习是计算机科学的一个领域,关注的是如何构建软件并使得软件自动识别数据模式,而无须程序员明确指示。也就是说,通过充分了解问题并做出一些假设,程序员就可以提供相应的模型框架和相关数据,让软件充分学习并解决问题。如图 1.12 所示,机器学习通过处理原始输入,可以提取出与数据建模算法一致的特征,这个过程因为需要人工设计,所以稍显费力。

4.1.3 表征学习

通过图 4.1,我们可以更形象地剖析表征学习。这个概念是从第 2 章开始介绍的,简而言之,表征学习是机器学习的一个分支,表征学习的模型构建方式是通过提供足够的数据来自动学习特征。这样学习到的特征相比人工设计的更加全面和准确。目前,虽然学术界和业界的研究人员都在积极研究特征的可解释性,但是机器学习到的特征仍然很难被人理解或被很好地解释。[②]

4.1.4 人工神经网络

目前,人工神经网络在表征学习领域占据主导地位。正如前面所提到的,人工神经元是受生物脑细胞启发的简单算法,因为无论是人工的还是生物的单个神经元,首先都要接收很多其他神经元的输入,然后通过一系列计算,产出单个输出。人工神经网络是人工神经元的集合,它们在排列后,就可以彼此之间发送和接收信息。首先将数据输入人工神经网络,然后人工神经网络以某种方式处理数据,进而得到预测结果。例如,手写数字的图像被输入人工神经网络,经过处理后,便可得到关于输入图像所代表数字的准确预测。

---

① 定义"智能"并不是一件简单的事情,关于这方面的巨大争议已超出本书的讨论范围,目前仍有一些支持者认为"智能"可通过智商测试得到。详见 van der Mass, H., et al. (2014). Intelligence is what the intelligence test measures. Seriously. *Journal of Intelligence*, 2, 12-15.

② Kindermans, P.-J., et al. (2018). Learning how to explain neural networks: PatternNet and PatternAttribution. *International Conference on Learning Representations*.

4.1.5   深度学习

在图 4.1 所示的概念中,深度学习是最容易定义的。我们已经多次提到,深度学习网络是由好几层人工神经元组成的网络,图 1.11 和图 1.17 所示的经典架构在图 4.2 中也有简单描述。深度学习网络通常多于 5 层,具体结构如下。

- 输入层:接收输入网络的数据。
- 隐藏层:学习输入数据中的特征表示,一般有 3 个或更多个。一种经常使用的隐藏层类型是密集层,在这种类型中,给定层中的所有神经元都可以从前一层中的每个神经元接收信息(因此,"密集层"的常见同义词是全连接层)。除了这种通用的隐藏层类型之外,还有很多其他类型专门针对特定的用途。
- 输出层:输出整个网络产生的值(如预测值)。

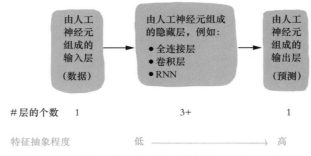

图 4.2   深度学习模型体系结构的一般化表示

在深度学习网络中,若干人工神经元分层排列,每一层都是对前一层更抽象的非线性重组,所以只要有足够的数据集,即使只有几层的深度学习模型,也足以进行学习训练并解决特定问题。也就是说,我们偶尔会看到数百层甚至上千层的深度学习网络,但它们并不经常使用。①

自从 2012 年 AlexNet 在 ILSVRC 公开挑战赛(参见图 1.15)上获胜以来,无数事实已经证明:应用深度学习方法的建模适用于多种机器学习任务。事实上,随着深度学习推动当代人工智能的不断进步,"深度学习"已经被大众媒体当作"人工智能"的代名词。

下面继续探索深度学习,我们将按照深度学习算法应用的 3 类任务分别介绍机器视觉、自然语言处理和强化学习。

4.1.6   机器视觉

在第 1 章中,通过与生物视觉系统做类比,我们介绍了机器视觉,并且通过完成识别物体的任务做了演示,例如识别手写数字、识别狗的品种等。机器视觉算法涉及汽车自动驾驶、人脸标记建议以及智能手机人脸识别解锁等。更广泛地说,机器视觉涉及任何需要远距离识别物体或在真实世界中导航的人工智能系统。

目前,卷积神经网络是当代机器视觉应用中最常用的深度学习结构。任何隐藏层中使

---

① He, K., et al. (2016). Identity mappings in deep residual networks. *arXiv*:1603.05027.

用卷积层的深度学习网络都是卷积神经网络。另外,对于图 3.2 涉及的 Ian Goodfellow 提出的生成对抗网络中出现的卷积层,我们将在第 10 章中详细介绍和应用它们。

4.1.7 自然语言处理

在第 2 章中,我们讨论了语言和自然语言处理。深度学习的应用在机器视觉领域处于主导地位,相比在自然语言处理中的应用更具领先优势,正因为如此,在图 4.1 所示的维恩图中,自然语言处理横跨了深度学习领域和更广泛的机器学习领域。然而,如图 2.3 所示,在效率和准确性方面,自然语言处理的深度学习方法超越了传统机器学习方法。事实上,在语音识别(如亚马逊 Alexa 或谷歌助手)、机器翻译(包括电话实时语音翻译)和互联网搜索引擎(如预测用户接下来将要输入的字符或单词)方面,深度学习已经占据主导地位。更一般地说,应用于自然语言处理的深度学习与任何通过自然语言交互的人工智能相关,包括通过语音或打字方式自动回答一系列复杂的问题等。

在自然语言处理领域的众多深度学习架构中,隐藏层的类型可以是长短时记忆(Long Short-Term Memory,LSTM)网络,它是循环神经网络(Recurrent Neural Network,RNN)家族的一员。循环神经网络适合处理序列数据,如金融时间序列数据、库存水平、流量和天气。我们将在第 11 章中阐述 RNN,包括 LSTM 网络,同时将它们结合到自然语言数据的预测模型中。这些讲解将会给大家提供坚实的知识基础,尤其当大家想要将深度学习技术应用到其他类型的序列数据时。

4.2 机器学习问题的 3 种类型

图 4.1 所示的维恩图还涉及强化学习,这是本章的另一个重点。应用机器学习算法解决的问题主要可以分为监督学习和非监督学习两类,下面我们通过对比这两类问题来进一步了解强化学习。

4.2.1 监督学习

在监督学习问题中,主要涉及 x 变量和 y 变量。
- x 代表提供的数据,作为模型的输入。
- y 代表我们期望模型预测的结果。y 变量也可以称为标签。

监督学习问题中的数据都是有确定标注的,可通过训练已有的训练样本(数据 x 及其对应的标签 y)得到一个最优模型。监督学习通常包括两种类型。
- 回归,y 是连续变量。例如预测产品的销售数量,或预测资产的未来价格,比如房价(第 9 章提供的例子),或预测交易所上市公司的股票价格。
- 分类,y 由离散变量组成,x 则被指定为特定类别。换句话说,y 是分类变量。例如识别手写数字(在第 10 章中,我们将亲自编码解决这个问题),或预测某位电影评论人是喜欢还是不喜欢这部电影(第 11 章)。

4.2.2 无监督学习

无监督学习与监督学习的区别在于前者没有标签 y。因此,在无监督学习中,我们可以

将数据 x 放入模型中,但是没有结果 y 可以预测。无监督学习的目标是让模型挖掘数据中隐藏的潜在分布——例如根据主题对新闻文章进行分组,但是并没有预先设定新闻文章所属的类别(政治、体育、金融等),而是让模型自动将具有相似主题的对象分到一组。无监督学习的一些其他例子包括:从自然语言数据中构建出词向量空间(第 2 章和第 11 章),或者使用生成对抗网络生成新的图像(第 12 章)。

4.2.3 强化学习

回到图 4.1,此时再来讨论强化学习问题就更容易理解了。强化学习与监督学习或无监督学习有明显的不同。如图 4.3 所示,我们可以把强化学习描述为一个代理在某个环境中采取一系列行动的问题。例如,代理既可以是玩雅达利电子游戏的人或算法,也可以是驾驶汽车的人或算法。强化学习问题与监督或无监督学习问题的最主要区别是:代理采取的行动会影响环境的状态,进而影响环境向代理提供的信息。也就是说,代理可以收到关于自己采取的行动的直接反馈。相反,在监督或无监督学习问题中,模型从不影响训练数据,只是读取并使用它们。

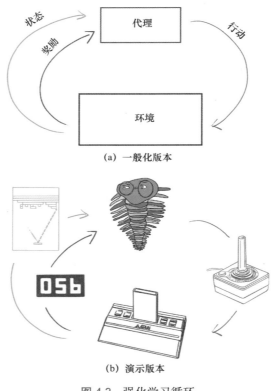

(a) 一般化版本

(b) 演示版本

图 4.3 强化学习循环

图 4.3(b)显示了一个代理在雅达利控制台上玩电子游戏的例子。当然,三叶虫不会玩电子游戏;我们只是使用三叶虫作为强化学习代理的符号表示,代理可以是人,也可以是机器。

深度学习的初学者通常有一种自然而然的愿望:总是想要把监督学习、无监督学习和强化学习强行归类为传统的机器学习或深度学习。换句话说,他们似乎想要将监督学习与传统的机器学习联系起来,同时将无监督学习或强化学习(或同时将这两个概念)与深度学习联系起来。但是,实际上并不存在这样的必然联系:传统机器学习和现代深度学习都可以应用于监督学习、无监督学习或强化学习问题。

下面让我们来看一些例子,以深入探讨强化学习中代理与其环境之间的关系。在图 4.3 中,代理由可爱的三叶虫表示,但代理其实也可以是人或机器。例如,当代理玩雅达利电子游戏时:

- 代理被规定可以采取的行动是按下电子游戏控制器上的按钮。①
- 环境(雅达利游戏系统)将信息反馈给代理。这些信息可分为两种:状态(通过屏幕像素显示出的当前代理所处的环境图像)和奖励(游戏中的分数,需要代理在游戏中努力获取更多分数)。
- 如果代理正在玩《吃豆人》游戏,那么按下"向上"按钮将导致环境返回更新的状态,在该状态下,屏幕上代表电子游戏角色的像素已经向上移动。在玩游戏之前,强化学习算法甚至还不知道按下"向上"按钮代表向上移动吃豆人角色,一切都是通过代理的反复试验从头学起的。
- 如果代理采取了某种行动,导致吃豆人角色移动时路过一对美味的樱桃,那么环境将对代理进行奖励:增加分数。相反,如果代理采取的行动导致吃豆人角色撞上恐怖的幽灵,那么环境将对代理进行惩罚:减少分数。

再举个例子,当代理驾驶汽车时:

- 代理可以采取的行动相比吃豆人角色更加广泛和丰富。代理可以自由地旋转方向盘、踩油门或刹车,既可微调,也可剧烈调整。
- 环境是真实的世界,包括道路、交通、行人、树木、天空等等;状态则是车辆周围环境的状况,可通过眼睛和耳朵感知,也可通过自动驾驶车辆的摄像机和激光雷达感知②。
- 就算法而言,我们可以设定:每当车辆朝着目的地行驶一段距离后,就对代理进行奖励;每次轻微的交通违规都对代理进行惩罚,而当发生车祸时,给予最严重的负面反馈。

4.3 深度强化学习

最后,我们来了解一下图 4.1 所示维恩图中心附近的深度强化学习部分。当人工神经网络前来助阵时,强化学习便有了"深度"这一前缀,环境时刻将当前状态反馈给代理,而代理不断学习要采取什么行动才能获得更多的奖励。③深度学习和强化学习的结合被证明是

---

① 我们知道电子游戏算法不可能真正地自己按下游戏后台控制器上的按钮,它们通常会通过基于软件的仿真功能直接与电子游戏进行交互。在本章的最后,我们将介绍一些在这方面较为流行的开源包。

② 基于激光的雷达等效物。

③ 在本章的前面(参见图4.2),我们曾指出"深度学习"这个称谓适用于至少有3个隐藏层的人工神经网络。虽然通常情况下是这样,但是当模型被强化学习社群使用时,即使模型中涉及的人工神经网络很浅,比如仅由一两个隐藏层组成,也可以使用术语"深度强化学习"。

非常成功的,这是因为:

■ 深度神经网络擅长处理真实环境或高级模拟环境反馈给代理的复杂状态输入,从中
剔除噪声并提取有用的信号。这类似于大脑视觉和听觉皮层的生物神经元的功能,
分别接收来自眼睛和耳朵的输入。

■ 同时,强化学习擅长从众多的可选行动中选择最有收益的行动。

总之,深度学习和强化学习是解决问题的有力组合。随着问题复杂性的不断提高,往往
需要提供更大的数据集来对深度强化学习代理进行训练:算法指导代理在包含大量噪声的
特征空间里随机游走,逐渐形成在给定环境下采取相应行动的有效策略。许多强化学习问
题都发生在模拟环境中,所以获得足够的数据通常不是问题:为了让模型能力更佳,代理只
需要简单地接受更多轮模拟训练即可。

尽管深度强化学习的理论基础已经存在几十年[①],但就像 AlexNet 对于普通深度学习的
作用一样(参见图 1.17),近年来,3 股新鲜力量的交汇给深度强化学习带来了很多利好。

■ 规模以指数级增大的数据集和更丰富的模拟环境。

■ 多 GPU 并行计算使我们能够高效地利用丰富的数据集以及广泛相互关联的可能状
态、可选行动进行建模。

■ 一套沟通学术界和业界的研究生态系统,在深度强化学习算法方面催生出越来越多
的新观点和新思想。

4.4   电子游戏

不知道大家是否记得小时候玩过的一款电子游戏。
当您盯着电玩店或家里老式的阴极射线管电视机玩游戏
时,很快就会发现,在乒乓球游戏或 Breakout 游戏中,如
果没有接住球,就会被扣掉分数。您看着屏幕上的图像信
息,希望能比其他玩家得到更多的分数,于是您的脑海中
逐渐想出一套操纵手柄的有效策略。近年来,DeepMind
公司的研究人员一直在开发一款旨在自主学习如何玩好
经典雅达利游戏的软件。

DeepMind 是由 Demis Hassabis(参见图 4.4)、Shane
Legg 和 Mustafa Suleyman 于 2010 年在伦敦成立的一家
英国科技初创公司。他们的愿景是"解决智能",也就是
说,他们关注开发通用学习算法以扩展人工智能领域。他
们早期的贡献之一是引入了深度 Q-Learning 网络(DQN,
如图 4.1 所示)。只需要使用这种网络的一个模型就能够
很好地学习如何玩许多雅达利游戏。

图 4.4   Demis Hassabis 在伦敦大学
学院(UCL)获得认知神经科学博
士学位后,于 2010 年与合伙人共同成
立了 DeepMind 公司

---

① Tesauro, G. (1995). Temporal difference learning and TD-Gammon. *Communications of the Association for Computing Machinery*, 38, 58-68.

2013 年, Volodymyr Mnih[1] 与其 DeepMind 同事[2] 发表了一篇关于 DQN 代理的文章。在第 13 章中,我们将详细了解相关内容并编写代码来定义 DQN 智能体。DQN 代理从其环境(一个电子游戏模拟器[3])中直接接收屏幕图像的像素值作为状态信息——类似于人类玩家观看电视屏幕玩雅达利游戏的方式。为了有效地处理这些信息,DQN 和其他深度强化学习方法一样,也囊括了一个卷积神经网络(CNN),其输入是图像数据(这就是在图 4.1 所示的维恩图中,"深度强化学习"与"机器视觉"有小部分重叠的原因)。对雅达利游戏中大量图像输入的处理(每秒 200 多万像素)充分证明了深度学习通常十分适合从噪声中筛选出相关特征。此外,在模拟器中玩雅达利游戏也是非常适用于深度强化学习训练的:虽然在模拟器中,代理会接触到太多的可选行动及其丰富的组合,但好处在于训练数据是无限的,代理可以无休止地进行游戏。

在训练中, DeepMind DQN 不会获得任何提示或预设的策略;在雅达利游戏中, DeepMind DQN 只能接收到状态(屏幕像素)、奖励(得分)以及可采取行动的集合(按下任意游戏控制器按钮)。模型也不会针对特定游戏进行调优,而在 Mnih 与其同事测试的 7 款游戏中,模型在 6 款游戏上的表现都超过现有的机器学习方法,甚至超过 3 款游戏中的人类玩家。或许是因为通过这一研究成果看到了 DeepMind 公司的潜力,谷歌在 2014 年以相当于 5 亿美元的价格收购了 DeepMind 公司。

在后来发表于著名期刊《自然》上的一篇论文中,谷歌 DeepMind 的 Mnih 与其团队在 49 个雅达利游戏中对 DQN 算法进行了评估。[4] 结果十分令人惊讶,如图 4.5 所示:DQN 在 94% 的游戏(除了 3 个游戏以外)中表现优于其他机器学习方法,并且在 59% 的游戏中得分超过人类水平。[5]

4.5　棋盘游戏

棋盘游戏本身具有较强的模拟属性,再加上相比电子游戏有着更久远的历史,我们可以认为棋盘游戏在逻辑上是先于电子游戏的;然而,软件模拟器的加持使人们可以更加简便地与电子游戏进行交互,因此现代深度强化学习的主要进展最初也发生在电子游戏领域。此外,和雅达利游戏相比,经典棋盘游戏具有高得多的复杂性。例如,在《吃豆人》或《太空入侵者》游戏中,我们很难看到丰富的即时对策和象棋专业知识中已有的一些全局战略。在本节中,我们将阐述深度强化学习是如何攻克数据可用性和计算复杂性这两个难题,以及如何玩转围棋、象棋和日本将棋的。

---

① Mnih obtained his doctorate at the University of Toronto under the supervision of Geoff Hinton (Figure 1.16).

② Mnih, V., et al. (2013). Playing Atari with deep reinforcement learning. *arXiv*:1312.5602.

③ Bellemare, M., et al. (2012). The arcade learning environment: An evaluation platform for general agents. *arXiv*: 1207.4708.

④ Mnih, V., et al. (2015). Human-level control through deep reinforcement learning. *Nature*, 518, 529-533.

⑤ 您可以通过观看 Google DeepMind DQN 学习掌握《吃豆人》和《太空入侵者》游戏的玩法。

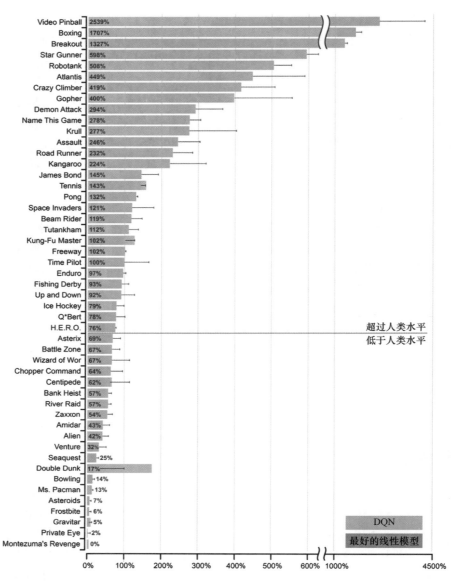

图 4.5 Mnih 与其同事(2015)的 DQN 相对于专业游戏测试人员的标准化分数:0% 代表随机游戏,100% 代表专业游戏测试人员的最佳表现。水平线代表作者定义的"人类水平"的门槛,即大约 75% 的位置

4.5.1 AlphaGo

围棋(如图 4.6 所示)是一种家喻户晓的双人策略棋盘游戏,在几千年前由伟大的中国发明。围棋有一套简单的规则,从本质上来说就是想方设法用自己的棋子尽可能多地围住对手的棋子。[①]然而,规则上的简洁性掩盖了实践中的复杂性。巨大的棋盘,再加上每回合有太多可选择的落子位置,这使得围棋比象棋复杂得多;事实上,二十年前我们就已经研发

---

① 事实上,围棋在中文里的字面意思是"包围棋盘游戏"。

出可以打败顶尖人类象棋玩家的算法。[1] 而在围棋中,有超过 2×10^{170} 种规则允许的棋盘落子分布,这一数字远远超过宇宙中原子的数目[2],也比象棋复杂了 10^{100} 倍。

图 4.6　围棋。一个玩家执白子,另一个玩家执黑子。目标是包围对手的棋子,吃掉它们

一种叫作蒙特卡罗树搜索(MCTS)的算法可以用于训练以掌握一些不太复杂的游戏。MCTS 算法的最简形式就是在每一回合都随机选择一种行动,直到游戏结束。通过多次重复,有助于赢得游戏的行动将被视为"好"的选择。由于围棋这种游戏的极端复杂性和无限可能性,纯粹的 MCTS 算法不大具有可行性:要搜索和评估的东西实在太多了。除了纯粹的 MCTS,另一种方法是将 MCTS 算法可选择的行动限定在一个更小的范围内,比如可以运用既定的指导策略过滤掉一些无意义的行动。事实证明,这种精心策划的方法足以击败业余棋手,但专业棋手几乎不吃这一套。为了让算法水平更上一个台阶,David Silver(参见图 4.7)与其谷歌 DeepMind 的同事启动了一个名为 AlphaGo 的项目,这个项目旨在将 MCTS 与监督学习和深度强化学习结合起来。[3]

图 4.7　David Silver 是在剑桥和阿尔伯塔大学深造的 Google DeepMind 研究员。他在结合深度学习和强化学习范式方面发挥了重要作用

Silver 等人(2016)提出了一种"策略网络",这种网络能给出某个状态下可采取的所有行动的集合。随后,这一策略网络在历史数据库上运用监督学习方法进行训练,然后通过与两个水平相当的围棋代理对手进行自我游戏式的深

---

[1] 1997年,IBM 的"深蓝"击败了 Garry Kasparov(他可以说是世界上最伟大的棋手)。关于那场传奇比赛的更多内容将在本节稍后介绍。

[2] 据估计,在可观测的宇宙中有 10^{80} 个原子。

[3] Silver, D., et al. (2016). Mastering the game of Go with deep neural networks and tree search. *Nature*, 529, 484-489.

度强化学习而得到完善。在此过程中,代理反复地自我改进,每当提高到一个新的台阶时,就与"新"的自我进行对抗,步入一个不断进步的正反馈循环。最后得到的一种"价值网络"可称得上 AlphaGo 算法中锦上添花的一笔,它可以预测在这场自我对抗游戏中谁会获胜,从而评估棋盘上的落子分布,并识别出哪些行动对赢棋最有益。以上所有策略的结合(第 13 章将对此进行详细描述)能在很大程度上缩小 MCTS 搜索空间的广度。

AlphaGo 的围棋水平几乎碾压其他基于计算机的 Go 程序。也许最引人注目的是,AlphaGo 还以 5∶0 击败了当时的欧洲围棋冠军范辉。这标志着人工智能第一次在一场完整的围棋比赛中击败了一名职业选手。如图 4.8 中的 Elo 等级[①]所示,AlphaGo 的表现已经达到或超越世界第一选手的水平。

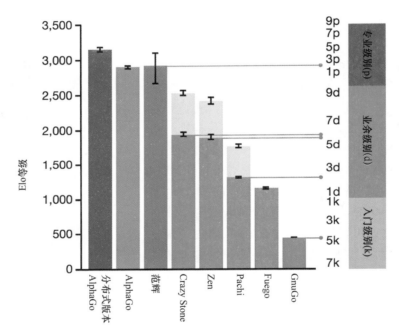

图 4.8　AlphaGo(蓝色)相对于范辉(绿色)和其他几个围棋程序(红色)的 Elo 评分

AlphaGo 于 2016 年 3 月更进一步,在韩国首尔与李世乭展开了一场旷世对决。李世乭坐拥 18 个世界冠军头衔,是有史以来最伟大的棋手。这场五局三胜制的比赛直播有两亿人在线观看。AlphaGo 最终以 4∶1 赢得了比赛,这让大众对谷歌 DeepMind、围棋和人工智能的未来充满无限的期待和遐想。[②]

---

① Elo 等级使得人类和机器游戏玩家的技能水平得以进行比较。从正面交锋的赢与输的计算中可以得出如下结论:Elo 分数较高的人更有可能在与 Elo 分数较低的对手的比赛中获胜。两个玩家之间的得分差距越大,得分越高的玩家获胜的可能性就越大。

② 有一部关于这场比赛的优秀纪录片可供观看:Kohs, G. (2017). *AlphaGo*. United States:Moxie Pictures & Reel As Dirt.

4.5.2 AlphaGo Zero

继 AlphaGo 之后, DeepMind 团队高歌猛进, 开发出了第二代棋手: AlphaGo Zero。AlphaGo 最初是在监督学习下训练的; 也就是说, AlphaGo 最先是使用人类总结的专业知识来训练网络的, 之后再通过自我游戏式的强化学习来迭代。尽管这是个不错的方法, 但却无法像 DeepMind 团队期望的那样真正"解决智能问题"。优秀的通用人工智能大概应该是这样一个网络: 它可以在一个陌生的全新环境中学习如何玩围棋, 而且没有任何该领域的先验知识给到网络, 它只能通过深度强化学习来自我提升。接下来让我们一起探索 AlphaGo Zero 的奥秘。

我们之前提到过, 围棋游戏要求代理拥有很强的前瞻能力, 因为只有这样才能在无比广阔的搜索空间中锁定那些更有益于赢棋的行动。也就是说, 有太多可选择的落子方案, 而在游戏的短期和中长期对战中, 只有很少一部分行动是"好"的走法。代理既要随时评估未来棋盘上可能的落子状态, 又要时刻寻找最佳走法, 这些计算都极其复杂且棘手。正因为如此, 人们普遍认为围棋将是人工智能的最终前沿; 事实上, 人们认为 AlphaGo 在 2016 年取得的成就离这一终极目标至少还有十年的漫漫征途。

借着 AlphaGo 在韩国首尔的强劲势头, DeepMind 的研究人员开发出了 AlphaGo Zero, AlphaGo Zero 的棋艺远远超过最初的 AlphaGo, 同时还在多方面有了革新。[1] 首先, AlphaGo Zero 是在没有任何人类围棋知识的情况下训练出来的, 这意味着 AlphaGo Zero 完全通过反复试验来学习。其次, AlphaGo Zero 只使用棋盘上的棋子作为输入。相比之下, AlphaGo 却能获取 15 个人工设计的算法关键提示, 比如一次落子后有多少回合, 或者对手的多少棋子会被"吃掉"。再次, AlphaGo Zero 使用单个深度神经网络来评估棋局并决定下一步行动, 而不是分别使用策略网络和价值网络。最后, 树搜索变得更简单, 并且完全依赖于神经网络来评估落子分布和可能的走法。

AlphaGo Zero 在 3 天时间里进行了将近 500 万次自我游戏, 每次落子大概需要 0.4 秒的思考时间。在训练 36 小时后, AlphaGo Zero 已经开始超越在韩国首尔击败李世乭的最初模型(AlphaGo Lee), 而后者当时可是花了几个月的时间进行训练。在训练 72 小时后, AlphaGo Zero 轻松赢得了 100 场对阵 AlphaGo Lee 的比赛。更值得注意的是, AlphaGo Zero 能在一台内置 4 个张量处理单元(TPU)[2]的计算机上达到这种水平, 而 AlphaGo Lee 需要部署在多台计算机上, 并且总共使用了 48 个 TPU。(击败范辉的 AlphaGo Fan 需要部署在 176 个 GPU 上!)图 4.9 展示了 AlphaGo Zero 训练几天后的 Elo 分数, 并与 AlphaGo Master [3]和 AlphaGo Lee 的 Elo 分数进行了比较。图 4.9 的右侧显示的是 AlphaGo 的各种迭代版本和一些其他 Go 程序的绝对 Elo 分数。AlphaGo Zero 绝对是有史以来最优秀的模型。

---

① Silver, D., et al. (2016). Mastering the game of Go without human knowledge. *Nature* 550, 354-359.

② 谷歌制造了用于训练神经网络的定制处理器单元, 称为张量处理单元(TPU)。TPU 采用了现有的 GPU 架构, 并专门针对那些神经网络模型训练中常用的计算进行了优化。在撰写本书时, 大众仅可通过谷歌云平台对 TPU 进行访问。

③ AlphaGo Master 是 AlphaGo Lee 和 AlphaGo Zero 的混合体; 然而, AlphaGo Master 使用了 AlphaGo Lee 喜欢的额外输入功能, 并以监督的方式初始化训练。AlphaGo Master 于 2017 年 1 月以假名"大师"和"魔法师"在线匿名参加比赛, 它赢了所有 60 场比赛, 对手都是世界上非常强的围棋选手。

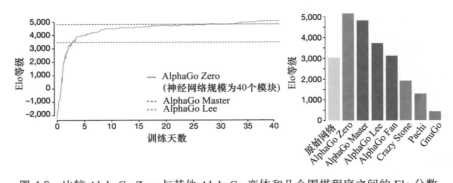

图 4.9　比较 AlphaGo Zero 与其他 AlphaGo 变体和几个围棋程序之间的 Elo 分数

这项研究揭示了一个惊人的秘密：AlphaGo Zero 在玩游戏时的特性与人类玩家和（经过与人类对战训练的）AlphaGo Lee 截然不同。AlphaGo Zero 从完全随机的游戏开始，但很快就学会了专业的围棋"定式"——被棋手们认为对赢棋大有好处的一些特定落子序列。然而，继续训练后我们发现，成熟稳定的模型更倾向于突破人类的知识局限，在棋局中使用一些新颖的落子套路。AlphaGo Zero 也确实自发地学会了一整套经典的围棋走法，并于无形中将这两种风格的技术务实地结合起来。我们还发现，这个模型在训练很久之后才学会"征子"（一种围棋技术）的概念，而这一般是刚开始教给人类围棋新手的概念之一。作者们还用人类棋手的比赛数据训练了模型的另一个迭代版本。进行监督学习的模型最初表现得比较好；然而，在接下来 24 小时的训练中，它开始慢慢落于下风，最终的 Elo 分数比无数据且不进行监督学习的模型要低一些。总而言之，这些结果都表明，无数据、自我学习的模型会自成一派，与人类棋手的下法风格迥异——这是一种让进行监督学习的模型望其项背、无法企及的强大能力。

4.5.3　AlphaZero

横扫了围棋领域后，DeepMind 团队将注意力转移到了更普适的博弈游戏领域。虽然 AlphaGo Zero 擅长玩围棋，但他们想知道一个类似的网络能否熟练地学会玩多种游戏，于是他们将两个新游戏纳入视野：国际象棋和日本将棋。[①]

读者可能都很熟悉国际象棋，日本将棋与其类似。这两个游戏都是双人策略游戏，都在网格棋盘上进行，都以对手的国王被将死告终，并且都由一系列能移动的棋子组成，只不过能移动几格因棋子的种类而异。然而，日本将棋比国际象棋复杂得多，棋盘尺寸也更大（9×9，相较于国际象棋中的 8×8），而且对手的棋子在被你"吃掉"后可以在棋盘的任何地方被替换。

历史上，人工智能与国际象棋有很多交集。几十年来，国际象棋计算机程序也得到了广泛发展。其中最著名的是由 IBM 设计的"深蓝"，它在 1997 年[②]击败了世界冠军 Garry

---

① Silver, D., et al. (2017). Mastering chess and shogi by self-play with a general reinforcement learning algorithm. *arXiv*: 1712.01815.

② "深蓝"在 1996 年的第一场比赛中输给了 Kasparov，在经过重大升级后于 1997 年以微弱优势击败 Kasparov，但这并不是人工智能支持者所希望的机器对人类的完全控制。

Kasparov。但"深蓝"严重依赖蛮力进行计算[①]，在所有可能的走法中进行大量的搜索，并同时与人工特性和领域适应性相结合。"深蓝"还通过分析成千上万的大师级比赛进行精调训练（注意，这是一个有监督的学习系统！），甚至在比赛之间也进行相应调整[②]。

尽管"深蓝"是 20 年前就有的一项成就，但它并不普及；除了国际象棋，"深蓝"对其他任何任务毫无办法。在 AlphaGo Zero 证明了围棋可以仅通过神经网络进行学习，除了棋盘落子分布和基本游戏规则之外什么都不用输入之后，Silver 与其 DeepMind 同事着手设计了一个通用的神经网络：一个不仅可以在围棋中，也可以在其他棋盘游戏中占据主导地位的单一网络——AlphaZero。

与围棋相比，国际象棋和日本将棋存在明显的不同：游戏规则是位置相关的（处在棋盘上不同位置的棋子移动的方式也不一样）和不对称的（有些棋子只能朝一个方向移动）[③]，棋子可以长距离移动（例如，女王可以在整个棋盘上移动），游戏允许以平局告终。

AlphaZero 将棋盘上棋子的分布状况输入神经网络，并输出每个可选走法的概率向量和这一步带来的收益值[④]。AlphaZero 和 AlphaGo Zero 一样，也完全从自我游戏式的深度强化学习中学习以上这些输出，然后概率向量会引导网络在更局部的搜索空间中执行 MCTS，并继续返回备选走法的概率的精确矢量。在训练中，AlphaGo Zero 不断拟合获胜的概率（围棋是一种或赢或输的游戏），AlphaZero 则不断拟合我们预期的收益值。在自我游戏期间，AlphaGo Zero 会保留迄今为止最好的版本，并根据该版本评估自己未来的更新版本，不断用最新的较优版本替换之前的版本。相比之下，AlphaZero 维护着一个单一的网络，并且随时都在与自己的最新版本进行对抗。AlphaZero 被训练长达 24 小时，其间不停地玩国际象棋、日本将棋和围棋，除了一个需要手动配置的参数[⑤]以外，不会针对特定游戏进行任何修改，这个参数的作用是根据每场比赛中走棋的次数设置模型进行探索性随机游走的频率。

AlphaZero 创造了对阵 2016 年 Top Chess Engine Championship 比赛世界冠军 Stockfish 的连续一百场不败纪录。在日本将棋这一项目上，计算机将棋协会的世界冠军 Elmo 在 100 场比赛中仅 8 次击败 AlphaZero。AlphaZero 最值得关注的对手 AlphaGo Zero 在它们的 100 场同门较量中也仅获得 40 场胜利。图 4.10 显示了 AlphaZero 相对于这 3 个对手的 Elo 分数。

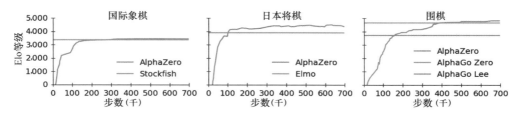

图 4.10　比较 AlphaZero 与其对手在国际象棋、日本将棋和围棋中的 Elo 分数

---

① 在与 Kasparov 比赛时，"深蓝"是地球上第 259 台最强大的超级计算机。

② 这一调整是 1997 年 Kasparov 输掉比赛后，IBM 和 Kasparov 的争论点之一。IBM 拒绝发布程序的日志，并拆除了"深蓝"。他们的计算机系统从来没有收到过官方的国际象棋排名，因为"深蓝"和国际象棋大师们的对弈很少。

③ 这使得通过合成增强来扩展训练数据变得更具挑战性，合成增强是被 AlphaGo 大量使用的一种方法。

④ 单一值。

⑤ 这个需要手动配置的探索参数名为 ε，详见第 13 章。

AlphaZero 不仅强,而且快。AlphaZero 在日本将棋、国际象棋和围棋项目上分别仅训练 2 小时、4 小时和 8 小时后就击败了它最强大的敌人。而像 Elmo 和 Stockfish 这样的计算机程序,人们对它们做了几十年不间断的研究,并且针对特定领域进行了集中、精细的微调,可想而知 AlphaZero 的学习速度有多么惊人。AlphaZero 能够在 3 种游戏中游刃有余,并且还能嫁接或嵌入其他模型:简单地从训练好的神经网络中提取出权重,再移植到新的网络结构中,就能赋予它们相同的能力,而这种能力用其他方法需要花数年时间才能训练出来。这些结果表明,深度强化学习是一种开发抽象风格的通用博弈游戏专家的极佳方法。

4.6   目标操纵

到目前为止,我们仅讨论了深度强化学习在博弈游戏上的应用。虽然博弈游戏为探索机器智能的通用化提供了一个热门的测试平台,但在本章中,我们仍有必要阐述深度强化学习的实际应用。

我们之前提到过的一个真实例子是自动驾驶汽车,下面我们来了解一下 Sergey Levine、Chelsea Finn(参见图 4.11)和加州大学伯克利分校实验室科学家们所做的研究。[①] 研究人员训练了一个机器人,它能够执行一些需要复杂的视觉理解和深度感知的技巧性动作,例如将瓶盖拧回瓶子上,用玩具锤子移除木钉,将衣架放在架子上,以及在形状配对游戏中插入立方体(参见图 4.12)。

图 4.11   Chelsea Finn 是加州大学伯克利分校人工智能研究实验室的博士生

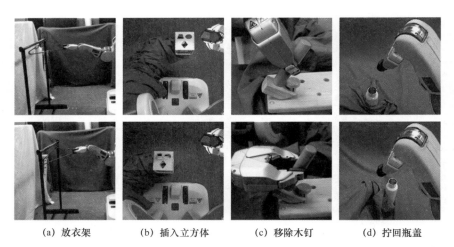

(a) 放衣架   (b) 插入立方体   (c) 移除木钉   (d) 拧回瓶盖

图 4.12   来自 Levine、Finn 等人(2016)的示例图片展示了机器人被训练执行各种物体操纵动作

Levine、Finn 和同事们设计了一种算法,旨在将原始的视觉输入直接与机械臂马达的运动相互映射。他们构建的策略网络是一个包含大约 10 万个神经元的 7 层深度卷积神经网

---

① Levine, S., Finn, C., et al. (2016). End-to-end training of deep visuomotor policies. *Journal of Machine Learning Research*, 17, 1-40.

络（CNN）——从深度学习的角度看，参数量不算大，到了本书的后面，我们将遇到并训练参数量大得多的网络。尽管在深入研究人工神经网络理论之前，我们很难说清这个网络，但在深度强化学习方面有 3 个要点需要强调一下。首先，该模型是一个"端到端"的深度学习模型，它接收原始图像（像素）作为输入，并将控制信号直接输出到机械臂的电机控制单元。其次，该模型不仅能工作在特定的物体操作环境中，还能推广应用于其他类似的物体操作任务。最后，这种网络属于深度强化学习方法的策略梯度家族，详见图 4.1 所示的维恩图。策略梯度家族不同于 DQN 类型的方法，这些内容我们在第 12 章中都会讲到。

4.7　主流的深度强化学习环境

前面提到了很多用来训练强化学习模型的软件仿真环境。这一研究方向对强化学习的持续发展至关重要：我们的代理如果不能游玩和探索（当然也是在收集数据！），那就不是训练模型了。下面介绍 3 种十分流行的仿真环境，并讨论它们的一些高级属性。

4.7.1　OpenAI Gym

OpenAI Gym 是由非营利性的人工智能研究公司 OpenAI 开发的。OpenAI 将以安全和公平的方式推进人工通用智能视为己任。为此，OpenAI 的研究人员为人工智能研究开发了许多开源工具，包括 OpenAI Gym。这一工具旨在为强化学习模型的训练提供一个平台，而无论使用的是不是深度学习模型。

如图 4.13 所示，OpenAI Gym 囊括了多个仿真环境，包括众多雅达利 2600 游戏[1]、多个机器人模拟器、一些简单的基于文本的算法游戏，以及几个基于 MuJoCo 物理引擎的机器人模拟器[2]。

（a）　　　　　　　　　　（b）

图 4.13(1)　OpenAI Gym 囊括的部分仿真环境：(a)Cart-Pole，一个经典的控制理论问题；(b) LunarLander，在二维模拟器中运行的连续控制任务

[1] OpenAI Gym 使用 Arcade Learning Environment 来模拟雅达利2600游戏。Mnih 等人（2013）在发表的论文中使用了相同的框架（参见4.4节）。您可以通过在 GitHub 网站上搜索 Arcade-Learning-Environment 自行找到该框架。

[2] MuJoCo 是 Multi-Joint dynamics with Contact（具有接触的多关节动力学）的英文缩写。MuJoCo 是一个物理引擎，它是由 Emo Todorov 为 Roboti LLC 开发的。

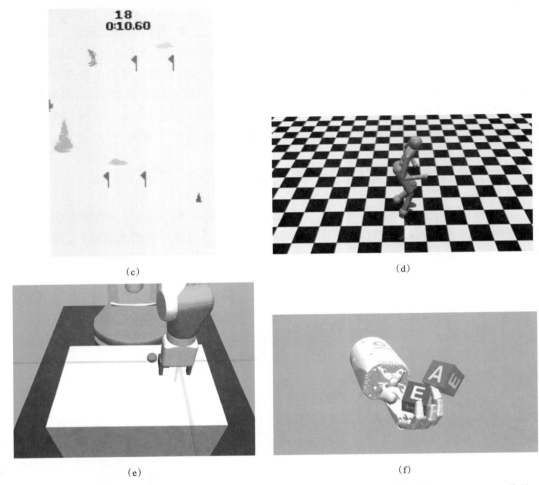

图 4.13(2)   OpenAI Gym 囊括的部分仿真环境：(c)Skiing,雅达利 2600 游戏；(d)Humanoid,一种基于 MuJoCo 物理引擎的三维模拟机器人；(e)FetchPickAndPlace,现实世界机器人手臂的几种可用模拟之一, 其中的 Fetch 是指抓住一个物块并将其放置于目标位置；(f)HandManipulateBlock,对另一个被称为 Shadow Dexterous Hand 的机械臂的实际模拟

在第 13 章中,我们将使用简短的一行代码安装 OpenAI Gym,然后利用 OpenAI Gym 提供的环境训练构建的 DQN 代理。OpenAI Gym 是用 Python 编写的,它与几乎所有主流深度学习计算库兼容,比如 TensorFlow 和 PyTorch(这是两个备受欢迎的深度学习框架,我们将在第 14 章中着重讨论)。

4.7.2   DeepMind Lab

DeepMind Lab[1]是另一个强化学习仿真环境,出自谷歌 DeepMind 的开发人员之手(尽管他们指出 DeepMind Lab 不是谷歌的官方产品)。如图 4.14 所示,DeepMind Lab 环境建立在 Software's Quake III Arena[2]之上,它提供了一个科幻风格的三维世界,代理可以在其

---

① Beattie, C. et al. (2016). DeepMind Lab. *arXiv*:1612.03801.

② Quake III Arena. (1999). United States: id Software.

中徜徉、探索。不同于 OpenAI Gym 中提供的雅达利模拟器，DeepMind Lab 中的代理将从第一人称角度体验这个世界。

图 4.14 DeepMind Lab 环境（在这个环境中，捕捉到美味的苹果会加分）

有多种探索难度级别可供选择。

- "水果收集者"，在这一级别，代理只是试图收集奖励（苹果和甜瓜），同时避免受到惩罚（柠檬）。
- 静态地图导航，在这一级别，代理的任务是找到目标并记住地图的布局。代理在每回合开始时被随机放置在地图中的某个位置，但目标位置保持不变，这样可以测试代理依靠记忆进行重复初始化探索的能力；或者，代理每回合可以从同一个地方开始，而目标位置一直不固定，这样可以测试代理的探索能力。
- 随机地图导航，在这一级别，要求代理在每一回合探索一个新地图，找到目标，然后在某个时间限制内尽可能多次返回目标。
- 激光标记，在这一级别，代理将在一系列不同的场景中猎杀和攻击敌人以获取分数。

DeepMind Lab 的安装相比 OpenAI Gym 要复杂很多[①]，但是 DeepMind Lab 提供了一个丰富、动态且足够复杂的第一人称环境来训练代理的导航、记忆、决策、计划和精密动作等能力。这种极富挑战性的环境可以测试出当代深度强化学习所能解决问题的极限。

4.7.3 Unity ML-Agents

Unity 是一种用于电子游戏及数字模拟的 2D 和 3D 引擎。由于强化学习算法在游戏中游刃有余，一些知名的游戏引擎制造商开发出了用于将强化学习融入电子游戏的平台软件。Unity ML-Agents 插件使得强化学习模型能够在基于 Unity 的电子游戏或模拟器中被训练，并且在游戏中允许强化学习模型指导代理的行动——这可能更符合 Unity 本身的目的。

---

① 首先需要复制 GitHub 存储库，然后必须使用 Bazel 构建软件。DeepMind Lab 存储库对此提供了详细说明。

与 DeepMind Lab 一样，Unity ML-Agents 的安装也不是一帆风顺的。[①]

4.8　人工智能的 3 种类型

人们历来都将人工智能作为复制人类认知和决策能力的系统，深度强化学习是所有深度学习分支中与这一观念联系最紧密的一个分支。正因为如此，我们将在这里介绍人工智能的 3 种类型。

4.8.1　狭义人工智能

狭义人工智能（Artificial Narrow Intelligence，ANI）是针对特定任务的机器专家。ANI 的例子我们在本书中已经举了很多，比如物体的视觉识别、自然语言实时机器翻译、自动金融交易系统、AlphaZero 和自动驾驶汽车等。

4.8.2　通用人工智能

通用人工智能（Artificial General Intelligence，AGI）是能够很好地执行各种任务的单个算法，比如识别人脸，把本书翻译成另一种语言，优化投资组合，在围棋中击败对手，将游客安全地送到度假目的地等。可以说，AGI 与人类的智力几乎毫无区别。要实现 AGI，还有无数的障碍需要克服；就算真的能实现，我们也不知道那一天何时到来。在哲学家 Vincent Müller 和著名的未来学家 Nick Bostrom 进行的一项研究中[②]，数百名人工智能专业研究人员估计 AGI 将在 2040 年实现。

4.8.3　超级人工智能

超级人工智能（Artificial Super Intelligence，ASI）很难描述，因为我们很难想象它应该是什么样子。ASI 将比人类智能更高级。[③] 如果 AGI 可实现，那么 ASI 也应该指日可待。当然，在通往 ASI 的道路上，我们将会遇到相比实现 AGI 更多的根本无法预见的艰难险阻。然而，再次引用 Müller 和 Bostrom 所做的调查，人工智能专家普遍估计 ASI 的实现时间是 2060 年。通过学习第 14 章，我们将在理论和实践上都精通深度学习，第 14 章还将讨论深度学习如何帮助我们实现 AGI，以及目前借助深度学习达到 AGI 或 ASI 仍存在哪些局限性。

4.9　小结

本章首先概述了深度学习与广义人工智能领域的关系，然后详细介绍了深度强化学习，这是一种将深度学习与带反馈的强化学习相结合的方法。我们可以通过棋盘游戏和机械臂操纵物体等真实世界中的例子将深度强化学习与人工智能的主流概念联系起来：深度强化学习使计算机能够处理大量的数据，并在复杂的任务中时刻采取合理的行动。

[①] 要求用户首先安装 Unity，然后复制 GitHub 存储库。完整的说明可以在 Unity 机器学习代理的 GitHub 存储库中找到。

[②] Müller, V., and Bostrom, N. (2014). Future progress in artificial intelligence: A survey of expert opinion. In V. Müller (Ed.), *Fundamental Issues of Artificial Intelligence*. Berlin：Springer.

[③] 2015 年，作家兼插画师 Tim Urban 发布了一系列由两部分组成的帖子，其中包括超级人工智能和相关文献。

第II部分
图解深度学习基本理论

第5章　先代码后理论

第6章　热狗人工神经元检测器

第7章　人工神经网络

第8章　训练深度网络

第9章　改进深度网络

第 5 章
先代码后理论

在第 I 部分，我们通过展示深度学习的一系列前沿应用，对深度学习进行了概述。在此过程中，我们先说明了深度学习在本质上属于一种表征学习，而后讨论了其与人工智能概念之间的关系。本书的第 II 部分将深入探讨其背后的基本理论和涉及的数学知识，我们在讲述过程中也会不断将有趣的代码呈现给大家。

在本章中，我们将逐行演示如何用代码构建一个简单的神经网络模型。您可能会对代码中尚未学习到的理论感到陌生，但是这个迂回前进的学习过程是有必要的：先引入代码构建神经网络，便可以对其有一个基本的感性认识，而后在学习后面章节的理论时，它们就更容易理解了。

5.1　预备知识

熟悉 UNIX 命令行的基础知识有助于更好地理解本书中的示例，Zed Shaw 在自己最新出版的著作 *Learn Python the Hard Way* 的附录"Command Line Crash Course"中提供了相关知识。[1]

Python 是数据科学界最受欢迎的计算机语言，它在编写代码、将机器学习模型部署到生产环境等方面非常流行，所以本书选择其作为示例代码所用语言。如果您是 Python 新手或对其使用尚不熟练，Shaw 的著作十分适合您参考。需要特别指出的是，如果想用 Python 完成数据建模任务，Daniel Chen 的著作 *Pandas for Everyone：Python Data Analysis* 将是理想之选。[2]

5.2　安装

无论您是打算在 UNIX、Linux、macOS 上还是在 Windows 上运行代码，我们都在本书的 GitHub 代码库中提供了详细的安装说明：

GitHub 代码库中还包含了本书各章涉及的完整代码（在文件夹 notebooks 中），推荐大家使用。

---

[1] Shaw，Z.（2013）．*Learn Python the Hard Way*，*3rd Ed.* New York：Addison-Wesley. 附录"Command Line Crash Course"可通过官网在线获得。

[2] Chen，D.（2017）．*Pandas for Everyone：Python Data Analysis*. New York：Addison-Wesley.

目前流行使用 Jupyter 编写和共享代码,Jupyter 已被广泛应用于数据预处理、可视化和模型构建的探索阶段,所以我们选择用它来编写代码。[①] 建议从 Docker 容器中安装 Jupyter,此操作不仅可以确保您拥有运行代码所需的所有库,而且可以防止这些库与系统中已安装的软件发生冲突。您还可以下载使用 Anaconda,虽然其中也包含 Jupyter,但您需要自行安装 TensorFlow 和 Keras 库。

5.3 用 Keras 构建浅层网络

我们将按照以下步骤介绍代码部分。

(1)详细介绍经典的手写数字数据集 MNIST。

(2)把数据集加载到 Jupyter notebook 中。

(3)使用 Python 对数据做预处理。

(4)编写几行 Keras(一个用 Python 编写的高级深度学习 API)代码以构建一个神经网络(在本例中,Keras 使用 TensorFlow 作为后端引擎),从而识别出给定的样本所表示的数字。

5.3.1 MNIST 手写数字

在第 1 章介绍 LeNet-5 机器视觉架构时(参见图 1.11),我们曾提到,相较于之前的深度学习研究员,Yann LeCun(参见图 1.9)及其同事拥有更好的数据集来训练模型——MNIST 手写数字数据集(参照图 5.1 中的示例),简称 MNIST 数据集。2014 年,Ian Goodfellow 等人提出了生成对抗网络[参见图 3.2(a)],生成对抗网络可以不断地为 MNIST 数据集生成新样本,这使得该数据集再次受到大众的关注。MNIST 数据集在深度学习教程中无处不在,这是有充分理由的。首先,按照现代硬件设备的普遍规模,MNIST 数据集足够小,甚至在笔记本电脑上也可以快速建模。其次,MNIST 数据集的样本足够多样化,其包含的细节也足够复杂,这会使分类问题更具挑战性,借助传统机器学习算法已无法轻易达到较高的识别精度。随着学习的深入,我们发现,一个精心设计的深度学习模型几乎可以完美地将手写数字识别出来。

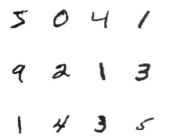
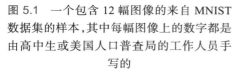

图 5.1 一个包含 12 幅图像的来自 MNIST 数据集的样本,其中每幅图像上的数字都是由高中生或美国人口普查局的工作人员手写的

图 5.2 丹麦计算机科学家 Corinna Cortes,她是谷歌纽约研究院的负责人。Corinna Cortes 对机器学习的理论和应用做出了无数贡献,其中包括与 Chris Burges 和 Yann LeCun 共同创建了使用广泛的 MNIST 数据集

---

① 建议您熟悉Jupyter notebook中的快捷键,以提高工作效率并增强用户体验。

　　MNIST 数据集由 LeCun（参见图 1.9）、Corinna Cortes（参见图 5.2）和 Chris Burges（曾任微软研究院首席研究员兼研究经理，现为一名音乐家）于 20 世纪 90 年代创建，其中包含 60 000 个训练样本和 10 000 个测试样本，训练样本用于训练算法，测试样本用于测试算法的性能。这些数据由美国国家标准与技术研究院（NIST）从高中生和美国人口普查局的工作人员那里收集而来。

　　如图 5.3 所示，每个 MNIST 手写数字都被存储为一幅 28×28 像素的图像。[①] 每个像素点都是 8 位的，这意味着像素的灰度是从 0 到 255 变化的，其中 0 为纯白色，255 为纯黑色，0 和 255 之间的整数则表示不同程度的灰度。

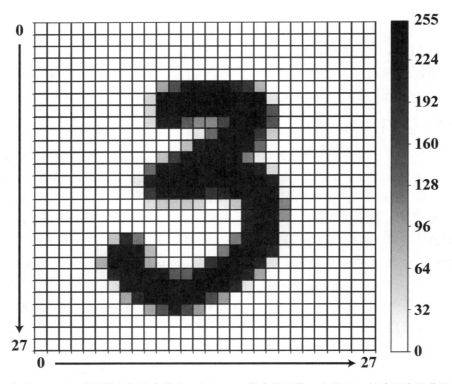

图 5.3　每个 MNIST 手写数字都被存储为一幅 28×28 像素的图像。有关用于创建此类图像的代码，请参阅本书附带的 Jupyter notebook 文件，标题为 MNIST Digit Pixel by Pixel

5.3.2　浅层网络简图

　　在名为 Shallow Net in Keras 的 Jupyter 文件中[②]，我们创建了一个神经网络来识别 MNIST 手写数字。如图 5.4 所示，该神经网络共有三层，分别为输入层（input layer）、隐藏层（hidden layer）和输出层（output layer）。回顾图 4.2，这个神经网络的层数太少了，因此

---

① Python索引从0开始，因此像素的第1行和第1列均用0表示，第28行和第28列则用27表示。

② 本书GitHub代码库的notebooks目录中包含了这个Jupyter文件。

通常不被认为是深度学习架构（deep learning architecture），而被称为浅层网络（shallow network）。

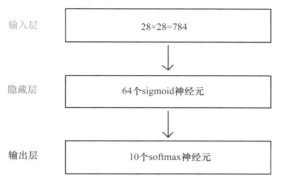

输入层　　　　28×28=784

隐藏层　　　　64个sigmoid神经元

输出层　　　　10个softmax神经元

图 5.4　本章将要介绍的浅层神经网络架构的简单示意图，
我们将分别在第 6 章和第 7 章中详细介绍 sigmoid 神经元和 softmax 神经元

网络的第一层用于输入 MNIST 手写数字。因为它们都是 28×28 像素的图像，所以每幅图像共有 784 个像素点。加载图像后，请将原始的 28×28 的二维矩阵展平为包含 784 个元素的一维数组。

　　您可能会说，将二维图像矩阵转换为一维数组会使我们失去很多有意义的信息，这种担忧是有道理的！但是，输入一维数据意味着我们可以使用相对简单的神经网络模型，这在学习的早期阶段是合适的。之后在第 10 章中，您将进一步了解到可以处理多维输入的更复杂的模型。

　　像素数据在输入后将被传入一个隐藏层[①]，该隐藏层由 64 个神经元组成。目前，这些神经元的数量（64）和类型（sigmoid）不是我们关注的重点，我们将从第 6 章开始解释这些属性。此刻读者需要清楚的是，正如我们在第 1 章中所讲的（见图 1.18 和图 1.19），隐藏层中的人工神经元负责学习输入数据的特征，以便网络能够识别给定图像所代表的数字。

　　最后，隐藏层的信息将被传递给输出层中的 10 个 softmax 神经元，我们将在第 7 章中详细介绍这类神经元是如何工作的。值得注意的是，因为每个数字类别对应一个神经元，而我们有 10 个数字类别，所以输出层中神经元的个数为 10。输入一幅给定的 MNIST 图像，10 个神经元将分别输出这幅 MNIST 图像所代表数字的概率。举例来说，在一个训练良好的网络中输入图 5.3 所示的图像，可能会输出这样一种结果：这幅图像代表数字 3 的概率为 0.92，代表数字 2 的概率为 0.06，代表数字 8 的概率为 0.02，而代表其他 7 个数字的概率为 0。

5.3.3　加载数据

　　观察下面的例 5.1，为了使用 Keras 构建浅层神经网络，需要导入依赖库，这是例 5.1 中看起来虽不显眼但却十分必要的步骤。

---

① 之所以称为“隐藏”层，是因为它们不直接暴露在网络外部，数据仅通过神经元的输入层或输出层间接影响它们。

例5.1　导入依赖库

```
import keras
from keras.datasets import mnist
from keras.models import Sequential
from keras.layers import Dense
from keras.optimizers import SGD
from matplotlib import pyplot as plt
```

我们不仅导入了用于构建和计算神经网络的 Keras 库，而且导入了 MNIST 数据集。中间以 Sequential、Dense 和 SGD 结尾的代码行稍后才发挥作用，这里暂不讨论它们。最后导入的 matplotlib 将使我们能够在屏幕上绘制 MNIST 数字。导入这些库后，我们就可以方便地用一行代码加载 MNIST 数据，如例 5.2 所示。

例5.2　加载 MNIST 数据

```
(X_train, y_train), (X_valid, y_valid) = mnist.load_data()
```

让我们看看这些数据。如第 4 章所述，前缀 X 用于标记我们输入模型的数据，前缀 y 用于标记数据的标签。请记住，X_train 存储了我们训练模型时使用的 MNIST 数字。[①] 运行 X_train.shape 会输出（60000,28,28），这表明训练数据集中共有 60 000 幅图像，每幅图像都是 28×28 像素的，用 28×28 的矩阵表示。运行 y_train.shape 会输出（60000,），显示的 60 000 个标签表明了这 60 000 幅训练图像分别表示什么数字。运行 y_train[0:12]会输出一个由 12 个整数组成的数组，这些整数即为前 12 幅图像对应的标签，由此我们可以获知训练数据集中的第 1 个手写数字（X_train[0]）是 5，第 2 个是 0，第 3 个是 4，依此类推。

```
array([5, 0, 4, 1, 9, 2, 1, 3, 1, 4, 3, 5], dtype=uint8)
```

这恰好是前面图 5.1 中展示的 12 个 MNIST 数字，图 5.1 可通过运行以下代码来绘制：

```
plt.figure(figsize=(5,5))
for k in range(12):
    plt.subplot(3, 4, k+1)
    plt.imshow(X_train[k], cmap='Greys')
    plt.axis('off')
plt.tight_layout()
plt.show()
```

---

① 我们约定当表示的变量是二维矩阵或具有更高维度的数据结构时，使用像 X 这样的大写字母，而像 x 这样的小写字母则用于表示单个值（标量）或一维数组。

和查看训练数据的做法类似,下面查看验证数据的形状:运行 X_valid.shape 和 y_valid.shape,输出结果为(10000,28,28)和(10000,)。这表明共有 10 000 幅 28×28 像素的验证图像,每幅图像都有相应的标签。研究单个图像的值,例如 X_valid[0],我们发现组成手写数字图像的整数矩阵主要由 0(表示白色)构成。通过仔细观察图 5.5,基本可以确定该数字是 7,矩阵中最大的整数(例如 255,表示黑色)为手写数字图像的黑色核心部分,整数逐渐变小,表示从核心部分开始逐渐变浅,直至整数减小为 0,表示图像四周的空白部分。为了证实这确实是数字 7,我们可以运行 plt.imshow(X_valid[0],cmap='Greys')来查看图像(输出如图 5.5 所示),并且运行 y_valid[0]来查看标签(输出是 7)。

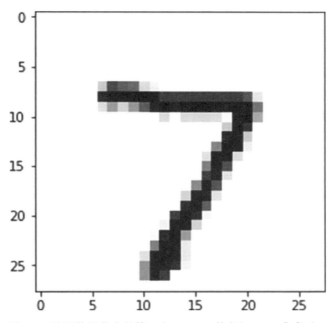

图 5.5　验证数据集中的第 1 个 MNIST 数字(X_valid[0])为 7

5.3.4　重新格式化数据

加载完 MNIST 数据后,在 Jupyter 文件中找到"Preprocess data"部分。在这一部分,我们并不会做影响学习过程的操作,如提取有助于神经网络进行分类的特征。我们要做的只是重新排列数据的形状,使它们与网络的输入层和输出层的形状相匹配。

因此,我们选择将 28×28 像素的图像展平为包含 784 个元素的一维数组,这项操作可以使用 reshape()方法来完成,如例 5.3 所示。

例 5.3　将二维图像拉伸为一维

```
X_train = X_train.reshape(60000, 784).astype('float32')
X_valid = X_valid.reshape(10000, 784).astype('float32')
```

同时,使用 astype('float32')将像素数据从整数(integer)转换为单精度浮点数(singleprecision float)①,此转换是在为后续步骤做准备。如例 5.4 所示,在该步骤中,将所有值除以 255,这样就可以把像素矩阵中元素的取值范围缩小至[0,1]。②

例5.4　将像素数据从整数转换为浮点数

```
X_train /= 255
X_valid /= 255
```

再次运行 X_valid[0],重新查看图 5.5 所示的手写数字 7,我们可以验证它现在是由一个一维数组表示的,并且数组元素的值均为[0,1]区间内的浮点数。

以上是对输入数据进行预处理的所有操作。如例 5.5 所示,对于标签,我们需要将其从整数形式转换为独热编码(one-hot encoding)形式(稍后我们将通过一个例子演示这一过程)。

例5.5　将标签从整数形式转换为独热编码形式

```
n_classes = 10
y_train = keras.utils.to_categorical(y_train, n_classes)
y_valid = keras.utils.to_categorical(y_valid, n_classes)
```

在第 1 行代码中,因为有 10 类手写数字(数字 0~9),所以我们设置 n_classes 等于 10。后两行代码的功能是使用 to_categorical 函数(由 Keras 库提供)将训练集(训练数据集的简称)和验证集(验证数据集的简称)中的标签从整数形式转换为独热编码形式。运行 y_valid[0],查看标签 7 现在是如何表示的:

```
array([0., 0., 0., 0., 0., 0., 0., 1., 0., 0.], dtype=float32)
```

由前文可知,我们现在不是用整数表示 7,而是用长度为 10 的数组以独热编码形式表示 7。该数组中除了第 8 个位置为 1 以外,其余位置全为 0。实现独热编码后,标签 0 将由一个第 1 个位置为 1、其余位置为 0、长度为 10 的数组表示;标签 1 则由一个第 2 个位置为 1、其余位置为 0、长度为 10 的数组表示,依此类推。我们采用独热编码形式来表示标签数字,并使它们与神经网络输出的 10 个概率一一对应,它们代表了我们期望通过网络得到的理想输出:如果输入图像为手写的数字 7,那么经过良好训练的网络将判断该数字是 7 的概率为 1,并判断该数字是其他 9 个数字的概率均为 0。

5.3.5　设计神经网络架构

设计神经网络架构是深度学习代码中最有趣的部分,因为这里有无限可能性。在阅读

---

① 数据最初的存储格式为unit8,它们是0~255的无符号整数。由于只有256个可能的值,因此可以节省存储空间,但是精度不高。如果不指定存储格式,Python将默认使用float64格式,这会浪费不少存储空间。因此,在足以满足需要的情况下,我们可以使用精度较低的float32格式。
② 机器学习模型在输入归一化的值之后往往能够更有效地学习数据特征。正如我们所做的那样,像素数据通常需要归一化为0~1的数。

本书的过程中,我们将培养读者产生面对不同问题时选择合适结构的直觉。在例 5.6 中,我们暂且参照图 5.4 所示的基本结构搭建一个浅层神经网络。

例5.6　使用Keras搭建浅层神经网络

```
model = Sequential()
model.add(Dense(64, activation='sigmoid', input_shape=(784,)))
model.add(Dense(10, activation='softmax'))
```

在第 1 行代码中,我们实例化了类型相对简单的神经网络模型,即序列模型(sequential model)[①],并命名该模型为 model。在第 2 行代码中,我们通过 add()方法为网络增加了一个隐藏层(由 Dense()方法定义的全连接层,其中包含 64 个使用 sigmoid 函数激活的神经元)[②]并指定了输入层的形状(长度为 784 的一维数组)。在最后一行代码中,我们再次使用 add ()方法指定了网络的输出层及其参数:10 个 softmax 神经元对应于当输入手写数字图像时网络将要输出的 10 个概率值。

5.3.6　训练深度学习模型

在之后的章节中,我们将重点介绍使用 Keras 搭建浅层神经网络的 model.summary()和 model.compile()这两步。现在,我们提前跳到模型训练部分(参见例 5.7)。

例5.7　使用Keras训练浅层神经网络

```
model.fit(X_train, y_train,
          batch_size=128, epochs=200,
          verbose=1,
          validation_data=(X_valid, y_valid))
```

关键点如下。

(1)通过调用 fit()方法,我们实现了以训练集图像 X_train 作为输入,并以与之对应的标签 y_train 作为期望输出来训练神经网络。

(2)fit()方法还为我们提供了一个参数 validation_data,通过为其传入验证数据 X_valid 和 y_valid,我们可以在每个训练周期结束后评估网络的性能。

(3)在机器学习特别是深度学习中,模型在同一数据上训练多次是极为常见的。遍历所有的训练数据(共有 60 000 幅图像)一次被称为训练的一个周期(epoch)。通过将 epochs 参数设置为 200,我们可以将训练数据中所有的 60 000 幅图像循环训练 200 次。

(4)verbose 参数被设置为 1,这样 model.fit()方法就会在模型训练期间为我们提供大量的反馈信息。目前,我们重点关注每个训练周期结束后输出的 val_acc,即验证集准确率。验证集准确率指的是验证集中 10 000 幅手写数字图像被正确识别的比例,识别正确的意思是网络输出的最高概率所对应的数字与 y_valid 中的标签一致。

---

① 之所以这样命名,是因为网络中的每一层仅将信息传递到层序列中的下一层。

② 这些深奥的术语在以后的章节中将变得更容易理解。

经过一个训练周期之后，我们注意到 val_acc 等于 0.1010[①,②]，这意味着浅层神经网络能够正确识别 10.1% 的验证图像。考虑到有 10 类手写数字，我们即使随便猜，也会有接近 10% 的准确率，所以一个周期的训练结果不太令人满意。但是，随着网络被继续训练，结果会有所改善。经过 10 个训练周期之后，网络可以正确地对 36.5% 的验证图像进行分类，准确率远远高于 10%！这还仅仅是开始，经过 200 个训练周期之后，网络似乎达到稳定，准确率接近 86%。考虑到我们构建的是浅层神经网络，这样的结果还是相当令人满意的！

5.4　小结

在介绍理论之前，我们先用代码构建了一个浅层神经网络，它能够对 MNIST 图像进行相当准确的分类。在第 II 部分的其余章节中，我们将深入研究理论，挖掘人工神经网络的应用技巧，并且分层构建真正的深度学习架构，到了那时肯定能够更加准确地对输入进行分类，让我们拭目以待。

---

① 神经网络结果是随机的（缘于其初始化方式和学习方式），因此您得到的结果与这里的可能略有不同。事实上，如果您重新运行整个 Jupyter 文件（例如，单击 Jupyter 菜单栏中的"Kernel"选项，然后选择"Restart & Run All"），那么每次当您这样做时，您应该会获得与之前结果略有不同的新结果。

② 等到第 8 章结束时，您将掌握足够的理论来研究 model.fit( ) 方法的输出。但就我们目前所处的"先代码后理论"学习阶段而言，仅掌握验证集准确率这个指标就足够了。

第6章
热狗人工神经元检测器

在第5章中，我们介绍了深度学习的应用，并且还用代码实现了一个浅层神经网络模型，现在我们讨论深度学习的理论细节。人工神经网络是由人工神经元连接在一起构成的，所以我们首先剖析人工神经元。

6.1 生物神经元概述

在第1章我们提到过，人工神经元是受生物神经元的启发而构建的。基于此，我们先通过图6.1来了解一下神经解剖学中第一堂课的内容：细胞体（cell body）通过成千上万的树突（dendrite）接收来自神经系统（一个生物神经网络）中其他神经元的信号。当一个信号沿树突进入细胞体的时候，就会导致细胞体内的电压发生微小的变化[①]。一些树突使细胞体内的电压升高，另一些树突则使细胞体内的电压降低。细胞体静止状态下的电压是-70毫伏，如果累积的变化使电压上升到阈值（threshold）-55毫伏，细胞体就会释放一种叫作动作电位（action potential）的信号，动作电位将沿轴突（axon）被传输给神经网络中其他的神经元。总结一下，生物神经元依次执行了以下3个动作。

（1）接收来自其他神经元的信息。

（2）以细胞体内电压变化的方式汇总信息。

（3）如果电压超过某个阈值，就释放一个信号给神经网络中的其他神经元。

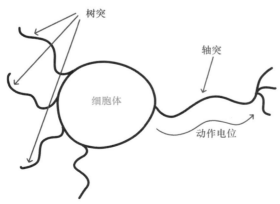

图6.1 生物神经元的解剖图

---

① 更准确地说，这会导致细胞内部与细胞周围环境之间的电压差发生变化。

图6.1分别用紫色、红色和蓝色的文字标记树突、细胞体和轴突。在本书中，我们还会对关键公式及其包含的变量进行颜色标记。

6.2 感知机

20世纪50年代后期，美国生物神经学家Frank Rosenblatt（参见图6.2）受到生物神经元的启发，发表了一篇关于感知机的文章，感知机是人工神经元最早的形式。[①] 与生物神经元相似，感知机（参见图6.3）可以做到：

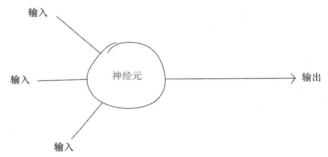

图6.2 美国生物神经学家和行为研究者 Frank Rosenblatt。他在康奈尔航空实验室完成了很多工作，包括构建 Mark I Perceptron。这台机器可以称得上最古老的人工智能雏形，目前陈列在美国华盛顿特区的史密森学会展览室里

图6.3 感知机（一种早期的人工神经元）示意图［注意观察感知机与生物神经元（参见图6.1）在结构上的相似性］

（1）接收来自多个其他神经元的输入；

（2）以简单的加权求和方式汇总输入；

（3）如果加权求和数值超过阈值，就会产生一个输出，这个输出可以被传送给神经网络中的其他神经元。

6.2.1 热狗/非热狗感知机

让我们来看一个有趣的例子，以此了解感知机的工作原理。下面我们将研究一种专门用于识别给定对象是否为热狗的感知机。

感知机的一个重要特征是只能输入二进制信息，并且它的输出也仅限于二进制。因此，

---

① Rosenblatt, F. (1958). The perceptron: A probabilistic model for information storage and the organization in the brain. *Psychological Review*, 65, 386-408.

我们向热狗感知机提供的每一个输入都只能包含两类信息,这里我们设置3个输入,它们分别代表呈现给感知机的对象是否包含番茄酱(ketchup)、芥末酱(mustard)以及圆面包(bun),输入0表示不包含,输入1表示包含。在图6.4中:

- 第1个输入(紫色的1)表示呈现给感知机的对象包含番茄酱;
- 第2个输入(也是紫色的1)表示呈现给感知机的对象包含芥末酱;
- 第3个输入(紫色的0)表示呈现给感知机的对象不包含圆面包。

为了判定呈现给感知机的对象是否为热狗,感知机将对这3个输入分别赋予权重(weight)[①]。这个例子中的权重是任意给的,其中:第3个输入的权重为6,这表示是否包含圆面包是评估对象是否为热狗时最有影响力的判定指标;第1个输入的权重为3,这表示番茄酱是次要的判定指标;第2个输入的权重为2,这表示芥末酱是影响力最小的判定指标。

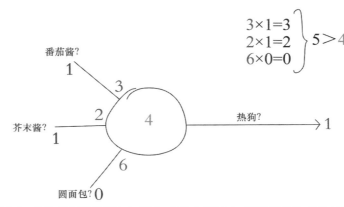

图6.4 热狗感知机的第1个例子:在这个例子中,感知机认为对象是热狗

下面计算输入的加权和:将每个输入依次乘以对应的权重并求和。首先我们来计算加权输入。

- 番茄酱:$3 \times 1 = 3$。
- 芥末酱:$2 \times 1 = 2$。
- 圆面包:$6 \times 0 = 0$。

然后基于这3个乘积,计算输入的加权和,值为3+2+0=5。推广到一般情况,便可以得到加权和的计算公式。

$$\sum_{i=1}^{n} w_i x_i \tag{6.1}$$

其中:

- w_i是输入i的权重(在这个例子中,$w_1=3$、$w_2=2$、$w_3=6$);
- x_i是输入i的值(在这个例子中,$x_1=1$、$x_2=1$、$x_3=0$);
- $w_i x_i$是w_i和x_i的乘积,换句话说,它是输入i加权后的值;
- $\sum_{i=1}^{n} w_i x_i$表示把所有的$w_i x_i$加起来,n是输入的总个数(神经网络可以有任意数量的输入,在这个例子中,输入的总个数是3)。

---

① 如果经常做回归建模,那么对这个操作应该十分熟悉。

　　感知机算法的最后一步是判断输入的加权求和数值是否大于神经元的阈值。在这个例子中,阈值为4(参见图6.4所示神经元中间红色的4),与前面的权重一样,这个值也是任意给出的。感知机算法如下。

$$\sum_{i=1}^{n} w_i x_i \begin{cases} > \text{阈值}, & \text{输出1} \\ \leqslant \text{阈值}, & \text{输出0} \end{cases} \tag{6.2}$$

其中:
- 如果加权求和数值大于阈值,则输出1,这表明对象是热狗;
- 如果加权求和数值小于或等于阈值,则输出0,这表明对象不是热狗。

　　在了解了这些之后,我们就可以结束这个例子了。由于加权求和数值为5,大于阈值4,因此我们的热狗感知机输出1,这表明对象是热狗。

　　与第1个例子相似,在图6.5中,热狗感知机的输入中没有番茄酱和圆面包,只有芥末酱。输入的加权求和数值为2,2小于阈值4,因此输出0,这表明对象不是热狗。

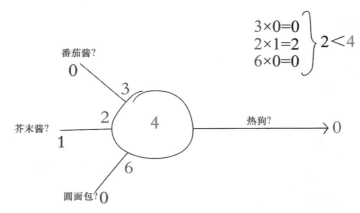

图6.5　热狗感知机的第2个例子:在这个例子中,感知机认为对象不是热狗

　　在图6.6中,热狗感知机的输入中没有番茄酱和芥末,只有圆面包。输入的加权求和数值为6,6大于阈值4,因此输出为1,这表明对象是热狗。

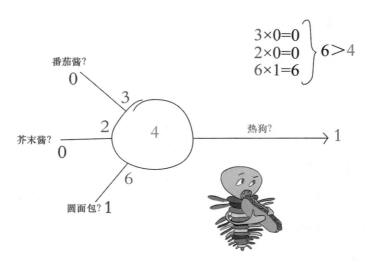

图6.6　热狗感知机的第3个例子:在这个例子中,感知机认为对象是热狗

6.2.2　本书中最重要的公式

为了构建一个简单通用的感知机表达式,我们必须引入偏置(bias)的概念。偏置等于神经元阈值的相反数,我们用 b 表示它:

$$b \equiv -神经元阈值 \tag{6.3}$$

神经元的偏置及其权重共同构成了它的所有参数:这些可变的量决定了神经元根据其输入将输出什么。

在有了神经元偏置的概念之后,我们便可以得到使用最广泛的感知机表达式:

$$输出 \begin{cases} 1 & 如果 w \cdot x + b > 0 \\ 0 & 其他 \end{cases} \tag{6.4}$$

与式(6.2)相比,式(6.4)发生了如下 5 个变化。

(1)用偏置 b 代替神经元阈值。

(2)将 b 与所有其他变量放到表达式的同一侧。

(3)使用数组 w 表示从 w_1 到 w_n 的所有 w_i。

(4)使用数组 x 表示从 x_1 到 x_n 的所有 x_i。

(5)使用点积(dot product)的形式 $w \cdot x$ 简写神经元输入的加权和(即式(6.1)中的 $\sum_{i=1}^{n} w_i x_i$)。

观察式(6.4),感知机表达式的核心是 $w \cdot x + b$,为突出其重要性,我们将它单独放在了图 6.7 中。如果我们要在本章中记一个知识点,那一定是这个三变量公式,它是人工神经元的一般表达式。在本书后续内容中,我们将多次提及这个公式。

图6.7　这是本书中最重要的公式,我们会经常用到它

　　为了使热狗感知机算法在计算上更加简便,我们构建的所有参数值(感知机的权重及其偏置)均为正整数。但事实上,这些参数也可以是负值,并且在实际使用中它们很少是整数,而往往是浮点数。

　　最后需要说明的是,这些例子中的所有参数值都是我们任意给的,但是在真正的建模过程中,我们会使用大量数据对神经元进行训练以得到合适的参数值。在第8章中,我们将介绍如何训练神经元参数值。

6.3　现代人工神经元与激活函数

现代人工神经元——例如我们在第5章中构建的浅层网络隐藏层中的神经元(参见图5.4)——其实不是感知机。虽然感知机提供了相对简单的对人工神经元的介绍,但它在今天已很少被使用。感知机最明显的缺点是仅接收二进制输入,并且仅提供二进制输出。在许多情况下,我们希望输入连续值而不是二进制整数值,因此感知机有很大的局限性。

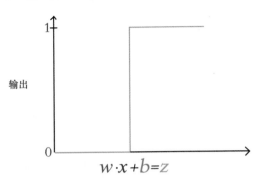

图6.8　感知机的输出从0急剧变化到1,这使得通过微调w和b以获得预期输出颇具挑战性

感知机另一个很严重的潜在缺点是:训练难度非常大。考虑图6.8,这里使用了新的项z,它是$w \cdot x + b$的简写。当z为小于或等于0的任何值时,感知机将输出最小值0;当z为正值时,即使是很小的正值,感知机也会输出最大值1。

在训练过程中,这种突变是有严重缺陷的:训练神经网络时,我们会微调w和b的值,并查看是否可以改善输出[1],从而为下一步行动提供决策依据。但如果使用感知机,那么我们对w和b所做的大部分微调不会对输出产生任何影响:z通常会在远低于0的负值范围内或远高于0的正值范围内移动。对w和b的微调不但没有帮助,甚至会导致情况更糟:每隔一段时间,对w和b的微调就会导致z从负数变为正数(反之亦然),输出则从0急剧变化到1(反之亦然)。由此可以看出,感知机很极端——"要么在尖叫""要么在沉默"。

6.3.1　sigmoid神经元

图6.9所示的从0到1的柔和曲线,对感知机的极端行为进行了改进。这种形状特殊的曲线被称为sigmoid函数,定义为$\sigma(z) = \dfrac{1}{1 + e^{-z}}$,其中:

■ z等于$w \cdot x + b$;

■ e是自然底数,约为2.71828;

■ σ是希腊字母sigma,而sigma是"sigmoid"的词根。

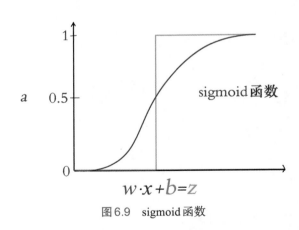

图6.9　sigmoid函数

sigmoid函数是我们学习的第一个人工神经元激活函数(activation function),并且也是最经典的激活函数。您可能回忆起来了,没错,这就是我们在第5章中为浅层神经网络的隐藏层选择的激活函数类型。如您所见,sigmoid函数在众多激活函数中拥有重要地

---

① 在这里,"改善"的意思是在给定某些输入x的情况下,通过调整w和b可以得到与实际的y更接近的输出。我们将在第8章中对此做进一步讨论。

位,以至于我们通常用对应的希腊字母σ(sigma)来表示所有激活函数。激活函数的输出被称为激活值,这里使用a(如图6.9的纵轴所示)来表示。

我们不必记住sigmoid函数(或者任何其他激活函数)的具体公式,在学习后面的代码时,请随时参考本书的GitHub库,其中notebooks文件夹里的sigmoid function将sigmoid函数的具体公式写了出来。

sigmoid函数的公式在代码中只依赖常数e,可以使用from math import e语句来加载这个常数。接下来是有趣的部分,我们这样定义sigmoid函数本身:

```
def sigmoid(z):
    return 1/(1+e**-z)
```

如图6.9所示,输入的值越小,获得的输出就越接近0。例如,sigmoid(−1)返回0.2689,而sigmoid(−10)返回4.5398e−05[①]。输入的值越接近0,获得的输出就越接近0.5。输入的值越大,获得的输出就越接近1,举个极端的例子,sigmoid(10000)的结果几乎为1.0。

如果神经元的激活函数为sigmoid函数,则称该神经元为sigmoid神经元(sigmoid neuron)。与感知机相比,sigmoid神经元的优势是很明显的:给定参数w和b发生微小的变化将导致z也发生微小的变化,从而使神经元的激活值a产生微小的变化。当z取极端正值时,sigmoid神经元(像感知机一样)将输出1;当z取极端负值时,sigmoid神经元将输出0。当sigmoid函数取极端值时,sigmoid神经元与感知机存在相似的缺点:在训练过程中对权重和偏置所做的微调对输出几乎没有影响,因此学习将停滞,这种情况被称为神经元饱和(neuron saturation),大部分激活函数存在这种问题。幸运的是,有一些避免神经元饱和的技巧,我们将在第9章中学习。

6.3.2　tanh神经元

tanh(深度学习学者一般读成"tanch")神经元与sigmoid神经元非常相似。tanh神经元由$\sigma(z) = \dfrac{e^z - e^{-z}}{e^z + e^{-z}}$定义,对应的激活函数曲线如图6.10所示。tanh函数与sigmoid函数的主要区别在于:sigmoid函数的值域为$[0,1]$,而tanh函数的值域为$[-1,1]$。tanh函数的存在是很有必要的:由于负z对应于负激活值,$z=0$对应于0激活值,正z对应于正激活值,因此tanh神经元的输出将集中在0附近。我们将在第7章~第9章中进一步学习到,某个神经元的激活值通常是其他神经元的输入,而集中在0附近的输入可以降低下一层神经元饱和的可能性,从而使整个神经网络能够更有效地学习。

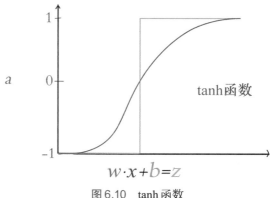

图6.10　tanh函数

---

① 4.5398e−05中的e不是自然底数,4.5398e−05表示4.5398×10^{-5}。

6.3.3 ReLU：线性整流单元

我们将要介绍的最后一种神经元是
ReLU（Rectified Linear Unit）神经元，如
图 6.11 所示，ReLU 函数的曲线形状与
sigmoid 函数和 tanh 函数明显不同。ReLU
函数受生物神经元特性的启发[1]，并因
Vinod Nair 和 Geoff Hinton（参见图 1.16）搭
建的神经网络而闻名[2]。ReLU 函数由 $a =$
$\max(0,z)$ 定义，这个函数并不复杂。

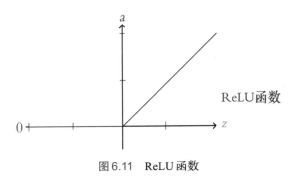

图 6.11　ReLU 函数

- 如果 z 大于 0，ReLU 函数将返回 z（不改变其值），也就是激活值 a 等于 z。
- 如果 z 小于或等于 0，ReLU 函数将返回 0，也就是激活值 a 等于 0。

ReLU 函数是较为简单的非线性函数之一，也就是说，ReLU 函数与 sigmoid 函数和 tanh
函数一样，输出值 a 不会在所有的输入 z 上均匀变化。如图 6.11 所示，ReLU 函数在本质上是
两个不同线性函数的组合，其中的一部分在 z 为负值或 0 时返回 0，另一部分在 z 为正值时返回
z，从而形成整体上的非线性函数。非线性是深度学习中所有激活函数的关键特性。Michael
Nielsen 在 *Neural Networks and Deep Learning* 的第 4 章中通过一段小程序，证明了非线性使
得深度学习模型可以近似任何连续函数。在给定输入 x 的情况下，这种近似真实 y 的能力是
深度学习的标志之一，这一标志使深度学习可以非常有效地应用于各种场景。

ReLU 函数的简单非线性具有很大优势。我们将在第 8 章中看到，在深度学习网络中学
习 w 和 b 的值会涉及偏导运算，偏导在 ReLU 函数的线性部分运算极快，而在 sigmoid 函数和
tanh 函数部分运算较慢。[3] AlexNet（参见图 1.17）之所以能在 2012 年引领深度学习，一个很
重要的因素就在于把 ReLU 神经元整合到了其框架内。如今，ReLU 神经元是深度神经网络
隐藏层使用最广泛的神经元，并且它将出现在本书的大多数 Jupyter 文件中。

6.4　选择神经元

在人工神经网络的给定隐藏层中，我们可以选择自己喜欢的任何激活函数。如果希望
深度学习模型能够近似任何连续函数，则必须选择一个非线性函数——当然我们有很多可
选的函数。为了便于决策，下面对本章中讨论的神经元按推荐程度进行升序排列。

（1）二进制输入输出的感知机，在实际构建深度学习模型时并不会考虑。

（2）sigmoid 神经元虽然是可以接受的选择，但它的训练速度没有 tanh 神经元或 ReLU

---

① 生物神经元的动作电位只有一种"正向"激活方式，它们没有"负向"激活方式。参见 Hahnloser，R.，& Seung，
H.（2000）.Permitted and forbidden sets in symmetric threshold-linear networks. *Advances in Neural Information
Processing Systems*，13.

② Nair，V.& Hinton，G.（2010）.Rectified linear units improve restricted Boltzmann machines. *Proceedings of the
International Conference on Machine Learning.*

③ 此外，越来越多的研究表明 ReLU 激活值会增加参数稀疏性（parameter sparsity），也就是说，复杂度较低的神经
网络能够被更好地推广到测试数据。有关模型泛化的更多信息，详见第 9 章。

神经元快。因此,最好只有当需要神经元的输出范围为[0,1]时才使用sigmoid神经元。[1]

（3）tanh神经元是不错的选择。如前所述,神经元的输出集中在0附近有助于神经网络快速学习。

（4）我们首选的神经元是ReLU神经元,因为它能够高效地使学习算法执行计算。根据我们的经验,ReLU神经元往往能在最短的训练时间内训练出性能良好的神经网络。

除了本章介绍的激活函数之外,还有很多其他强大的激活函数,并且它们的数量也在与日俱增。在我们撰写本书时,Keras提供了一些"高级"激活函数,如LeakyReLU、Parametric ReLU和ELU(Exponential Linear Unit)函数,它们都是从ReLU函数衍生出来的。您可以从Keras文档中找到这些激活函数的相关信息。此外,欢迎您替换本书任何Jupyter文件中使用的激活函数以比较模型效果。如果发现神经网络的计算效率或准确性有了很大提升,您一定会感到十分惊喜。

6.5　小结

在本章中,我们详细介绍了人工神经元背后的数学理论,并总结了几种目前较为成熟的神经元的利弊,从而为构建模型时神经元类型的选择提供指导。在第7章中,我们将介绍如何将神经元连接在一起形成网络,以便从原始数据中学习特征并近似复杂的函数。

6.6　核心概念

牢记以下概念的相关内容有助于理解后续章节,并且等到本书结束时,您将能够牢牢掌握深度学习理论和应用的核心点。到目前为止,已经介绍的核心概念如下。

- 参数
  - 权重 w
  - 偏置 b
- 激活值 a
- 人工神经元
  - sigmoid神经元
  - tanh神经元
  - ReLU神经元

---

[1]　在第7章和第11章中,我们将遇到这样的情况:对于二分类神经网络,输出层的激活函数都是sigmoid函数。

第7章
人工神经网络

在第6章中，我们探究了人工神经元的理论细节。接下来我们将继续向前推进，介绍如何将人工神经元连接在一起，构建人工神经网络。

7.1 输入层

在第5章的浅层网络中（图5.4为示意图），我们搭建了一个包含以下层级的神经网络：

■ 由784个神经元组成的输入层，对应MNIST图像的784个像素；
■ 由64个sigmoid神经元组成的隐藏层；
■ 由10个softmax神经元组成的输出层，分别对应数字0～9。

我们将依次讨论这3个层级，其中输入层是最简单的。

输入层的神经元不执行任何计算，它们只是输入数据的占位符。神经网络输入层的维度是提前确定的，例如一幅MNIST图像有784个像素，这决定了输入层有784个神经元来接收这784个像素值。

7.2 全连接层

隐藏层有很多类型，但是如第4章所述，最常见的类型是全连接层，也可以称为密集层。全连接层的每个神经元都从上一层的全部神经元接收信息。换句话说，全连接层与上一层完全连接！

我们还会在本书第Ⅲ部分介绍其他类型的隐藏层，虽然全连接层可能不如它们专业或高效，但是全连接层非常有用，可以非线性地重组上一层提供的所有信息。[①] 回想第1章末尾的TensorFlow Playground例子，现在我们可以更好地解读它。图1.18和图1.19所示的神经网络具有以下层级。

（1）由两个神经元组成的输入层：一个用于接收点在右侧网格内的横坐标，另一个用于接收纵坐标。

---

① 得出该结论的前提是全连接层由具有非线性激活函数的神经元组成，例如第6章介绍的sigmoid神经元、tanh神经元和ReLU神经元。

（2）由8个ReLU神经元组成的第1个全连接隐藏层。可以看到,这一层的8个神经元中的每个都与输入层的两个神经元相连(从中接收信息),所以这是一个全连接层,共有8×2=16个连接。

（3）由8个ReLU神经元组成的第2个全连接隐藏层。可以看到,这一层的每个神经元也都与上一层的8个神经元相连,所以这也是一个全连接层,共有8×8=64个连接。请注意在图1.19中,该层的神经元非线性地重组了第1个隐藏层中神经元提取到的直边特征,从而产生了更多复杂的特征,如曲线和圆弧。[①]

（4）由4个ReLU神经元组成的第3个全连接隐藏层。该层由4个ReLU神经元组成,共有4×8=32个连接。该层中的神经元非线性地重组了上一隐藏层的特征,从而学习到更加复杂的特征,这些特征看起来与此处的二分类问题(橙色或蓝色)密切相关。

（5）由两个ReLU神经元组成的第4个全连接隐藏层。该层由两个ReLU神经元组成,共有2×4=8个连接。该层中的神经元也通过非线性地重组上一隐藏层的特征,学习到非常高级的特征,以至于它们看上去非常接近右侧网格中蓝色与橙色的边界。

（6）由单个sigmoid神经元组成的输出层。对于二分类问题,一般选择sigmoid神经元。如图6.9所示,sigmoid函数输出的激活值的范围为0～1,它能够让神经网络估计出输入x为正类的概率。和隐藏层一样,输出层也是全连接的:其神经元接收最后一个隐藏层中的两个神经元信息,共有1×2=2个连接。

总之,在第1章末尾的TensorFlow Playground例子中,神经网络的每一层都是全连接层,我们称这种网络为全连接网络。在本书的第Ⅱ部分,我们还会遇到这种网络[②]。

7.3　热狗检测全连接网络

让我们回顾第6章的两个核心内容:热狗感知机和表达式$w \cdot x + b$。接下来我们进一步增强对全连接网络的理解。如图7.1所示,热狗分类器不再是单个神经元,在本章中,它是一个全连接网络,具体结构如下。

- 为简单起见,我们将输入神经元的数量减少到两个。
  - 第一个输入神经元x_1代表番茄酱的含量(单位:毫升)。由于不再使用感知机,因此我们不用再局限于二进制输入。
  - 第二个输入神经元x_2代表芥末酱的含量(单位:毫升)。
- 我们有两个全连接的隐藏层。
  - 第一个隐藏层有3个ReLU神经元。
  - 第二个隐藏层有两个ReLU神经元。
- 输出神经元在网络中用y表示。这是一个二分类问题,因此如前所述,该神经元应

[①] 我们可以通过将光标悬停在神经元上来密切观察这些特征。

[②] 在其他地方,您可能会发现全连接网络也被称为前馈神经网络或多层感知机(MLP)。我们不愿使用前一个称呼,因为只要满足整个网络中无反馈,且信息从输入层向输出层单向传播特点的网络就是前馈神经网络,例如卷积神经网络,卷积神经网络虽然满足前馈神经网络的定义,但却不是全连接网络(第10章将正式介绍);同时,我们也不愿使用后一个称呼,因为多层感知机并不包含第6章介绍的感知机神经元。

为 sigmoid 神经元。与之前一样,$y=1$ 表示对象是热狗,$y=0$ 表示对象不是热狗。

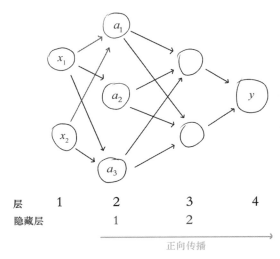

图 7.1 全连接网络,这里使用绿色箭头突出了 a_1 神经元的输入

7.3.1 通过第一个隐藏层的正向传播

了解了热狗神经网络的结构后,我们将重点放在 a_1[①] 神经元上。和 a_2、a_3 一样,a_1 接收目标番茄酱含量 x_1 和芥末酱含量 x_2 的数据。尽管接收的数据与 a_2、a_3 的相同,但 a_1 拥有自己的唯一参数(a_2 和 a_3 也分别拥有自己的唯一参数,这里只是用 a_1 来做讲解)。回顾图 6.7 中"本书最重要的表达式" $w \cdot x + b$,现在我们有如下 5 个值:来自输入层的两个输入 x_1 和 x_2,a_1 神经元的两个权重 w_1(衡量番茄酱含量 x_1 的重要性)和 w_2(衡量芥末酱含量 x_2 的重要性),a_1 神经元阈值的相反数 b。利用这 5 个值,我们可以计算出 a_1 神经元的加权输入 z:

$$\begin{aligned} z &= w \cdot x + b \\ z &= (w_1 x_1 + w_2 x_2) + b \end{aligned} \tag{7.1}$$

得到 a_1 神经元的 z 值后,我们可以计算出它的激活值 a。因为 a_1 神经元是 ReLU 神经元,所以我们使用图 6.11 所示的函数表达式。

$$a = \max(0, \ z) \tag{7.2}$$

现在让我们假设一些数值以执行这个计算过程:

- x_1 = 4.0mL
- x_2 = 3.0mL
- w_1 = −0.5
- w_2 = 1.5
- b = −0.9

代入式(7.1),得

---

① 在本章中,我们使用 a_1、a_2、a_3 等简写形式来表示神经元。有关神经网络更精确和正式的符号,请参考附录 A。

$$
\begin{aligned}
z &= w \cdot x + b \\
&= w_1 x_1 + w_2 x_2 + b \\
&= -0.5 \times 4.0 + 1.5 \times 3.0 - 0.9 \\
&= -2.0 + 4.5 - 0.9 \\
&= 1.6
\end{aligned}
\tag{7.3}
$$

将 z 值代入式（7.2），可以求得激活值 a。

$$
\begin{aligned}
a &= \max(0, \ z) \\
&= \max(0, \ 1.6) \\
&= 1.6
\end{aligned}
\tag{7.4}
$$

如图 7.1 底部的箭头所示，神经网络从输入层到输出层执行计算的这一过程被称为正向传播。刚才，我们详细介绍了第一个隐藏层中单个神经元 a_1 正向传播的过程。第一个隐藏层的其余神经元 a_2、a_3 的激活值计算方法与 a_1 神经元相同。对于以上 3 个神经元来说，输入值 x_1、x_2 是相同的，但参数 w_1、w_2 和 b 是不同的，所以第一个隐藏层的每个神经元将输出不同的激活值 a。

7.3.2　通过后续层的正向传播

神经网络后续层的正向传播过程与第一个隐藏层基本相同，为了加强理解，我们再一起看看这个过程。在图 7.2 中，我们假设已经计算出第一个隐藏层中每个神经元的激活值 a。让我们把注意力转回到 a_1 神经元，这个神经元输出的激活值 $a = 1.6$ 是 a_4 神经元的 3 个输入之一（如图 7.2 所示，$a = 1.6$ 也是 a_5 神经元的 3 个输入之一）。

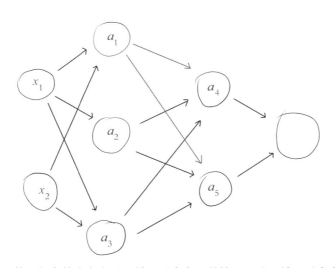

图 7.2　这里使用绿色箭头突出了 a_4 神经元来自 a_1 的输入以及 a_5 神经元来自 a_1 的输入

让我们计算 a_4 神经元的激活值 a。为了简洁，我们可以将 $w \cdot x + b$ 和 ReLU 函数合并在一起：

$$
\begin{aligned}
a &= \max(0, \ z) \\
&= \max(0, \ (w \cdot x + b)) \\
&= \max(0, \ (w_1 x_1 + w_2 x_2 + w_3 x_3 + b))
\end{aligned}
\tag{7.5}
$$

式(7.5)与式(7.3)和式(7.4)十分相似,我们不再用假设的值进行计算了。当第二个隐藏层正向传播时,唯一的区别是该层的输入(即表达式 $w \cdot x + b$ 中的 x)不是来自网络外部,而是由第一个隐藏层提供。因此,在式(7.5)中:

■ x_1 是 a_1 神经元的激活值1.6;
■ x_2 是 a_2 神经元的激活值;
■ x_3 是 a_3 神经元的激活值。

以这种方式,a_4 神经元就能够非线性地组合第一个隐藏层中3个神经元的信息。a_5 神经元也将非线性地组合这些信息,参数 w_1、w_2、w_3 和 b 会使其输出自己的激活值 a。

在说明了所有隐藏层的正向传播之后,下面我们来看看输出层的正向传播。图7.3展示了单个输出神经元如何接收 a_4、a_5 神经元的信息。首先,我们来为输出神经元计算 z 值。前面用式(7.1)计算了 a_1 神经元的 z 值,同样,现在我们也用式(7.1)计算输出神经元的 z 值。不同之处在于,我们代入变量的值(同样也是假设的值)是不同的:

$$
\begin{aligned}
z &= w \cdot x + b \\
&= w_1 x_1 + w_2 x_2 + b \\
&= 1.0 \times 2.5 + 0.5 \times 2.0 - 5.5 \\
&= 3.5 - 5.5 \\
&= -2.0
\end{aligned} \tag{7.6}
$$

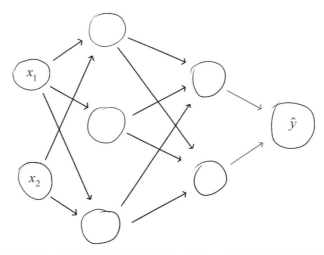

图7.3 这里使用绿色箭头突出了 $\hat{y}$ 神经元的两个输入,即第二个隐藏层中所有(两个)神经元的激活值

输出神经元的激活函数是 sigmoid 函数(参见图6.9),将 z 值代入,得:

$$
\begin{aligned}
a &= \sigma(z) \\
&= \frac{1}{1 + e^{-z}} \\
&= \frac{1}{1 + e^{-(-2.0)}} \\
&\approx 0.1192
\end{aligned} \tag{7.7}
$$

最后一步的结果并不是手动计算的,我们使用的是第6章的 sigmoid function 代码。通过执行代码 sigmoid(-2.0),可以得出激活值 a 约为0.1192。

输出层中sigmoid神经元的激活值a是特殊的,因为它是整个热狗神经网络的最终输出。正因为如此特别,我们给它起了一个名字:$\hat{y}$。$\hat{y}$相当于在字母y的头上戴了个帽子,所以读作"y帽"。$\hat{y}$的值表示网络估计对象是热狗的概率。将x_1和x_2(即4.0mL的番茄酱和3.0mL的芥末酱)输入网络,网络认为对象有11.92%的概率是热狗。[①]一般来讲,$\hat{y}$的值越接近真实值y越好:一方面,如果对象的确是热狗($y=1$),那么$\hat{y}=0.1192$远远偏离真实情况;另一方面,如果对象不是热狗($y=0$),则$\hat{y}$的值是比较恰当的。我们将在第8章中详细讨论预测的好坏。

7.4　快餐分类网络的softmax层

到目前为止,本章所展现的都是如何建立一个二分类网络,例如区分蓝点与橙点、热狗与非热狗,因此sigmoid神经元非常适合作为输出神经元。但是,在许多情况下,我们需要区分两个以上的类别。例如识别MNIST手写数字,因为MNIST数据集中共有10个数字类别,所以浅层网络(比如使用第5章中名为Shallow Net in Keras的Jupyter文件搭建的网络)必须输出10个概率值来与之对应。

当涉及多分类问题时,我们可使用softmax层作为网络的输出层。实际上,第5章中浅层神经网络输出层的激活函数就是softmax函数(见例5.6)。但当时我们建议不要在意这些细节,现在是一探究竟的时候了。

在图7.4中,我们搭建了一个基于热狗二分类器的新网络。该网络在输出层以前的部分的原理与热狗分类器是完全相同的,不同的是,现在输出层有3个神经元,而不是只有一个神经元。3个神经元中的每一个都接收最后一个隐藏层中两个神经元的信息,因此这个输出层是全连接的。我们仍以快餐为例:

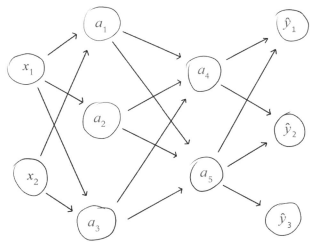

- $\hat{y}_1$神经元表示热狗;
- $\hat{y}_2$神经元表示汉堡;
- $\hat{y}_3$神经元表示比萨。

图7.4　快餐检测神经网络,输出层为3个softmax神经元

请注意,这里假设提供给网络的所有对象都属于以上3类快餐中的某一类,举例来说,不能出现如下情况:对象是以上3类快餐之外的其他食物;或者对象既是热狗,又是汉堡。

由于sigmoid函数仅适用于二分类问题,因此图7.4中输出层的神经元使用了softmax函数。下面我们使用名为Softmax Demo的Jupyter文件中的代码来说明softmax函数的工作原理。这组代码需要导入exp函数,该函数用于计算给定值的自然指数。更具体地说,如果使用命令$\exp(x)$,我们将得到e^x。通过使用代码from math import exp,我们可以导入exp函数。

---

① 我们再次提醒您,这只是一个教学用的例子,它并不符合实际!

假设我们向图 7.4 所示的网络输入了一片比萨,并且在这片比萨上,番茄酱含量 x_1 和芥末酱含量 x_2 都很少。通过正向传播,信息被传递到输出层,根据 a_4、a_5 神经元的激活值,3 个输出神经元将分别使用表达式 $w \cdot x + b$ 计算 z 值(为简便起见,这里的 z 值都是假设的值):

- $\hat{y}_1$ 神经元表示热狗,z 值为 -1.0;
- $\hat{y}_2$ 神经元表示汉堡,z 值为 1.0;
- $\hat{y}_3$ 神经元表示比萨,z 值为 5.0。

这些值表明,网络认为输入的对象最有可能是比萨,最不可能是热狗。但若想知道对象分别是比萨、热狗和汉堡的概率,用 z 表示结果显然不太直观,于是 softmax 函数就派上用场了。

导入模块之后,可以创建一个列表 z 来存储上面的 3 个 z 值。

```
z = [-1.0,1.0,5.0]
```

对这个列表的值应用 softmax 函数需要 3 步。第 1 步是计算每个 z 值的自然指数,如下所示:

- 通过 $\exp(z[0])$ 得到 0.3679;[①]
- 通过 $\exp(z[1])$ 得到 2.718;
- 通过 $\exp(z[2])$ 得到 148.4。

第 2 步是对以上结果求和:

```
total = exp(z[0]) + exp(z[1]) + exp(z[2])
```

第 3 步是求每个自然指数所占的比例,这也是神经网络最后输出的结果。

- 通过 $\exp(z[0])$/total 得到 $\hat{y}_1$ 值为 0.002428,这表示网络认为对象是热狗的概率大约为 0.2%。
- 通过 $\exp(z[1])$/total 得到 $\hat{y}_2$ 值为 0.01794,这表示网络认为对象是汉堡的概率大约为 1.8%。
- 通过 $\exp(z[2])$/total 得到 $\hat{y}_3$ 值为 0.9796,这表示网络认为对象是比萨的概率大约为 98.0%。

观察以上计算过程,"softmax" 这个词开始变得容易理解了:softmax 函数关注 z 的最大值,但它却很"柔和"。在这个例子中,网络并不认为对象是比萨的概率为 100%,也不认为对象是热狗或汉堡的概率为 0%(这样太过于严格武断);相反,网络会提供对象是 3 个类别中每一类别的可能性,这样我们在做决定的时候,就能知道有多大的把握可以相信神经网络得到的结果。[②]

 　　对单个神经元使用 softmax 函数是特例,这在数学上等同于使用 sigmoid 神经元。

---

① 在 Python 中,$z[0]$ 代表列表 z 的第 1 个数值,$z[1]$ 代表列表 z 的第 2 个数值,$z[2]$ 代表列表 z 的第 3 个数值。

② 置信度阈值可能因特定应用而异,但通常我们会简单地选择可能性最高的那个类别。例如,我们可以利用 Python 中的 argmax 函数来实现这一操作,该函数将返回最大值的索引位置(即类别标签)。

7.5 浅层网络回顾

现在我们回顾浅层网络(浅层神经网络的简称),借助本章学习的全连接网络知识,了解其中的模型摘要。例5.6用3行Keras代码构建了识别MNIST数字的浅层神经网络。通过这3行代码,我们实例化了一个模型,并向其中添加了神经网络层。而通过调用summary()方法,我们可以看到图7.5所示的模型摘要表,其中包含3列。

- Layer(type):每层的名称和类型。
- Output Shape:每层输出的维度。
- Param #:每层参数(权重w和偏置b)的总量。

```
Layer (type)                    Output Shape              Param #
=================================================================
dense_1 (Dense)                 (None, 64)                50240
_____
dense_2 (Dense)                 (None, 10)                650
=================================================================
Total params: 50,890
Trainable params: 50,890
Non-trainable params: 0
_____
```

图7.5 浅层神经网络的模型摘要表

由于输入层既不执行任何计算,也没有任何参数,因此模型摘要表中没有输入层的信息。模型摘要表中的第一行对应的是第一个隐藏层。

- 名称是dense_1,由于我们没有给它命名,因此程序使用默认的名称,类型是Dense全连接层。
- 输出的维度是(None,64),这表示输出是一维的,因为有64个神经元,所以输出64个值。
- 参数总量是50 240,来源如下。
  - 输入层有784个神经元,第一个隐藏层有64个神经元且为全连接层,所以权重参数有64×784=50 176个。
  - 每个神经元有一个偏置参数,共有64个偏置参数。

于是,参数总量为50 240:$n_{参数} = n_w + n_b = 50\ 176 + 64 = 50\ 240$。
模型摘要表中的第二行对应模型的输出层。

- 名称是dense_2,类型是Dense全连接层。
- 输出的维度是(None,10),因为有10个输出神经元。
- 参数总量是650,来源如下。
  - 隐藏层有64个神经元,输出层有10个神经元,所以权重参数有10×64=640个。
  - 偏置参数有10个。

将每层的参数加起来,就可以得到模型摘要表中的Total params。

$$\begin{aligned} n_{总量} &= n_1 + n_2 \\ &= 50\ 240 + 650 \\ &= 50\ 890 \end{aligned} \tag{7.8}$$

这50 890个参数都是可训练的,运行代码model.fit( ),网络将开始学习,所有参数在训练期间都会不断得到调整。当然这是一般情况,您将在本书第III部分看到,在某些情况下,将模型的某些参数固定,使它们成为不可训练的参数也是很有用的。

7.6 小结

本章详细介绍了在给定输入x的情况下,如何将神经元连接在一起形成网络,从而输出近似真实值y的预测值。在本书第II部分的剩余各章中,我们将详细介绍网络如何使用训练数据来调整神经元参数,从而使预测值$\hat{y}$更接近真实值y。同时,我们还将设计和训练结构更复杂的但是效果却更好的深度学习模型。

7.7 核心概念

下面列出了到目前为止我们已经介绍的重要概念,本章新增的概念已用紫色标出。
- 参数
  - 权重w
  - 偏置b
- 激活值a
- 神经元
  - sigmoid神经元
  - tanh神经元
  - ReLU神经元
- 输入层
- 隐藏层
- 输出层
- 神经网络层的类型
  - 全连接层
  - softmax层
- 正向传播

第8章
训练深度网络

在前面的章节中，我们详细学习了人工神经元和人工神经网络，了解了人工神经网络正向传播并输出预测结果的过程。在第6章和第7章的例子中，神经元的参数值（权重和偏置）是任意给出的。但在实际应用中，它们是通过训练网络得来的。

在本章中，我们将学习两种技术——梯度下降和反向传播，它们能协同工作，学习神经网络的参数。与之前一样，我们不仅学习理论，也会进行实际操作，并最终构建出具有多个隐藏层的神经网络。

8.1 损失函数

学习第7章后我们知道，向神经网络输入某些值，通过正向传播，网络将输出预测值$\hat{y}$。如果网络能够完美地学习，那么输出的预测值$\hat{y}$将完全等于真实值y。例如，在热狗二分类器（参见图7.3）中，$y = 1$表示对象是热狗，而$y = 0$表示对象不是热狗。理想情况下，当输入对象是热狗时，热狗二分类器将输出$\hat{y} = 1$。

实际上，网络并非总是要达到$\hat{y} = y$，这样太过于苛刻。其实，如果真实值$y = 1$，那么当预测值$\hat{y} = 0.9997$时我们就已经非常满意，因为这表明网络认为对象有极大可能是热狗，网络的判断力非常出色。$\hat{y} = 0.9$也是完全可以接受的，$\hat{y} = 0.6$就有些令人失望了，而$\hat{y} = 0.1192$则很糟糕。

为了量化网络的性能，我们引入了损失函数（也称为代价函数）。本章将介绍两类损失函数：平方损失函数和交叉熵损失函数。

8.1.1 平方损失函数

平方损失函数是最简单的损失函数，平方损失也称为均方误差（Mean Square Error，MSE），计算公式如下：

$$C = \frac{1}{n} \sum_{i=1}^{n} (y_i - \hat{y}_i)^2 \tag{8.1}$$

对于任何给定的实例i，我们都计算真实值y_i与神经网络的预测值$\hat{y}_i$之间的差（误差）。然后，出于以下两个原因，我们对这个差求平方。

（1）无论y_i是否大于$\hat{y}_i$，通过求平方都可以让我们得到一个正值。

（2）比起 y_i 与 $\hat{y}_i$ 之间小的误差，大的误差更能表明网络性能不够好，所以通过求平方更能突出它们。

先通过 $(y_i - \hat{y}_i)^2$ 获得每个实例 i 的误差平方，之后便可以计算出 C。

- 将所有的误差平方 $(y_i - \hat{y}_i)^2$ 加起来。
- 除以实例的总数 n。

在本书的 GitHub 库中，有一个名为 Quadratic Cost 的文件，我们可以通过这个文件自行体验一下式（8.1）。在这个文件中，我们定义了一个函数来计算实例 i 的误差平方：

```
def squared_error(y,yhat):
    return (y - yhat)**2
```

若真实值 y 为 1 且预测值 $\hat{y}$ 也为 1（在最理想的情况下），则利用 squared_error$(1,1)$ 得到的损失为 0。当 $\hat{y}$ 为 0.9997 时，得到的损失极小，为 9.0e-08[①]。随着 y 和 $\hat{y}$ 的差不断增大，损失会呈指数增长：y 保持为 1 不变，但是若将 $\hat{y}$ 从 0.9 降低到 0.6，之后再降低到 0.1192，损失则会从 0.01 迅速增加到 0.16，然后又增加到 0.78。另外，利用这个函数我们还可以验证如下判断：如果 y 为 0，那么当 $\hat{y}$ 为 0.1192 时，损失会比较小，约为 0.0142。

8.1.2　饱和神经元

图 8.1 重现了图 6.10 所示的 tanh 函数，此处出现的问题被称为神经元饱和，这是平方损失函数的致命缺陷。神经元饱和在所有激活函数中很常见，这里我们以 tanh 函数为例进行说明。当神经元的输入和参数因为进行乘加运算（$z = w \cdot x + b$）而产生极端 z 值时（注意图 8.1 中极端 z 值对应的红圈区域），就认为神经元已饱和。在饱和区域内，z 值的变化（通过调整神经元的参数 w 和 b）只会导致神经元的激活值 a 产生十分微小的变化。

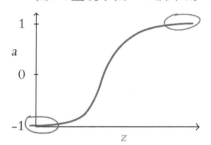

图 8.1　重现图 6.10 所示的 tanh 函数，注意极端 z 值对应的饱和区域

本章稍后将介绍梯度下降和反向传播，借助这两种技术，神经网络能够调整所有神经元的参数 w 和 b，通过不断地调整，输出更加接近真实值 y 的预测值 $\hat{y}$。但在神经元饱和时，对 w 和 b 的调整只能让激活值 a 产生微小的变化，这会导致学习也变得缓慢：因为神经网络最终输出的 $\hat{y}$ 值的大小依赖于前面一层神经元的激活值，如果调整 w 和 b 对神经元的激活值 a 没有明显的影响，那么 $\hat{y}$ 值的变化自然也就很小。

8.1.3　交叉熵损失函数

为了降低神经元饱和对学习速度的影响，我们可以使用交叉熵损失函数代替平方损失函数。[②] 在图 8.1 所示激活函数曲线上的任何位置，交叉熵损失函数都可以让学习有效地进

---

① 9.0e-08 等于 9.0×10^{-8}。

② 回忆第 6 章的公式 $a = \sigma(z)$，其中 σ 是某个激活函数——在这个例子中是 tanh 函数。

行。因此,交叉熵损失函数是更为流行的选择,同时也是本书的主要选择。[①]

交叉熵损失的计算公式如下,我们不必关注其中的细节。

$$C = -\frac{1}{n}\sum_{i=1}^{n}[\,y_i \ln \hat{y}_i + (1-y_i)\ln(1-\hat{y}_i)\,] \tag{8.2}$$

其中:

- 和平方损失函数一样,y 与 $\hat{y}$ 的误差越大,损失 C 越大;
- 类似于在平方损失函数中进行平方运算,在交叉熵损失函数中,对 $\hat{y}_i$ 取对数会使损失呈指数增加;
- 交叉熵损失函数的结构使得 y 与 $\hat{y}$ 的误差越大,神经元的学习速度越快。[②]

交叉熵损失越大,神经网络的学习速度就越快,为了让大家更容易记住这一点,我们打个比方:小明参加了一场鸡尾酒晚会,烈性马提尼酒让他有些晕晕忽忽,这时他手舞足蹈,满口胡话。周围的人马上对他表现出强烈厌恶。此情此景,小明知道了自己失言失态。从此以后,小明对烈性马提尼酒极为防范,以防自己闹出笑话。

但无论如何,小明深刻地记住了这个教训。关于交叉熵损失函数还要注意一点,式(8.2)中包含 $\hat{y}$,所以式(8.2)仅适用于输出层。回忆一下第 7 章(特别是关于图 7.3 的讨论),其实神经网络的输出 $\hat{y}$ 是激活值 a 的特例:输出 $\hat{y}$ 在本质上只是输出层的激活值 a。因此,我们可以用 a_i 代替式(8.2)中的 $\hat{y}_i$,这样就可以将式(8.2)推广应用于网络中任何层的神经元。

$$C = -\frac{1}{n}\sum_{i=1}^{n}[\,y_i \ln a_i + (1-y_i)\ln(1-a_i)\,] \tag{8.3}$$

为了巩固交叉熵的理论知识,我们可以使用名为 Cross Entropy Cost 的文件。在该文件中,我们只需要导入 NumPy 包中的 log( ) 函数即可,该函数用来计算自然对数 ln。我们首先使用 from numpy import log 导入 log( ) 函数,然后定义另一个函数来计算实例 i 的交叉熵损失。

```
def cross_entropy(y,a):
    return -1*(y*log(a) + (1-y)*log(1-a))
```

将本章前面代入 squared_error( ) 函数的值代入 cross_entropy( ) 函数,我们可以看到类似的结果。如表 8.1 所示,通过将 y 保持为 1,同时将 a 从接近理想的估计值 0.9997 逐渐减小,我们看到交叉熵损失呈指数增长。当 y 实际为 0 且 a 为 0.1192 时,与平方损失一样,交叉熵损失也比较小。这些结果表明,平方损失函数和交叉熵损失函数的主要区别并不是它们本身计算出的值不同,而是它们在神经网络中的学习速率不同,尤其是当神经元饱和时。

① 第 9 章将介绍更多减少神经元饱和及其负面影响的方法。
② 交叉熵损失函数非常适用于分类问题,而本书主要解决的就是分类问题。对于回归问题(将在第 9 章中介绍),平方损失函数相比交叉熵损失函数更好。

表8.1 根据输入的 y 和 a 计算相应的交叉熵损失

y	a	C
1	0.9997	0.0003
1	0.9	0.1
1	0.6	0.5
1	0.1192	2.1
0	0.1192	0.1269
1	1−0.1192	0.1269

8.2 优化:学习最小化损失

损失函数可以量化模型输出 $\hat{y}$ 与真实值 y 的误差,这非常有用,因为它提供了一个指标,我们可以利用这个指标来减小网络输出的误差。

本章已多次提到,在深度学习中最小化损失的主要方法是梯度下降与反向传播,它们使网络能够学习,这种学习是通过调整网络的参数来完成的,以使预测值 $\hat{y}$ 逐渐接近真实值 y,从而降低损失。下面首先介绍梯度下降,然后介绍反向传播。

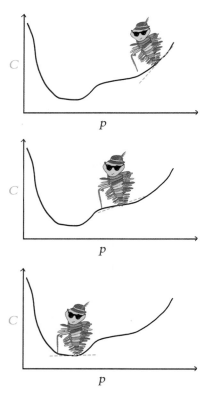

图8.2 三叶虫使用梯度下降法寻找损失 C 最小时参数 p 的值

8.2.1 梯度下降

梯度下降是一种方便有效的方法,可用于调整模型参数,以最大程度地降低损失,尤其是当我们有大量的训练数据时,它的表现更为出色。梯度下降不仅可以用于深度学习,也可以广泛地用于机器学习。

在图8.2中,我们用一幅三叶虫卡通图来说明梯度下降的工作原理。每幅图横轴上的点代表模型参数的取值,我们用 p 表示,参数 p 可能是神经元的权重 w 或偏置 b。在图8.2顶部的子图中,三叶虫发现自己在一座"小山"上,它的目标是降低高度,寻找最小损失 C 对应的 p 的位置。但是有一点要记住:三叶虫的眼睛是看不见的! 它看不到更深的山谷在哪里,只能用拐杖探查其附近地形的坡度。

图8.2中的橙色虚线表示三叶虫所在位置的坡度。我们先来看图8.2中最上面的子图,根据该斜线,一方面,如果三叶虫向左移动(即 p 的值减小),损失 C 将会降低;另一方面,如果三叶虫向右移动(即 p 的值增大),损失 C 将会上升。由于三叶虫希望降低损失,因此它选择向左走一步。

我们再来看图8.2中间的子图,三叶虫向左走了几步。在这里,三叶虫还是用橙色虚线评估坡度,它发现,再向左走一步,就能到达损失更小的位置,因此它又向左走了一步。我们最后来看图8.2底部的子图,三叶虫成功到达损失最小的位置,在这个位置,只要向左或向右迈出一步,损失就会上升,因此它会待在这里不动,此时便找到了合适的p值。

实际上,深度学习模型不会只有一个参数,拥有数百万个参数也是很常见的,某些工业级神经网络甚至有数十亿个参数。即使是我们构建的极为简单的浅层神经网络,也有50 890个参数(参见图7.5)。

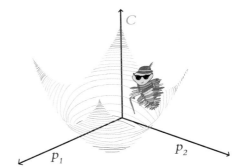

尽管人脑无法想象一个10亿维的空间,但是图8.3所示的"两参数"漫画通过提供一种感性认识,向我们展示了如何同时调整多个参数以使损失最小化。模型中有许多可训练的参数,梯度下降法会对所有参数分别求导①(即对每一个方向评估坡度),并在分别选出坡度最大的方向(即损失下降最快的方向)后移动一步,然后循环这个过程,直至找到合适的参数位置。参考图8.3所示三叶虫下山的插图,其中:

图8.3 三叶虫使用梯度下降法沿两个模型参数最小化损失,类似于下山的过程,两个参数可以分别看作经度和纬度,海拔代表损失

- 纬度代表参数p_1;
- 经度代表参数p_2;
- 海拔代表损失——海拔越低越好!

假设三叶虫在山上的某个随机位置,从这一点出发,寻找海拔最低的位置。首先,它会用拐杖试探4个方向的坡度,这4个方向分别是p_1增大或减小的两个方向,以及p_2增大或减小的两个方向。然后选p_1坡度大的方向走一步,再选p_2坡度大的方向走一步,因为这样走可以让海拔下降得最快。等到达新的一点后,不断循环上面这个过程,直到三叶虫发现往4个方向的任何一个方向走都无法下降所在位置的海拔时,它就找到了海拔最低的位置,也就找到了损失最小时对应的两个参数的值。

8.2.2 学习率

为了简化概念,在图8.4中,我们又回到了单参数三叶虫的例子。现在,假设有一支可以缩小或变大三叶虫的射线枪。在图8.4中间的子图中,我们使用射线枪将三叶虫变得非常小,三叶虫的步伐也相应变小,因此勇敢的小三叶虫将需要很长时间才能找到传说中的最小损失之谷。另一方面,请考虑图8.4底部的子图,我们使用射线枪将三叶虫变得非常大,三叶虫的步伐也会变得很大,以至于很有可能越过最小损失之谷,导致三叶虫永远找不到它。

---

① 为了理解式(8.2)中的交叉熵损失函数如何令拥有较大损失的神经元更快速地学习,我们需要借助一些偏导数运算(我们将尽可能在本书中少使用高数知识,因此这里把对微积分的解释放在了脚注位置)。让神经网络进行学习的两种方法(梯度下降和反向传播)的核心是,计算损失C的变化相对于神经元参数(如权重w)变化的比例。使用偏导数的表示方法,我们可以将这种相对变化率表示为$\frac{\partial C}{\partial w}$。交叉熵损失函数是专门构造的,旨在将$\frac{\partial C}{\partial w}$与$(y - \hat{y})$关联起来。因此,$y$与$\hat{y}$的误差越大,损失$C$越大,并且损失$C$相对于权重$w$的变化率也就越大。

我们将三叶虫的"步伐"称为学习率,并用希腊字母 η（发音为"ee-ta"）表示。学习率是我们在本书中介绍的第一个超参数。在包括深度学习在内的机器学习中,超参数是我们在开始训练模型之前就需要配置的参数。与此相反,其他参数(如权重 w 和偏置 b)是在训练过程中学习的。

通常需要反复试验,才能为深度学习模型设置合适的超参数。如图8.4所示,如果 η 太小,则需要很多次梯度下降(浪费不必要的时间)才能到达最小损失之谷。另一方面,如果 η 太大,则意味着可能永远都不会到达最小损失之谷:例如,梯度下降算法认为参数需要减小才能到达最小损失之谷,但由于学习率太高,一下子就越过了最小损失对应的参数值;此时梯度下降算法又认为参数需要增大才能到达最小损失之谷,结果还是学习率太高,一下子又越过了最小损失对应的参数值。如此反反复复,永远取不到最小损失对应的参数值,于是梯度下降算法出现不稳定的震荡现象。

在第9章中,我们将学习一个巧妙的技巧,它使得我们无须再手动选择超参数 η 的大小。在此之前,关于学习率 η 大小的选择,我们可以参考如下建议。

- 将最初的学习率设置为0.01或0.001。
- 一方面,如果模型能够学习(每个训练周期的损失持续降低),但是训练进行得非常缓慢(每个训练周期的损失只降低一点点),则可以将学习率提高一个数量级(例如,从0.01提高到0.1)。
- 另一方面,如果模型无法学习(每个训练周期的损失不持续下降),则可能是因为学习率太高了。请尝试将学习率降低一个数量级(例如,从0.001降低到0.0001),直到损失持续下降为止。若想更直观地了解模型的学习率过高导致的不稳定现象,您可以返回到图1.18所示的 TensorFlow Playground 示例,并从"Learning rate"下拉列表框中选择较大的数值。

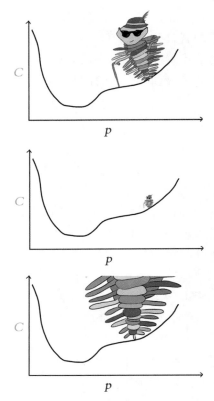

图8.4 梯度下降的学习率(η)以三叶虫步伐的大小表示。中间那幅子图的学习率太小,而底部那幅子图的学习率又太大

8.2.3 batch size 和随机梯度下降

当我们介绍梯度下降时,说过它对于处理大型数据集的机器学习问题非常有效。其实这种表述是很不准确的。如果我们有大量的训练数据,那么一般的梯度下降根本无法工作,因为不可能将所有数据都一次性放入计算机的内存(RAM)中。

内存并不是唯一的障碍,海量的计算也会让我们非常头疼。即便我们的内存大到可以容纳大型数据集,如果我们想用这些数据训练一个拥有数百万个参数的神经网络,与之相关的大量、高维的复杂计算,也会导致一般的梯度下降效率极低。

值得庆幸的是,对于内存和计算问题有一个很好的解决方案:Stochastic Gradient Descent(SGD,随机梯度下降)。我们可以将整个训练数据集分成很多批,以提高梯度下降的运行效率。

尽管在第5章的浅层网络训练中我们并不关注此问题,但其实通过在model.compile()方法调用中将optimizer参数设置为SGD,我们就已经在使用随机梯度下降。在随后的代码中,当我们调用model.fit()方法时,便将batch_size设置为128以指定batch size,即用于一次SGD迭代的训练数据量。跟学习率η一样,batch size也是超参数。

下面让我们来看一个具体的例子,以明确batch size和随机梯度下降的概念。在MNIST数据集中,有60 000幅训练图像,如果batch size为128,则每个训练周期将有$\lceil 468.75 \rceil$=469批次①的梯度下降。

$$
\begin{aligned}
\text{批次} &= \left\lceil \frac{\text{训练数据集的大小}}{\text{batch size}} \right\rceil \\
&= \left\lceil \frac{60\,000}{128} \right\rceil \\
&= \lceil 468.75 \rceil \\
&= 469
\end{aligned}
\tag{8.4}
$$

我们来看第一个周期的训练过程。在进行训练之前,我们需要初始化神经元的参数w和b,也就是将它们设置为随机值②以初始化网络。另外,将60 000幅训练图像随机分成469批,每批有128幅图像(当然其中有一批不到128幅),"随机梯度下降"中的"随机"二字就来自于训练数据随机分批这一过程。下面开始第一批128幅图像的训练。

(1) 128幅MNIST图像的每一幅都有784个像素,使用它们构成输入x并传递到我们的神经网络中。

(2) 通过正向传播,网络将逐层处理128幅图像的信息,直到输出层最终生成$\hat{y}$值。

(3) 损失函数(如交叉熵损失函数)会评估128幅图像的y与$\hat{y}$的误差,然后计算出损失C。

(4) 为了最小化损失并改善网络对y的估计,需要进行梯度下降:对网络中的每个w和b均按照与损失C的关系进行调整(根据学习率η调整参数大小)。

图8.5总结了第一批数据的训练过程。

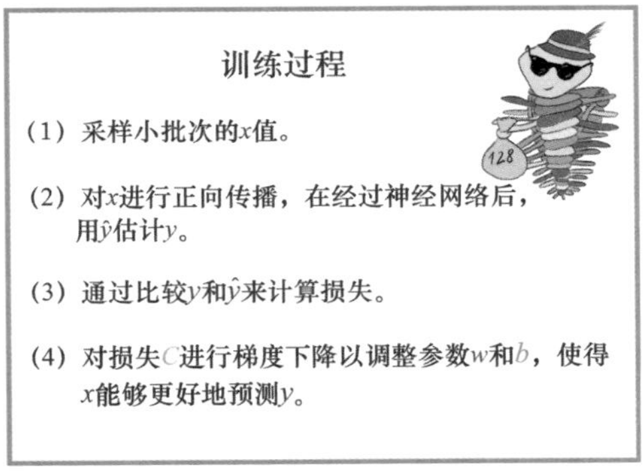

图8.5 一批训练数据随机梯度下降的训练过程。在这个例子中,batch size被设为128

① 因为60 000不能被128整除,而批次又必须为整数,所以这里需要向上取整。

② 这里以及式(8.4)中使用的方括号似乎从底部遗漏了水平横线,这种方括号用于表示向上取整。例如,468.75的向上取整结果为469。

第一批数据训练结束后,输入第二批数据,循环执行上面的步骤,完成第二批数据的训练,直到469批数据全部训练完,第一个周期的训练才结束。图8.6描述了这一过程。

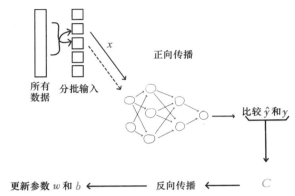

图8.6 使用随机梯度下降训练神经网络的总体过程。先将整个训练数据集随机分成多批,每批都通过正向传播传递信息,对输出的$\hat{y}$与真实值y进行比较,计算损失C;再反向传播以调整模型参数w和b,第一批数据训练结束。对下一批数据(用虚线表示)循环这个过程,直到所有数据训练完毕,此时第一个周期的训练就结束了。然后重新随机划分整个训练数据集,开始下一个周期的训练,直到完成设定的总周期数

假设我们已经事先设置好训练的总周期数,第一个周期结束后,需要将60 000幅训练图像重新随机划分成469批数据,作为第二个周期的输入数据[①]。第二个周期的过程与第一个周期一样,以这种方式持续训练,直到完成所需的总周期数为止。

训练的总周期数也是一个超参数,这个超参数比较容易调整。

- 如果测试数据的损失每个周期都在下降,并且在最后一个周期是最小的,那就说明训练得不够,需要增大总周期数。
- 如果测试数据的损失开始上升,则表明由于我们训练了过多个周期,导致模型过拟合(我们将在第9章中详细说明过拟合问题)。
- 我们有很多方法可以自动监控训练数据和测试数据的损失,一旦出现问题,就提前停止训练。因此,我们可以将总周期数设置得大一些,让训练一直进行,程序会自动判断何时该停,这样模型既不会欠拟合,也不会过拟合。

8.2.4   解决局部极小值问题

到目前为止,在梯度下降的例子中,三叶虫在实现最小化损失时没有遇到任何障碍。但是,我们不能保证总会这样,实践中往往不会如此顺利。

我们知道,为了让神经网络尽可能准确地估算y,梯度下降需要确定达到最小化损失时参数p的值。下面我们以图8.7中下山的三叶虫插图作为示意,讨论模型训练时遇到的一个新问题。在这个新问题中,参数p和损失C的关系更加复杂。观察图8.7,由于三叶虫从随机起点出发,梯度下降会导致其陷入局部极小值的困境。当三叶虫处于局部极小值时,向左或向右移动都会使损失增加。因此,眼睛看不见的三叶虫就会停在此处,没办法到达更深的山

---

① 因为是随机抽样的,所以这469批数据选择训练图像的顺序在每个周期都完全不同。

谷——无法获得全局最小值。

　　大家无须紧张，随机梯度下降能再次帮助我们解决问题。将训练数据分批可以使损失曲线变得平滑，如图8.7中第3幅子图的虚线所示。之所以能够平滑，是因为当我们对小批量数据（相对于整个数据集）计算梯度时，会自然而然地引入噪声。在图8.7的第2幅子图中，三叶虫位于整个数据集的局部极小值处，但三叶虫在使用小批量数据计算梯度时，可能会给出不准确的梯度，导致三叶虫向左走，绕过局部极小值，而实际上这里的全局梯度为0。这种不准确性反而是一件好事！因此，通过在小批量数据上估计梯度，可以帮助训练摆脱局部极小值。有利就有弊，使用小批量数据估计的梯度缺乏准确性，并且也的确可能给我们添乱，但通过很多个周期的训练，可以减轻这一点的影响，最终呈现出对我们有利的结果。

　　就像超参数 η 一样，batch size 也要取合适的值。一方面，如果 batch size 太大，则三叶虫对梯度的判断会很精确，并且会朝着梯度最大的方向迈出一步（步伐与 η 成比例）。但是，如前所述，模型存在陷入局部极小值困境的风险[①]。此外，模型会对计算机内存造成较大压力，每次梯度下降的计算时间可能会很长。

　　另一方面，如果 batch size 太小，则梯度估计可能会很不准确（因为是在用很小的数据集估计整个数据集的

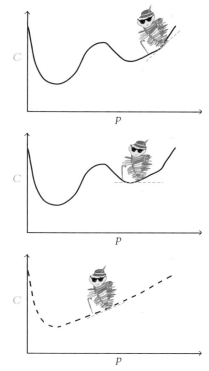

图8.7　从随机起点开始使用普通梯度下降的三叶虫（第1幅子图）陷入了局部极小值的困境（第2幅子图）。通过使用随机梯度下降，勇敢的三叶虫能够绕过局部极小值并向全局最小值前进（第3幅子图）

梯度），从而增加很多不必要的迂回的下降路径。由于这些不稳定的梯度下降路径，训练将需要更长的时间。此外，batch size 太小会导致内存和计算资源得不到有效利用。[②]考虑到这些，以下是能够帮助我们找到合适 batch size 的经验法则。

- batch size 从32开始。
- 如果 batch size 太大以至于计算机内存无法容纳，请尝试将 batch size 减小2的幂次倍（例如，从32减小到16）。
- 假设我们的模型训练良好（即每个训练周期的损失持续下降），即便每个周期都要花费很长时间，但只要我们的计算机有足够的内存[③]，我们就可以尝试增大 batch size。但为了避免陷入局部极小值的困境，batch size 最好不要超过128。

---

① 注意学习率 η 的作用。如果局部极小值的山谷宽度小于三叶虫的步伐，则三叶虫可能会恰好跨过局部极小值。

② batch size 为1的随机梯度下降被称为 online learning。值得注意的是，这并不是计算速度最快的方法。在深度学习算法中，与批量数据训练相关的矩阵乘法得到了高度优化；因此，相对于 online learning，使用适当大小的 batch size 可以让训练速度快好几个数量级。

③ 在基于 UNIX 的操作系统中，如 macOS 系统，可以通过在终端窗口中运行 top 或 htop 命令来查看内存的使用情况。

8.3 反向传播

尽管随机梯度下降在许多机器学习模型中可以很好地调整参数,从而最大程度地降低损失,但对于深度学习模型而言,还有一个额外的障碍:我们需要有效地调整多层神经元的参数。为此,我们需要将随机梯度下降与反向传播技术结合起来应用。

反向传播是微积分中"链式法则"的巧妙应用。[①] 如图8.6所示,反向传播是指沿着与正向传播相反的方向传递信息。正向传播通过一层层神经元传递输入x的信息,并从输出层输出近似真实值y的预测值$\hat{y}$;而反向传播则以相反的方向通过一层层神经元传递损失C的信息,并在这个过程中调整神经元参数以最小化损失。

尽管反向传播的重要细节已经放在附录B中,但我们仍要大体理解反向传播的作用:神经网络模型参数(w和b)的初始值是随机给出的(参数初始化将在第9章中详细介绍)。因此,在进行训练之前,当输入一个x值时,网络会依照随机参数输出随机的$\hat{y}$值。这个$\hat{y}$值可能很不准确,损失很高。此时,我们需要更新参数以最小化损失。为此,我们可以在神经网络中使用反向传播来计算损失函数相对于网络中每个参数的梯度。

回想一下三叶虫下山的例子,损失函数代表下山的路径,而三叶虫的目标是找到最低的山谷。三叶虫先找到损失函数的梯度(或斜率),而后沿梯度移动。三叶虫的移动对应于参数更新:依照损失函数相对于参数的梯度,反向传播可在降低损失的方向上成比例地调整参数。

回顾图6.7中"本书最重要的表达式"($w \cdot x + b$),以及神经网络是如何通过各层正向传播输入信息的,我们就明白了网络中的任何参数都对最终的$\hat{y}$有贡献,从而对损失C有贡献。我们可以使用反向传播从后往前逐层穿越网络,找到每个参数的梯度;然后使用每个参数的梯度向上或向下调整参数(调整的幅度依赖学习率η和梯度本身的大小),从而降低损失。

这部分内容理解起来的确不算轻松。但有一点我们务必掌握,那就是:反向传播计算每个参数对损失的贡献,然后相应地更新每个参数。神经网络就是以这种方式迭代地降低损失的。

8.4 调整隐藏层层数和神经元数量

与学习率和batch size一样,神经网络的隐藏层层数也是一个超参数,因此也需要取一个合适的值。深度学习网络每增加一个隐藏层,网络所能表示的信息就越抽象,这是增加层数的主要优点。

增加层数的缺点是反向传播的效率会下降:如图8.8所示,5个隐藏层的学习速度图证明了反向传播对离输出层最近的隐藏层影响最大,该隐藏层的学习速度是最快的,因为其参数有较大的梯度。离输出层越远的隐藏层,其参数对损失的影响越小,参数的梯度也就越小。

[①] 要想阐明反向传播的数学原理,必然涉及相当一部分的偏导数知识。虽然我们鼓励深入理解反向传播的精彩之处,但我们也认识到微积分可能不是每个人都感兴趣的话题。因此,我们将反向传播的数学原理放在了附录B中。

我们可以看到,第3个隐藏层相比第5个隐藏层的学习速度要慢一个数量级。

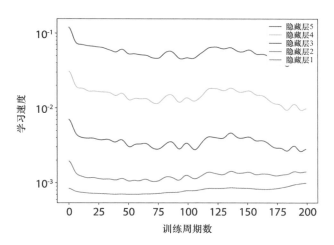

图8.8 在具有5个隐藏层的深度学习网络中,每个隐藏层的学习速度。
离输出层最近的第5个隐藏层相比第3个隐藏层在学习速度上要快一个数量级

综上所述,选择隐藏层层数的经验法则如下。

- 估计的真实值y越复杂,涉及的信息越多,因而需要更多的隐藏层来组合信息,建议考虑从2~4个隐藏层开始。
- 一方面,如果减少层数不会增加测试集的损失,那么依据奥卡姆剃刀原则,我们可以减少层数。只要可以达到预期结果,神经网络的结构越简单越好,因为神经网络将训练得更快,并且需要的计算资源也更少。
- 另一方面,如果增加层数会降低测试集的损失,则应增加层数。

除了隐藏层的层数之外,特定神经网络层中的神经元数量也是超参数,因此神经元数量也是需要进行调整的。神经元太多会给网络带来不必要的复杂计算,而神经元太少的话,网络的准确性又会受到影响。

随着构建和训练越来越多的深度学习模型,您将慢慢培养出选取合适神经元数量的直觉。根据真实值y的情况,如果它需要很多低级特征来表示,那么我们可以在靠近输入的层中放置更多的神经元;如果它需要很多高级特征来表示,那么我们可以在靠近输出的层中放置更多的神经元。我们通常将神经元的数量乘以2的幂来进行试验:如果将神经元的数量从64增加到128可以显著提高模型的准确性,那么就设置为128;如果将神经元的数量从64减半到32并不会降低模型的准确性,那么根据奥卡姆剃刀原则,就可以将神经元的数量设置为32,这样便可以在没有明显负面影响的情况下降低模型的计算复杂度。

8.5 用Keras构建中等深度的神经网络

作为本章的最后一部分,我们将使用本章介绍的新理论搭建一个中等深度的神经网络,看看它在识别手写数字的能力上是否能胜过之前的浅层网络(第5章中名为Shallow Net in Keras的Jupyter文件)。

这个网络（名为Intermediate Net in Keras的Jupyter文件）的前几个步骤与之前的浅层网络相同，都是导入Keras相关的包，加载MNIST数据集，并以相同的方式预处理数据。如例8.1所示，下面开始设计这个网络。

例8.1　用Keras构建中等深度的神经网络（1）

```
model = Sequential()
model.add(Dense(64, activation='relu', input_shape=(784,)))
model.add(Dense(64, activation='relu'))
model.add(Dense(10, activation='softmax'))
```

以上代码块中的第1行——model = Sequential()——与之前相同（请参考例5.6），这是对神经网络模型的实例化。到了第2行代码，就开始变得不一样了。其中，我们将第1个隐藏层中的sigmoid函数替换成了推荐的ReLU函数，其他设置保持不变，仍保持64个神经元、784个输入。

相对于例5.6中的浅层网络，例8.1的另一个重要不同是增加了第2个隐藏层。通过调用model.add()方法，我们毫不费力地增加了由64个Relu神经元组成的第2个隐藏层。通过调用model.summary()方法，我们可以从图8.9中看到，相对于浅层网络，这个隐藏层的加入使可训练参数增加了4160个（请参考图7.5）。我们可以将这些参数分解为

- 4096个权重参数——第2个隐藏层中64个神经元的每一个都要接收第1个隐藏层中全部64个神经元的输出，所以有64 × 64 = 4096个权重参数；
- 64个偏置参数——第2个隐藏层中64个神经元的每一个都有1个偏置参数。

因此，第2个隐藏层共有4160个参数：$n_{参数} = n_w + n_b = 4096 + 64 = 4160$。

```
Layer (type)                 Output Shape              Param #
=================================================================
dense_1 (Dense)              (None, 64)                50240
_____
dense_2 (Dense)              (None, 64)                4160
_____
dense_3 (Dense)              (None, 10)                650
=================================================================
Total params: 55,050
Trainable params: 55,050
Non-trainable params: 0
_____
```

图8.9　模型摘要表

除了改变模型结构之外，我们还改变了模型编译时的参数，如例8.2所示。

例8.2　用Keras编译中等深度的神经网络（2）

```
model.compile( loss='categorical_crossentropy',
               optimizer=SGD(lr=0.1),
               metrics=['accuracy'])
```

下面对例8.2中的代码进行说明。

- 通过 loss='categorical_crossentropy' 将损失函数设置为交叉熵损失函数(在浅层网络中,通过 loss='mean_squared_error' 将损失函数设置为平方损失函数)。
- 通过 optimizer = SGD 将损失最小化方法设置为随机梯度下降。
- 通过 lr = 0.1 指定 SGD 学习率超参数 η。
- Keras 默认会将训练过程中的损失变化信息反馈到显示屏上,而通过设置 metrics = ['accuracy'],我们还能获得模型准确率的反馈。

最后,我们通过运行例8.3中的代码来训练神经网络。

例8.3 用Keras训练中等深度的神经网络(3)

```
model.fit(X_train, y_train,
          batch_size=128, epochs=20,
          verbose=1,
          validation_data=(X_valid, y_valid))
```

相对于我们训练浅层网络的方式(请参考例5.7),这里所做的唯一改变是将超参数 epochs(即总周期数)从200降低一个数量级到20。您将会看到,训练中等深度的神经网络所需的总周期数要比浅层网络少得多。

图8.10提供了训练网络时前4个周期的结果,相比浅层网络在200个周期后才将验证数据准确率(val_acc 表示验证数据准确率)稳定在86%,中等深度的神经网络无疑效果更好:第1个周期就达到92.34%的准确率,到第3个周期时,准确率已攀升至94.52%,到第20个周期时稳定在97.6%左右。神经网络的确有了很大的进步!

```
Epoch 1/20
60000/60000 [==============================] - 1s 15us/step - loss: 0.4744 - acc: 0.8637 - val_loss: 0.2686 - val_acc: 0.9234
Epoch 2/20
60000/60000 [==============================] - 1s 12us/step - loss: 0.2414 - acc: 0.9289 - val_loss: 0.2004 - val_acc: 0.9404
Epoch 3/20
60000/60000 [==============================] - 1s 12us/step - loss: 0.1871 - acc: 0.9452 - val_loss: 0.1578 - val_acc: 0.9521
Epoch 4/20
60000/60000 [==============================] - 1s 12us/step - loss: 0.1538 - acc: 0.9551 - val_loss: 0.1435 - val_acc: 0.9574
```

图8.10 中等深度的神经网络在训练时前4个周期的表现

下面让我们进一步分析图8.10所示的 model.fit( ) 方法的输出。

- 进度条显示了469批数据"轮流训练"的过程(参考图8.5)。
  ```
  60000/60000 [==============================]
  ```
- 1s 15us/step 表示在第1个周期中完成所有469批数据的训练需要1秒钟,每一批数据平均需要约15微秒。
- loss 显示了模型在训练数据集上的损失。在第1个周期,损失是0.4744,通过随机梯度下降和反向传播,可以显著减小损失,最终在第20个周期减小到0.0332。
- acc 显示了模型在训练数据集上的准确率。在第1个周期,准确率为86.37%,等到第20个周期时就已提升到99%以上。模型在训练数据集上的准确率过高往往会伴随过拟合问题,因此这未必是好事。
- 庆幸的是,我们的模型在验证数据集上的损失(val_loss)是下降的,在训练的最后5个周期稳定在0.08左右。

■ 与验证数据损失(val_loss)的降低相对应的是验证数据准确率(val_acc)的提升。如前所述,模型在验证数据集上的准确率最终稳定在97.6%左右,这与浅层网络86%的准确率相比已有很大的提升。

8.6 小结

本章介绍了很多基础知识。我们首先认识了损失函数,然后深入理解了参数的调整方法——随机梯度下降和反向传播,以此来最小化损失。在此过程中,我们介绍了几个超参数,包括学习率、batch size、总周期数、神经层层数和神经元数量,并指出了配置每个超参数的经验法则。在本章的最后一部分,我们利用学到的新知识构建了一个中等深度的神经网络,该神经网络在手写数字识别任务上大大优于以前的浅层网络。接下来,我们将学习一些提高神经网络稳定性的知识,进而构建和训练出更加可靠的深度学习模型。

8.7 核心概念

下面列出了到目前为止本书已经介绍的重要概念,本章新增的概念已用紫色标出。

■ 参数
  ■ 权重 w
  ■ 偏置 b
■ 激活值 a
■ 神经元
  ■ sigmoid 神经元
  ■ tanh 神经元
  ■ ReLU 神经元
■ 输入层
■ 隐藏层
■ 输出层
■ 神经网络层的类型

■ 全连接层
■ softmax 层
■ 损失函数
  ■ 平方损失(均方误差)函数
  ■ 交叉熵损失函数
■ 正向传播
■ 反向传播
■ 优化器
  ■ 随机梯度下降
■ 优化器超参数
  ■ 学习率 η
  ■ batch size

第9章
改进深度网络

在第6章中，我们详细介绍了人工神经元。在第7章中，我们将人工神经元连接在一起构成人工神经网络，人工神经网络通过正向传播传递输入 x 的信息，从而产生输出 $\hat{y}$。在第8章中，我们引入了损失函数来量化网络输出的预测值 $\hat{y}$ 与真实值 y 的误差，并借助随机梯度下降和反向传播来调整参数 w 和 b，使损失最小化。

在构建高性能神经网络时，我们会遇到各种问题。在本章中，我们将首先介绍这些常见问题以及一些用来解决它们的技术，然后使用这些技术搭建一个深度神经网络[①]。与前面章节中更简单和更浅的结构相比，我们在本章中搭建的识别手写数字的神经网络的性能将会有所提升。

9.1 权重初始化

在第8章中，我们介绍了神经元饱和的概念（参见图8.1），其中 z 值过低或过高都会降低神经元的学习能力。当时，我们使用交叉熵损失函数来解决这个问题。尽管它确实有效降低了神经元饱和的影响——当神经元发生饱和时，能够避免学习速度下降；但是请注意，将交叉熵损失函数与权重初始化结合使用，可以提前降低神经元饱和发生的可能性。正如我们在第1章中提到的，现代权重初始化技术为深度学习的重大飞跃提供了动力，是 AlexNet（参见图1.17）相比 LeNet-5（参见图1.11）具有里程碑意义的理论进步之一，极大拓宽了神经网络能够可靠解决问题的范围。在本节中，我们将尝试进行几次权重初始化，以帮助您感受它的影响力。

第8章在介绍神经网络的训练时，提到参数 w 和 b 是用随机值初始化的，这样网络一开始的预测值就会偏离真实值，从而导致较高的初始损失 C。我们不需要详细介绍如何使用随机值对上述参数进行合理的初始化，Keras 的后端引擎 TensorFlow 会帮助我们自动完成权重的初始化。然而讨论初始化还是值得的，因为这不仅可以让我们了解其是避免神经元发生饱和的一种方法，而且可以加深我们对神经网络训练过程的理解。尽管 Keras 能够选择良好的默认值（这是使用 Keras 的主要好处），但是根据我们的问题而更改默认的初始化值有时是必要的。

我们可以查看名为 Weight Initialization 的 Jupyter 文件。如下面的代码块所

---

① 回顾第4章，如果一个神经网络至少由3个隐藏层构成，则可以称之为深度神经网络。

示,依赖项是NumPy(用于数值计算)、matplotlib(用于绘图)和Keras库中的类,我们将在本节中详细介绍它们。

```
import numpy as np
import matplotlib.pyplot as plt
from keras import Sequential
from keras.layers import Dense, Activation
from keras.initializers import Zeros, RandomNormal
from keras.initializers import glorot_normal, glorot_uniform
```

当输入MNIST数字时,由于需要将28×28的像素矩阵拉伸为由784个元素组成的一维数组,因此在这个Jupyter文件中,我们模拟了784个像素作为单个全连接层的输入。关于全连接层中神经元的个数,我们选择了一个足够大的值——256,这样我们稍后在绘制一些图形时就有了足够的数据。

```
n_input = 784
n_dense = 256
```

现在进入本节的核心部分:网络参数w和b的初始化。在网络中输入训练数据进行训练之前,参数的初始值大小要合适,这有以下两个原因。

(1)绝对值过大的w和b值往往对应于绝对值过大的z值,从而容易出现神经元饱和(关于神经元饱和,见图8.1)的问题。

(2)绝对值过大的参数值表示网络认为x与y之间有很强的相关性,但是在模型接受训练之前,这种很强的相关性是没有任何道理的。

因此,我们选择从一个平衡且易学的起点开始训练。参数值为0看起来是一个很好的选择,考虑到这一点,在设计神经网络架构时,我们调用Zeros()方法来初始化全连接层中的神经元,即令$b = 0$:

```
b_init = Zeros()
```

读者可能觉得也应该用0来初始化网络权重w。实际上,这样做会产生严重的问题:如果所有的权重和偏置都为0,则网络中的隐藏层神经元将对给定的输入x进行相同的处理,对于每个权重而言,反向传播求得的梯度也都是一样的,从而更新后的权重也都相同,判断不出哪一个权重的变化可能会使损失C降低得更多。因此,用一系列不同的值来初始化权重会更有效率,以便每个神经元独特地对待给定的x,为网络输出合理的$\hat{y}$提供多个起点。

如前所述(例如对图7.5和图8.9的讨论),在普通网络中,绝大多数参数是权重,而偏置的个数相对较少。因此,将偏置初始化为0,而将权重初始化为与0接近的数是合理的,实际上这也是最常见的做法。要想生成一组接近0的随机数,一种简单的方法是从标准正态分布[①]中

---

① 正态分布也被称为高斯分布。因为正态分布的曲线呈钟形,所以人们常常称之为"钟形曲线"。特别地,标准正态分布是均值为0、标准差为1的正态分布。

采样,如例9.1所示。

例9.1 使用从标准正态分布中采样的数值进行权重的初始化

```
w_init = RandomNormal(stddev=1.0)
```

为了观察该权重初始化方法的影响,在例9.2中,我们设计了一个只有一个隐藏层的神经网络,该隐藏层是由sigmoid神经元组成的全连接层。

例9.2 只有一个隐藏层的神经网络

```
model = Sequential()
model.add(Dense(n_dense,
                input_dim=n_input,
                kernel_initializer=w_init,
                bias_initializer=b_init))
model.add(Activation('sigmoid'))
```

和之前一样,首先使用Sequential()方法实例化模型,然后通过调用add()方法构建一个具有以下参数的全连接层:

- 256个神经元(n_dense);
- 784个输入(n_input);
- 将kernel_initializer设置为w_init,以便使用我们期望的方法初始化网络权重,在本例中,是从标准正态分布中采样;
- 将bias_initializer设置为b_init,用0初始化偏置。

为了方便稍后更新代码,我们最后使用Activation('sigmoid')方法将sigmoid函数单独添加到了该隐藏层中。

建立网络后,使用NumPy的random()方法生成784个"像素值",这些像素值是在[0.0, 1.0)范围内随机采样的浮点数。

```
x = np.random.random((1,n_input))
```

随后,我们可以使用predict()方法,使输入x通过正向传播流经网络以输出激活值a:

```
a = model.predict(x)
```

最后,我们可以借助直方图来可视化激活值a[1]:

```
_ = plt.hist(np.transpose(a))
```

---

[1] 将函数返回值赋给下画线的代码(_ =)只执行绘图操作,而不关注绘图函数的返回值,这样可以保持Jupyter notebook文件的整洁。

　　由于先前使用random()方法生成输入值,因此您得到的激活值大小可能与我们的略有不同,但是数据分布应该大致相同,如图9.1所示。

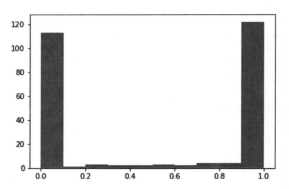

图9.1　激活值a的直方图,其中权重初始化采用标准正态分布初始化方式

　　参见图6.9,通过单层sigmoid神经元输出的激活值a的大小都在0~1范围内。但是由图9.1可知,这些激活值的分布不理想的地方在于,它们中的绝大多数处于0~1范围的两端,紧邻0或1。这表明若采用标准正态分布初始化方式,则会促使神经元产生绝对值较大的z值。

　　这种结果是我们不希望看到的,原因和本节前面提到的一致。

　　(1)这意味着该层中的绝大多数神经元是饱和的。

　　(2)这意味着在对网络进行任何训练之前,神经元就已经认为x与y有很大的相关性。

　　幸运的是,通过使用从其他分布中采样的数值来初始化网络权重,这个棘手的问题可以得到解决。

Glorot分布

　　Xavier Glorot和Yoshua Bengio[1](参见图1.10)设计了专门用于权重初始化的另外一类分布——Glorot分布[2],从该分布中采样可以使神经元输出绝对值较小的z值,所以这类分布得到了广泛使用。下面我们来验证一下。使用例9.3中的代码替换例9.1从标准正态分布中采样的代码,即可将网络权重改为使用从Glorot正态分布[3]中采样的数值进行初始化。

例9.3　使用从Glorot正态分布中采样的数值进行权重的初始化

```
w_init = glorot_normal()
```

[1]　Glorot, X., & Bengio, Y. (2010). Understanding the difficulty of training deep feedforward neural networks. *Proceedings of Machine Learning Research*, 9, 249-256.

[2]　Glorot分布也称为Xavier分布。

[3]　Glorot正态分布是一种截断的正态分布,这种分布以0为中心,标准差为$\sqrt{\dfrac{2}{n_{输入} + n_{输出}}}$,其中$n_{输入}$是前一层的神经元个数,$n_{输出}$是后一层的神经元个数。

通过重新运行名为Weight Initialization的Jupyter文件①,您可以观察激活值a的分布,如图9.2所示。

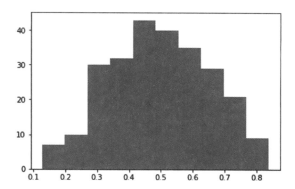

图9.2 激活值a的直方图,其中权重初始化采用Glorot正态分布初始化方式

与图9.1形成鲜明对比的是,通过一层sigmoid神经元输出的激活值a现在呈正态分布,平均值约为0.5,并且在极端值附近(小于0.1或大于0.9)只有很少的值,甚至没有值。这是一个训练神经网络的很好的起点,因为现在:

(1)几乎没有神经元饱和;

(2)神经元对x将如何影响y没有什么看法,在还未对网络进行任何训练之前,这是合理的。

关于权重初始化,存在一个令人困惑的深刻问题:如果我们希望一个仅由单个隐藏层构成的神经网络的激活值a服从正态分布,那么我们反而不应该从标准正态分布中采样。

除了Glorot正态分布之外,还有Glorot均匀分布②。在初始化权重时,这两种分布可以相互替代,选择其中任何一个都不会有什么不好的影响。将w_init设置为glorot_uniform(),即可实现从Glorot均匀分布中采样,建议您重新运行Jupyter文件,此时激活值a的直方图与图9.2应该几乎没有差别。

使用tanh(Activation('tanh'))或ReLU(Activation('relu'))替换例9.2中的sigmoid函数,再分别从Glorot均匀分布和标准正态分布中采样数值以进行权重的初始化,即可观察到不同的结果。如图9.3所示,无论选择哪种激活函数,使用标准正态分布输出的激活值a都会更极端。

---

① 单击Jupyter notebook菜单栏中的"Kernel"选项,然后选择"Restart & Run All",这样可以确保您完全重新开始,而不是重复使用上一次运行中的旧参数。

② 假设Glorot均匀分布的范围是$[-l, l]$,则$l = \sqrt{\dfrac{6}{n_{输入} + n_{输出}}}$。

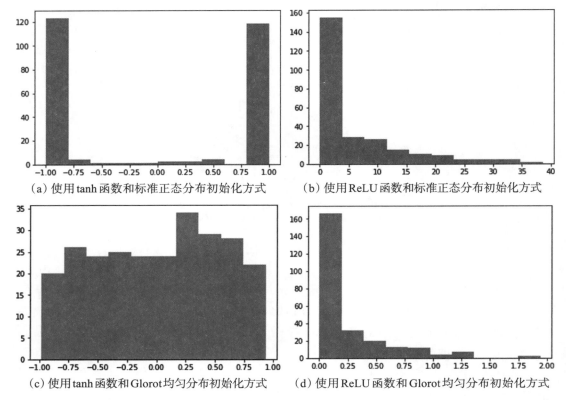

（a）使用tanh函数和标准正态分布初始化方式   （b）使用ReLU函数和标准正态分布初始化方式

（c）使用tanh函数和Glorot均匀分布初始化方式   （d）使用ReLU函数和Glorot均匀分布初始化方式

图9.3   当使用不同的激活函数（tanh函数或ReLU函数）和权重初始化方式（标准正态分布初始化方式或Glorot均匀分布初始化方式）时，由256个神经元组成的全连接层输出的激活值。请注意，虽然乍看起来图（b）和图（d）中的分布相似，但是采用标准正态分布初始化方式还可能产生较大的激活值（接近40），而采用Glorot均匀分布初始化方式产生的所有激活值均低于2

若想充分了解Keras中的参数初始化方式，您可以深入研究Keras库的文档。但是，正如我们所建议的，Keras通常默认使用0初始化偏置，并使用Glorot分布初始化权重。

Glorot初始化可能是最常用的权重初始化技术，但我们也有其他上佳的选择，例如He初始化和LeCun初始化。根据我们的经验，这些权重初始化技术的结果差异很小，通常难以察觉。

9.2   不稳定梯度

梯度不稳定是神经网络在训练过程中可能存在的又一问题，随着网络隐藏层数量的增加，这个问题会变得越来越明显。梯度不稳定问题又分为梯度消失和梯度爆炸两种情形。我们将在本节中依次介绍这两种情形，然后讨论解决这个问题的办法——批量归一化。

9.2.1   梯度消失

回想一下，如图8.6所示，我们可以计算网络的估预测 $\hat{y}$ 和真实值 y 的误差，并将损失 C

从输出层向输入层反向传播,然后以损失最小化为目标调整网络参数。在图8.2所示的三叶虫下山的例子中,每一个参数均按照损失函数对梯度成比例进行调整。例如,如果损失函数相对于某个参数的梯度较大且为正,则意味着该参数对损失的贡献很大,因此按比例减小参数能相应地降低损失。[①]

在最接近输出层的隐藏层中,参数和损失的关系最直接;隐藏层离输出层越远,参数与损失的关系就越间接和复杂。这种现象产生的影响是,当我们从最后一个隐藏层向第一个隐藏层反向传播时,损失函数相对于某些参数的梯度逐渐衰减甚至消失,权重更新就会愈发缓慢甚至停滞。结果如图8.8所示,隐藏层离输出层越远,学习速度就越慢。由于梯度消失问题,如果我们只是片面追求网络的深度,一味地向神经网络添加越来越多的隐藏层,最终将导致离输出层最远的隐藏层学习得非常慢甚至无法学习,从而削弱整个网络对于给定输入x学习输出并近似真实值y的能力。

9.2.2 梯度爆炸

虽然梯度爆炸相比梯度消失出现的概率要小得多,但是也存在某些网络架构(例如第11章介绍的循环神经网络)容易发生梯度爆炸问题。在这种情况下,随着损失C从最后一个隐藏层向第一个隐藏层反向传播,损失函数相对于某些参数的梯度变得越来越大,导致权重被更新到很大。与梯度消失问题一样,梯度爆炸会抑制整个神经网络的学习能力。

9.2.3 批量归一化

在神经网络训练过程中,前面层参数的更新将使得后面层输入数据的分布发生改变,于是后面层的参数需要重新学习,这种现象被称为内部协变量偏移。实际上,这正是训练的难点:一方面,为了增强网络对数据潜在分布的了解,我们希望模型参数发生变化;另一方面,随着前一层参数的变化,下一层的输入就可能偏离理想分布(即图9.2所示的正态分布)。下面正式介绍批量归一化[②]。具体操作是从前一层获取输出的激活值a并对其进行归一化:减去这批数据的均值,然后除以这批数据的标准差,就可以将激活值a的分布转换成均值为0、标准差为1的正态分布(参见图9.4)。此时,即便前一层中有任何极大或极小的值,它们也不会在下一层中引起梯度爆炸或梯度消失。此外,批量归一化还具有以下积极作用:

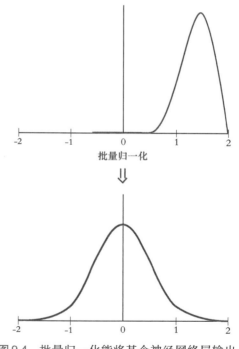

图9.4 批量归一化能将某个神经网络层输出的激活值的分布转换为标准正态分布

---

① 这一变化与当前梯度大小成反比,此外还与梯度乘以的系数——学习率η有关。

② Ioffe, S., & Szegedy, C. (2015). Batch normalization: Accelerating deep network training by reducing internal covariate shift. *arXiv*: 1502.03167.

- 由于前一层中的较大值不会过多地影响下一层的计算,因此批量归一化允许网络的每一层更独立地学习。
- 由于激活值在归一化后没有过大的值出现,因此我们可以使用更大的学习率,从而使网络可以更快地学习。
- 批量归一化使用批数据的均值和标准差代替整个训练集的均值和标准差,这使得均值和标准差带有微小的噪声(尤其是对于较小的batch size),进而使得归一化后的数值也有微小的噪声。正因为如此,批量归一化同时具有正则化效果(正则化是一项技术,它能够在很大程度上提高网络的泛化性能,详见9.3节)。

应用批量归一化的层会额外添加两个可学习参数:γ(gamma)和β(beta)。批量归一化的最后一步,是通过乘以γ并加上β(其中γ类似于标准差,β类似于均值)来对经过归一化的激活值进行线性变换(您可能会注意到,这是对激活值进行归一化的逆变换!)。激活值最初通过批数据的均值和标准差进行归一化,而γ和β是通过SGD学习得到的。若我们对神经网络层应用批量归一化,并且令归一化参数$\gamma = 1$和$\beta = 0$,则在训练开始时,此线性变换对标准化后的结果不会做任何改变;不过,随着不断地学习,网络会判断对各层的激活值进行批量归一化是否能够降低损失,如果批量归一化并没有什么效果,网络将逐层停止使用批量归一化机制。因为γ和β都是连续型变量,所以网络以损失最小化为目标来决定对归一化后的激活值进行线性变换的程度。

9.3　模型泛化(避免过拟合)

在第8章中,我们提到模型在训练了一些周期之后,就会出现训练损失仍然在下降,而测试损失(在之前的训练周期中可能下降得很好)开始增加的现象。我们称这种现象为过拟合。

下面我们通过图9.5来介绍过拟合的概念。请注意,在图9.5的每幅子图中,沿x轴和y轴散布着相同的数据点。我们可以想象,这些点一般都服从一些潜在的分布,它们可以看作从潜在分布中抽取的采样点。我们的目标不仅仅是简单生成一个可以从表面上解释x和y之间关系的模型,更重要的是,我们的模型也要能近似这些数据点的原始分布。这样,从原始分布中采样的新数据点也将能够适应这个模型,而不是只契合我们已经观测的点。

在图9.5左上方的子图中,我们使用了只有一个参数的模型,该模型仅限于将给定的数据拟合到一条直线。[1]可以看出,这条直线不足以描述整个数据集的分布:误差(由直线和数据点之间的垂直距离表示)很大,并且该模型不能很好地推广到新数据中。换句话说,因为模型不够复杂,所以大多数数据点没有和直线拟合。在图9.5右上方的子图中,我们使用了一个有两个参数的模型,该模型将给定数据拟合为一条抛物线。[2]我们发现,使用该模型之后,误差相对于之前的单参数模型要小得多,并且该模型看起来也能够很好地推广到新数据中。

在图9.5左下方的子图中,我们构造了一个参数比数据点还多的模型。通过使用这个模型,数据点都完美地处于拟合出来的曲线上,训练损失降低为0。在图9.5右下方的子图中,绿色的点表示采样自原始分布的新数据点,这些数据点在训练模型的过程中未被使用,因此

---

① 这样就建立了线性模型,这是两个变量之间最简单的回归形式。
② 我们在高中数学课本中学过的二次函数。

可以用来测试模型。虽然完全消除了训练损失，但是该模型无法很好地拟合测试数据，这会导致较大的测试误差。这个模型出现了我们所说的过拟合问题，对于只拟合训练数据来说，该模型虽然十分理想，但却没有很好地捕捉 x 和 y 的潜在关系；相反，由于过于了解训练数据的特征，该模型反而对尚未观测到的数据表现不佳。

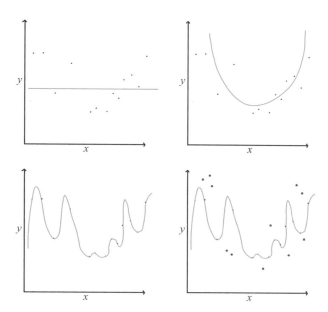

图 9.5　对给定的输入 x 使用具有不同数量参数的模型拟合 y。左上方子图：单参数模型不足以拟合数据。右上方子图：双参数模型画出的抛物线很好地拟合了 x 和 y 的关系。左下方子图：多参数模型容易过拟合，无法很好地推广到新数据（在右下方子图中用绿色的点表示）中

　　回顾例 5.6 中的 3 行代码，想想我们是如何构建具有 50 000 多个参数的浅层神经网络的（参照图 7.5 所示的模型摘要表）。深度学习架构通常具有数百万个参数，这不足为奇。[1] 搭建具有如此大量参数的网络，而训练样本只有数千个，这很可能是导致严重过拟合的一个重要原因。[2] 为了利用深层、复杂的网络体系结构，即使手头没有大量数据，我们也仍然可以使用专门为减少过拟合而设计的技术来训练模型。在本节中，我们将介绍其中 3 种较为流行的技术：L1/L2 正则化、dropout 和数据增强。

9.3.1　L1/L2 正则化

　　在除了深度学习以外的机器学习中，普遍使用 L1 或 L2 正则化来减少过拟合现象。这两项技术（分别被称为 LASSO[3] 回归和岭回归）都会在模型的损失函数中加入与模型参数直接相关的项，当模型在训练过程中包含过多或过大的参数时，就会受到相应的惩罚。注意，只有对于减小模型预测值与真实值之间的误差具有突出贡献的那些参数才会被模型保留，换句话说，冗余无关的参数将被抛弃。

---

① 事实上，在第 10 章您就会遇到带有数千万个参数的模型。
② 可以将这种情况标注为 $n \gg p$，这表示样本个数远远大于参数个数。
③ 英文全称为 Least Absolutely Shrinkage and Selection Operator。

L1正则化和L2正则化的区别在于L1的损失增加量与各参数的绝对值之和相关,而L2的增加量与各参数的平方之和相关。这样做的最终结果是:L1正则化趋向于导致模型中既有比较大的参数也有比较小的参数,而L2正则化趋向于导致模型中有很多很小的参数。

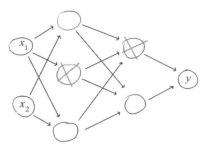

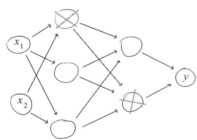

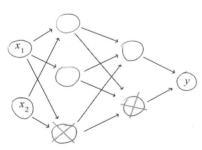

图9.6　dropout是一项能够避免模型过拟合的技术,这项技术是通过在每一轮训练中随机丢弃隐藏层中的神经元来实现的。这里以使用dropout机制的3个周期的训练为例

9.3.2　dropout

　　L1和L2正则化可以很好地减轻深度学习模型中的过拟合,但是深度学习从业者倾向于使用神经网络特有的正则化技术dropout,这项技术是由多伦多大学的Geoff Hinton(参见图1.16)与其同事一同开发的[1],并因为用在他们构建的AlexNet架构(参见图1.17)中而闻名。

　　图9.6展示了为防止过拟合而设计的简单但功能强大的dropout算法的工作原理。简而言之,在每一轮训练中,dropout机制都会以指定的概率随机丢弃隐藏层中的部分神经元。为了说明这一点,我们以3个周期的训练为例。[2] 对于每一个周期,我们随机丢弃隐藏层中指定比例的神经元。具体来说,对于网络中的第1个隐藏层,我们将丢弃三分之一(约33.3%)的神经元。对于第2个隐藏层,我们将丢弃二分之一(50%)的神经元。下面让我们来看看图9.6所示的训练过程。

　　(1)在图9.6顶部的子图中,第1个隐藏层的第2个神经元和第2个隐藏层的第1个神经元被随机丢弃。

　　(2)在图9.6中间的子图中,第1个隐藏层的第1个神经元和第2个隐藏层的第2个神经元被随机丢弃。网络对于之前训练过程中随机丢弃了哪些神经元是没有"记忆"的,第2轮丢弃的神经元与第1轮丢弃的神经元一般不尽不同,这种现象仅仅是偶然的。

　　(3)在图9.6底部的子图中,第1个隐藏层的第3个神经元第1次被丢弃。同第2轮训练一样,这里仍随机丢弃了第2个隐藏层的第2个神经元。

　　在先前的学习中,我们知道批量归一化技术能将参数值的大小控制在0附近,与之不同的是,dropout并没有直接限制参数值的大小。但尽管如此,dropout仍是一种非常有效的正则化技术,它使得训练数据集的某些本地化特征(可理解为采集到的数据集分布与真实总体分布不一致)很难

---

① Hinton，G.，et al.（2012）. Improving neural networks by preventing co-adaptation of feature detectors. *arXiv*: 1207.0580.

② 如果对一批训练数据随机梯度下降的训练过程还不熟悉,请参考图8.5。

通过网络创建过度特殊化的正向传播路径，因为在任何给定的训练批次中，该路径上的神经元随时可能被随机删除，从而最终可以防止任何单个神经元在网络中太过重要，模型也就不会过度依赖数据中的某些特定特征，进而生成良好的预测。

在测试使用dropout技术训练的神经网络模型时，我们必须首先进行一些额外的操作。在测试过程中，我们希望利用全部神经元，但问题是，在训练过程中，我们只使用了一部分神经元来通过网络正向传播x和预测值$\hat{y}$。如果我们现在利用所有神经元对输入x进行正向传播，最后得到的$\hat{y}$究竟代表什么就会令人感到困惑：测试时的参数与训练时相比多很多，经过所有数学运算之后的数值也将比训练时大很多。为了解决这个问题，在测试时我们必须相应地降低参数值的大小。比如在训练过程中，如果设定某个隐藏层以50%的概率丢弃神经元，那么在测试之前，我们需要将该层的参数乘以0.5。再举一个例子，在训练过程中若设定某个隐藏层以33.3%的概率丢弃神经元，则必须在测试之前将该层的参数乘以0.667。[1]幸运的是，Keras会自动为我们进行参数调整。但是，当我们工作在其他深度学习库（例如较底层的TensorFlow）中时，我们可能需要自己进行这些调整。

如果您熟悉集成学习方法（通过训练多个模型来解决相同的问题，并将它们结合起来以获得更好的结果），例如使用多个随机决策树生成一个随机森林，那么对于您来说可能已经很明显，dropout机制的作用就是构造这样一个组合模型。具体来说，在每一个周期的训练中，都会随机创建一个子网络并更新其参数值。在训练结束时，所有这些子网络的参数值都会反映在最终网络的参数值中。这样，最终的网络就可以看作所有这些子网络的集成。

与学习率和mini-batch size（在第8章中曾进行过讨论）一样，在设计网络架构时与dropout相关的因子——dropout参数也是超参数。关于要对哪些层应用dropout以及要应用多少层，以下经验法则可供参考。

- 如果您的网络过拟合训练数据（也就是说，当训练损失下降时，测试损失开始增加），那么可以在网络中使用dropout技术。
- 即使您的网络没有明显过拟合训练数据，在网络中添加一些dropout（尤其是在训练后期添加）也有可能提高测试准确性。
- 对网络中的所有隐藏层添加dropout可能会造成滥用。如果您的网络有一定深度，那么仅对网络中后面的层应用dropout技术就足够了（离输入层较近的隐藏层可以提取数据中一些丰富的低维基础特征，这是百利而无一害的）。为了对此进行验证，您可以首先只将dropout技术应用于最后一个隐藏层并观察这是否足以减轻过拟合；如果没有效果，则继续添加dropout到倒数第二个隐藏层，观察结果，依此类推。
- 如果您的网络正在努力降低测试损失或者在dropout参数减小时测试损失就会有所降低，那么代表您设置的dropout参数过大——请适当减小！与其他超参数一样，dropout参数也是有平衡点的。

---

[1] 换句话说，如果一个给定的神经元在训练过程中被保留的概率是P，那么在对模型进行测试之前，我们需要将该神经元的参数乘以P。

■ 关于一个给定层的dropout参数应设为多少,由于对于每个网络都不尽相同,因此我们需要进行试验。根据我们的经验,在机器视觉应用中,隐藏层随机丢弃20%～50%的神经元往往会达到最高的测试准确性;在自然语言应用中,单个单词和短语可以传达特定的意义,我们发现,在给定的隐藏层中只随机丢弃20%～30%的神经元往往是最佳的。

9.3.3 数据增强

本小节介绍减少过拟合的第3种方法——扩充训练数据集(也就是进行数据增强)。针对正在处理的特定建模问题,如果可以廉价地收集其他高质量的训练数据,那么您立马就会去收集。在训练过程中提供给模型的数据越多,模型拥有的泛化能力就越强。

在许多情况下,收集新数据有各种各样的阻碍。尽管如此,我们还是有可能通过变换现有数据来生成新的训练数据,从而人为地扩展训练数据集。例如,对于MNIST数字,有许多不同类型的转换操作能产生优良的手写数字训练样本,例如:

■ 图像扭曲;
■ 图像模糊;
■ 将图像平移几个像素;
■ 在图像中加入随机噪声;
■ 稍微旋转图像。

事实上,正如Yann LeCun(参见图1.9)的个人网站上所说明的,许多在MNIST测试集上表现优良的分类器利用了这种人为扩展训练数据集的方法。①

9.4 理想的优化器

到目前为止,我们在本书中仅使用了随机梯度下降(SGD)这一种优化器。尽管SGD表现良好,但是研究人员已经设计出更精巧的方法来改进它。

9.4.1 动量

研究人员对SGD所做的第一个改进是为其引入动量。下面是关于具体工作原理的一个形象类比:让我们想象现在是冬天,勇敢的三叶虫正从一个雪坡滑下。如果遇到一个局部极小值(如图8.7中间的子图所示),则三叶虫因滑下光滑雪坡而产生的动量会使其继续保持滑动,并且可以轻松越过该局部极小值点。也就是说,先前一次反向传播的梯度影响了这一次的反向传播。

我们首先为每个参数计算梯度的指数加权平均值,并在训练的每一步中用它来更新权重。当使用动量法时,有一个额外的超参数β(beta),它的取值范围是0～1,它控制着指数加权平均值中包含多少先前的梯度。β值越小,当前梯度更新就会受到越早之前的梯度的影响,这个值太小是没有意义的;三叶虫当然也不希望之前的陡坡继续在很大程度上影响它的速度,因为它已经接近终点了。因此,我们通常会使用较大的β值,比如$\beta = 0.9$就比较合理。

① 在第10章中,我们将借助Keras中的数据增强技术变换和增强热狗图像,从而扩展训练数据集。

9.4.2 Nesterov 动量

Nesterov 动量是对动量法做了改进的一种方法。在这种方法中,我们使用动量项更新参数,并找到参数未来位置的一个近似值,这相当于快速浏览动量可能带我们去的位置。然后,我们考虑计算这个位置的梯度,并用这两个梯度来指导我们的方向。换句话说,三叶虫突然意识到自己下坡时的速度,因此考虑到这一点,三叶虫猜测自身的动量有可能会将它带到哪里,然后在到达那里之前调整行进路线。

9.4.3 AdaGrad

尽管前两种方法都改善了 SGD,但缺点是它们都对所有参数使用单一的学习率 η。想象一下,我们是不是可以为每个参数配置一个单独的学习率,从而使那些已经达到最佳值的参数减慢或停止学习,而使那些远离最佳值的参数可以继续学习。这正是我们将在本节中继续讨论的其他优化器可以实现的目标,它们分别是 AdaGrad、AdaDelta、RMSProp 和 Adam。

AdaGrad 这个名称来源于"adaptive gradient"。[1] 在 AdaGrad 方法中,每个参数都有自己的学习率,大小取决于参数表示的特征的重要性。这种方法对于处理稀疏数据尤为有用:对于稀疏数据中那些呈现特征的部分,我们希望其参数得到较大的学习更新。我们可以通过计算每个参数过去所有梯度的平方和,并用学习率 η 除以其平方根来为每个参数指定不同的学习率。AdaGrad 包含一个参数 ϵ(epsilon),它是一个用于防止分母等于 0 的平滑项,我们可以放心地保持其为默认值[2]($\epsilon = 1 \times 10^{-8}$)。

AdaGrad 的一个显著优势在于减少了学习率 η 的手动调节,通常您只需要将其设置为默认值($\eta = 0.01$)即可。AdaGrad 的一个相当大的缺点是:过去所有梯度的平方和会随着训练过程而变大,最终导致每个参数对应的学习率小得不切实际,学习基本上也就停止了。

9.4.4 AdaDelta 和 RMSProp

与动量法的设定方式类似,AdaDelta 通过采用计算指数加权移动平均值的思路解决了 AdaGrad 的分母不断变大的问题。[3] AdaDelta 还消除了 η 项,因此不需要再配置学习率。[4]

RMSProp(Root Mean Square Propagation)是由 Geoff Hinton(参见图 1.16)开发的,提出

① Duchi, J., et al. (2011). Adaptive subgradient methods for online learning and stochastic optimization. *Journal of Machine Learning Research*, 12, 2121-2159.
② AdaGrad、AdaDelta、RMSProp 和 Adam 出于相同的目的而使用 ϵ,在所有这些方法中,我们都可以将其保留为默认值。
③ Zeiler, M.D. (2012). ADADELTA: An adaptive learning rate method. *arXiv*: 1212.5701.
④ 这是通过一个巧妙的数学技巧来实现的,这里不再赘述。然而,您可能会注意到,在借助 Keras 和 TensorFlow 实现 AdaDelta 时仍然有一个学习率参数。在此情况下,建议您将 η 保持为 1,也就是不进行缩减,同时也建议您不使用任何其他有可能修改学习率的函数。

的时间和 AdaDelta 发布的时间差不多。[1] RMSProp 的工作原理与 AdaDelta 相似，只是保留了学习率 η。RMSProp 和 AdaDelta 都涉及一个额外的超参数 ρ（rho），即衰减率，它类似于动量法中的 β。对于这两个优化器涉及的超参数值的大小，建议在使用 AdaDelta 和 RMSProp 时 $\rho = 0.95$，而在使用 RMSProp 时 $\eta = 0.001$。

9.4.5 Adam

Adam（Adaptive moment estimation）是我们在本节中将要讨论的最后一个优化器，同时它也是本书中最常使用的优化器。Adam 建立在之前优化器的基础之上[2]，它在本质上是 RMSProp 算法，但有两处例外。

（1）根据每个参数过去的梯度计算一个指数加权平均值（这是梯度的一阶矩，可以看成梯度的均值[3]），作用是更新参数，而不是更新参数在这一点上的实际梯度。

（2）训练刚开始时梯度容易被计算并修正为 0，利用偏差修正技巧可为梯度计算人为地添加一个偏置项。

Adam 有两个关于 β 的超参数，它们分别用于计算两个指数加权平均值的衰减率，建议默认情况下 $\beta_1 = 0.9, \beta_2 = 0.999$。Adam 默认学习率 $\eta = 0.001$，建议您保持默认值不变。

因为 RMSProp、AdaDelta 和 Adam 非常相似，所以它们可以在类似的模型中互换使用，尽管偏差修正可能有助于 Adam 在以后的训练中表现更好。虽然这些新型优化器很流行，但有时仍然很有必要使用简单的带动量（或 Nesterov 动量）的 SGD，因为 SGD 在某些情况下可能表现更好。您可以尝试使用不同的优化器进行试验，观察哪一种最适合您的任务和模型架构。

9.5　用 Keras 构建深度神经网络

现在可以着手构建深度神经网络了！通过学习本章，我们已经掌握了足够的知识来设计和训练一个深度神经网络。如果您想查看本节的代码，请打开名为 Deep Net in Keras 的 Jupyter 文件。相对于构建浅层网络和中等深度网络的 Jupyter 文件（请参考例 5.1 和例 8.1），我们有两个额外的依赖项，即例 9.4 中的 Dropout 和 BatchNormalization。

例9.4　Deep Net in Keras 的两个额外依赖项

```
from keras.layers import Dropout
from keras.layers.normalization import BatchNormalization
```

加载和预处理 MNIST 数据集的方式与之前相同。但从例 9.5 开始，构建深度神经网络架构的步骤将会有所不同。

---

[1] RMSProp 尚未写成论文发表，而是由 Hinton 在课程 "Neural Networks for Machine Learning" 的第 6 讲中首次提出。

[2] Kingma, D.P., & Ba, J. (2014). Adam：A method for stochastic optimization. *arXiv*：1412.6980.

[3] 另一个指数加权平均值是根据每个参数过去梯度的平方得到的，这是梯度的二阶矩，可以看成梯度的方差。

例9.5 Deep Net in Keras的模型架构

```
model = Sequential()

model.add(Dense(64, activation='relu', input_shape=(784,)))
model.add(BatchNormalization())

model.add(Dense(64, activation='relu'))
model.add(BatchNormalization())

model.add(Dense(64, activation='relu'))
model.add(BatchNormalization())
model.add(Dropout(0.2))

model.add(Dense(10, activation='softmax'))
```

和之前一样,我们实例化了一个序列模型对象。但是,在添加第1个隐藏层之后,我们还添加了BatchNormalization()。这样做并不是又添加了一个神经网络层,而是对之前层(第1个隐藏层)输出的激活值 a 进行批量归一化。和第1个隐藏层一样,我们为第2个隐藏层也添加了BatchNormalization()。因为创建的是深度神经网络,所以我们进一步添加了第3个隐藏层,它由64个ReLU神经元组成,并且也进行了批量归一化,这个隐藏层与此同时还应用了dropout技术,在每个周期的训练中丢弃该层五分之一(0.2)的神经元。这个深度神经网络的输出层与之前一样。

如例9.6所示,相对于中等深度的网络,这里唯一的变化是我们使用的优化器从SGD变成了Adam(optimizer ='adam')。

例9.6 Deep Net in Keras的模型编译

```
model.compile(loss='categorical_crossentropy',
              optimizer='adam',
              metrics=['accuracy'])
```

请注意,我们不需要为Adam优化器设置任何超参数,因为Keras会自动将它们设置成合理的默认值。对于我们讨论的其他优化器,您在Keras(以及TensorFlow)库中也可以轻松调用它们。您可以在线查阅这些库的文档,以准确了解操作方法。

当调用fit()方法时[1],我们发现网络性能有所提升:使用中等深度的网络,验证准确率稳定在97.6%左右;与之相比,经过15个周期的训练,我们的深度神经网络达到了97.87%(参见图9.7)的验证准确率,此外还使中等深度网络已经很小的错误率减少了11%。若想使错误率更低,则需要加入专门用来解决机器视觉问题的神经网络层,详情我们将在第10章中介绍。

---

[1] 这个步骤与名为Intermediate Net in Keras的Jupyter文件中的完全相同,参见例8.3。

```
Epoch 15/20
60000/60000 [==============================] - 1s 23us/step - loss: 0.0288 - acc: 0.9906 - val_loss: 0.0865 - val_acc: 0.9787
Epoch 16/20
60000/60000 [==============================] - 1s 22us/step - loss: 0.0246 - acc: 0.9919 - val_loss: 0.0880 - val_acc: 0.9767
```

图9.7 经过15个周期的训练后,深度神经网络的验证准确率超过了之前的浅层网络和中等
深度网络,达到了97.87%。由于网络初始化和训练的随机性,在相同的架构下,您可能获得
与我们相差无几但又不尽相同的精度

9.6 回归

我们在第4章中讨论有监督学习问题时,曾提到学习任务大体可以分为分类和回归两类。在本书中,几乎所有的模型都用于解决分类问题。但是在本节中,我们将重点介绍神经网络如何完成回归任务,也就是说,我们要对连续型变量进行回归预测。回归问题的例子包括预测股票的未来价格、明天的降雨量和某一产品的预期销售量等。在本节中,我们将利用一个经典数据集构建神经网络模型,该模型用来预测20世纪70年代马萨诸塞州波士顿的住房价格。

例9.7导入了依赖项,其中我们唯一不熟悉的是boston_housing数据集。借助Keras,我们可以方便地从网上加载和获取该数据集。

例9.7 回归模型的依赖项

```python
from keras.datasets import boston_housing
from keras.models import Sequential
from keras.layers import Dense, Dropout
from keras.layers.normalization import BatchNormalization
```

加载数据的过程同之前加载MNIST数据集一样简单。

```python
(X_train, y_train), (X_valid, y_valid) = boston_housing.load_data()
```

通过查看X_train和X_valid的shape参数,我们可以看到该数据集有404个训练样本和102个验证样本。这些样本中涵盖了波士顿不同郊区的房屋信息,包括建筑年龄、平均房间数量、犯罪率、当地学生与教师的比例等13种数据。[①] 目标变量是每个位置的房价中位数(以千美元计),用 y 表示。例如,训练集中第一个样本的房价中位数为15 200美元[②]。

例9.8展示了我们为预测房价而搭建的神经网络。

例9.8 回归模型的网络架构

```python
model = Sequential()

model.add(Dense(32, input_dim=13, activation='relu'))
model.add(BatchNormalization())
```

---

① 您可以通过参考如下文章来了解有关这些数据的更多信息:Harrison, D., & Rubinfeld, D. L. (1978). Hedonic prices and the demand for clean air. *Journal of Environmental Economics and Management*, 5, 81-102.

② 运行y_train[0]将输出15.2。

```
model.add(Dense(16, activation='relu'))
model.add(BatchNormalization())
model.add(Dropout(0.2))

model.add(Dense(1, activation='linear'))
```

由于只有 13 个输入值和几百个训练样本,因此如果网络的每一层都有大量神经元,那么效果势必很差。因此,我们设计的网络只有两个隐藏层,并且它们分别只有 32 个和 16 个神经元。同时,我们还使用了批量归一化和 dropout 技术以避免过拟合。最为关键的是,在预测一个连续型变量时,我们需要将输出层的激活函数设置为'linear'。该激活函数将直接输出 z,因此网络的预测值 $\hat{y}$ 可以是任何数,而不必是取值范围为 $[0,1]$ 的概率(当我们使用 sigmoid 或 softmax 函数时,输出的是概率)。

在编译模型时(参考例 9.9),我们对于回归任务专门做的另一个调整是使用均方误差(MSE)代替交叉熵(loss ='mean_squared_error')。到目前为止,我们在本书中只使用了交叉熵损失函数,该损失函数是专门为分类问题设计的。在分类问题中,$\hat{y}$ 表示的是概率。对于回归问题,当输出的不是概率时,我们将改用 MSE[1]。

例 9.9 编译一个回归模型

```
model.compile(loss='mean_squared_error', optimizer='adam')
```

您可能已经注意到,本次编译我们忽略了准确率这一指标。我们这么做是因为计算准确率在这里没有意义,这个指标(正确分类样本的百分比)只在分类任务中有用,它在预测连续型变量时毫无用处。[2]

训练模型(如例 9.10 所示)这一步与之前的分类问题相比没有什么区别。

例 9.10 拟合一个回归模型

```
model.fit(X_train, y_train,
          batch_size=8, epochs=32, verbose=1,
          validation_data=(X_valid, y_valid))
```

我们训练了 32 个周期,因为根据我们对这种模型的经验,进行更多个周期的训练也不会降低测试损失。改变 batch size 超参数只会带来精度的微小提升,所以我们没有花时间来调整它。

在训练回归模型的过程中,第 22 个周期的验证损失降到了最低(25.7)。但是到了最后一个周期(第 32 个周期),验证损失已经增加到 56.5(为了比较,我们额外计算了第 33 个周期

---

① 还有其他适用于回归问题的损失函数,例如平均绝对误差(Mean Absolute Error,MAE)和 Huber 损失。本书没有介绍它们,我们认为 MSE 应该足以为您所用。
② 一般来说,计算准确率是为了让您对模型的性能放心。模型本身是从损失而不是准确率中学习,记住这一点对您也很有帮助。

的验证损失,此时验证损失已增加到56.6)。在第11章中,我们将演示如何保存每个周期训练后的模型参数,以便稍后可以重新加载性能最佳的版本,但是目前我们只能使用最后一个周期得到的相对糟糕的参数。如果想查看给定一些输入数据后,模型对房价预测的具体示例,您可以通过运行例9.11[①]中的代码来实现。

例9.11 预测波士顿某郊区房价的中位数

```
model.predict(np.reshape(X_valid[42], [1, 13]))
```

模型最终输出了验证数据集中波士顿第43个郊区房价中位数的预测值($\hat{y}$),约为20 880美元,而实际价格的中位数(y,可以通过运行y_valid[42]得到)为14 100美元。

9.7 TensorBoard

当评估模型在各个训练周期的性能时,以数字方式读取单个结果可能既枯燥又耗时,特别是在模型已经训练许多个周期后,就像在运行例9.10中的代码后所做的那样。TensorBoard(参见图9.8)可以解决这个问题,它是一个使用方便的可视化工具,可以用于

- 实时可视化地跟踪模型性能;
- 回顾历史模型的性能;
- 比较用于训练相同数据的各种模型架构和超参数的性能。

一般在安装TensorFlow的过程中,系统同时也会自动安装TensorBoard,您可以浏览TensorFlow网站以获取TensorBoard的启动和运行说明。TensorBoard简单易用,我们来看一个例子。我们的名为Deep Net in Keras的Jupyter文件适用于基于UNIX的操作系统(包括macOS)。

(1)如例9.12所示,按如下方式更改您的Python代码[②]。

    a 从keras.callbacks中导入TensorBoard依赖项。

    b 实例化一个TensorBoard对象(这里将其命名为tensorboard),参数log_dir用于指定日志文件的保存位置,这里指定为一个新的、独特的目录(名为deep-net),在执行代码的过程中,会有一些日志被存入这个目录。

```
tensorboard = TensorBoard(log_dir='logs/deep-net')
```

    c 将TensorBoard对象tensorboard作为回调参数传递给fit()方法。

```
callbacks = [tensorboard]
```

(2)打开终端,运行以下命令[③]:

```
tensorboard --logdir='logs/deep-net' --port 6006
```

(3)在Google Chrome浏览器或Firefox浏览器中输入"localhost:6006"。

---

① 注意,我们需要使用NumPy的reshape()方法将验证数据集中的第43个样本变换为形如[1,13]的列向量。

② 它们被保存在名为Deep Net in Keras with TensorBoard的Jupyter文件中。

③ 注意,我们指定了与TensorBoard对象tensorboard相同的日志保存位置。由于为日志目录指定了相对路径而不是绝对路径,因此我们必须在与名为Deep Net in Keras with TensorBoard的Jupyter文件相同的目录下运行tensorboard命令。

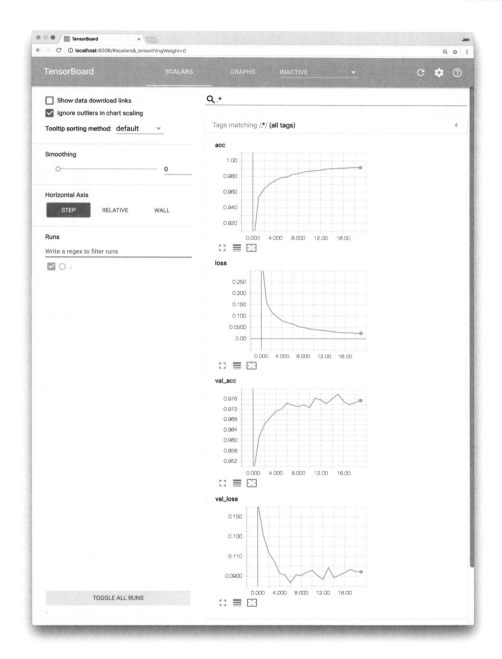

图 9.8   TensorBoard 使您能够在各个训练周期内，直观地跟踪模型的训练数据损失（loss）和
训练数据准确率（acc）以及验证数据损失（val_loss）和验证数据准确率（val_acc）

例 9.12   **在借助 Keras 拟合模型时使用 TensorBoard**

```
from keras.callbacks import TensorBoard
tensorboard = TensorBoard('logs/deep-net')
model.fit(X_train, y_train,
          batch_size=128, epochs=20,
```

```
verbose=1,
validation_data=(X_valid, y_valid),
callbacks=[tensorboard])
```

只要遵循上述步骤或在其他操作系统中执行类似的过程，您应该就能在浏览器中看到类似图9.8所示的内容。基于此，您可以直观地跟踪任何给定模型的训练数据集和验证数据集的损失和准确率，这些指标会随着训练周期的增加而变化。性能跟踪是TensorBoard的主要用途之一，除此之外，TensorBoard还有许多其他功能，例如可视化神经网络的静态图和可视化模型权重的分布。您可以通过阅读TensorBoard文档或自行探索来了解这些附加功能。

9.8　小结

在本章中，我们讨论了神经网络构建过程中的常见问题，以及将这些问题对模型性能的影响降至最小的策略。通过运用本书到目前为止介绍的所有理论，我们搭建了一个真正的深度学习网络，并通过训练这个网络得到了MNIST手写数字分类任务到目前为止最高的准确率。虽然当给定一些输入x时，这种深度全连接神经网络可以近似真实值y，但是对于特定问题来说，这种网络却可能不是最有效的选择。在本书接下来的第Ⅲ部分，我们将介绍其他的神经网络层和深度学习方法，它们在特定任务上表现出色，例如机器视觉、自然语言处理、艺术品生成和玩游戏。

9.9　核心概念

下面列出了到目前为止我们已经介绍的重要概念，本章新增的概念已用紫色标出。
- 参数
  - 权重w
  - 偏置b
- 激活值a
- 神经元
  - sigmoid神经元
  - tanh神经元
  - ReLU神经元
  - linear神经元
- 输入层
- 隐藏层
- 输出层
- 神经网络层的类型：
  - 全连接层
  - softmax层
- 损失函数
  - 平方损失（均方误差）函数
  - 交叉熵损失函数
- 正向传播
- 反向传播
- 不稳定梯度（特别是梯度消失）
- Glorot权重初始化
- 批量归一化
- dropout
- 优化器
  - 随机梯度下降
  - Adam
- 优化器超参数
  - 学习率η
  - batch size

第Ⅲ部分
深度学习的交互应用

第 10 章　机器视觉
第 11 章　自然语言处理
第 12 章　生成对抗网络
第 13 章　深度强化学习

第10章
机器视觉

亲爱的读者，欢迎来到第Ⅲ部分，我们将在此部分学习更多特殊的深度学习算法。回顾本书前两部分：第Ⅰ部分介绍了深度学习的广泛应用；第Ⅱ部分解释了深度学习的基本概念，通过运行示例代码，我们还熟悉了一些专业领域问题的解决方法。在本章中，我们将学习卷积神经网络并将其应用到机器视觉中。第Ⅲ部分其余各章的内容如下：

- 第11章介绍用于自然语言处理的循环神经网络；
- 第12章介绍用于视觉创作的生成对抗网络；
- 第13章介绍用于在复杂变化的环境下进行序列化决策的深度强化学习。

10.1 卷积神经网络

卷积神经网络(也称为ConvNet或CNN)是一种人工神经网络,它具有一个或多个卷积层,卷积层使得深度学习模型能够有效地处理图像里的空间模式。卷积层的这种特性为何能让CNN有效地运用于计算机视觉? 在接下来的内容中您将找到答案。

10.1.1 视觉图像的二维结构

在之前涉及手写MNIST数字的代码例子中,我们将图像数据转换成了一维数组,以便将其输入全连接隐藏层。举例来说,我们可以将28×28像素的黑白图像转换为具有784个元素的一维数组。[1] 尽管这个步骤是必要的,但将二维图像拉伸成一维数组会对重要的图像结构造成破坏。当我们在纸上写一个数字时,您不会单纯地认为它是一个从左上角到右下角的连续线性像素序列。例如,对于一个MNIST数字,如果使用由784个像素值组成的灰色线条来表示的话,您肯定无法认出这个数字。人类以二维形式[2]感知图像信息,我们辨认图像的能力与图像形状、颜色之间的空间关系密切相关。

10.1.2 计算复杂度

在机器识别图像的过程中,我们首先考虑的因素是图像的结构——降维会导

---

① 将像素值除以255是为了把所有的值限制在[0,1]范围内。
② 我们暂且不考虑三维形式。

致图像失去其二维结构,其次考虑的因素是指图像传输到全连接网络时的计算复杂度。对于较小的28×28像素的MNIST图像,它们只有一个通道(channel),因为MNIST数字是黑白的。如果是彩色图像,则至少需要3个通道,通常是红色、绿色和蓝色通道。若将MNIST图像信息传递到一个全连接层,该层中的每个神经元将对应有785个参数:784个权重和1个偏置。如果处理的是中等大小的图像,比如200×200像素的RGB①彩色图像,那么参数的数量会急剧增加。在这种情况下,我们将有3个彩色通道,每个通道有40 000个像素值,相应的全连接层中的每个神经元则有120 001个参数②。就算全连接层中只有64个神经元,仅第一个隐藏层的参数就有将近800万个③。当图像只有200×200像素时,图像的大小仅为0.4MP④,而大多数智能手机都有12MP或成像水平更高的摄像头。虽然一般情况下,即使图像不是高分辨率的,机器也可以识别它们;但有一点我们要清楚,就是图像可以包含大量的数据点,如果用全连接的方式使用这些数据点,神经网络对计算能力的要求将大到无法满足。

10.1.3 卷积层

卷积层包含一系列卷积核,卷积核又名滤波器。每个卷积核都是一个小窗口,可从左上角向右下角扫描整个图像,我们称这个过程为滤波器卷积(参见图10.1中的卷积操作说明)。

卷积核是由权重组成的,权重是通过反向传播来学习的。卷积核的大小有很多种,其中3×3大小的卷积核比较典型⑤,我们在本章的例子中使用的就是这种大小的卷积核。对于黑白MNIST数字,这种3×3像素的窗口将由3×3×1=9个权重组成,总共有10个参数(就像全连接层中的神经元一样,每个卷积核也都有一个偏置b)。

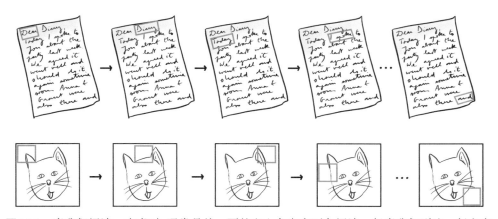

图10.1 当我们阅读一本书时,通常是从一页的左上角向右下角阅读。每当我们到达一行文字的末尾时,就进入下一行,最终我们会到达右下角,从而阅读这一页上的所有文字。与之类似,卷积层中的卷积核从给定图像左上角的小像素窗口开始,从左向右、从上往下依次扫描,直至最终到达图像的右下角,从而扫描完图像中的所有像素值

---

① 彩色图像所需的红色、绿色和蓝色通道。
② 200×200(图像的像素大小)×3(颜色通道的数量)+1(偏置的数量)= 120 001(参数的数量)。
③ 64(神经元的数量)×120 001(每个神经元拥有的参数数量)= 7 680 064≈800万。
④ MP代表百万像素。
⑤ 另一种典型的卷积核大小是5×5。

0.01	0.09	0.22
−1.36	0.34	−1.59
0.13	−0.69	1.02

·

0.53	0.34	0.06
0.37	0.82	0.01
0.62	0.91	0.34

卷积核权重值　　　　　　　　　　　输入像素值

图10.2　3×3大小的卷积核和3×3像素的窗口

相比之下,如果我们处理的是彩色图像,那么覆盖同样多像素的卷积核的权重个数将是原来的3倍,即3×3×3=27个权重,也就是一共有28个参数。如图10.1所示,使用卷积核对图像进行卷积时,每一次卷积操作只占据图像的一小块。为了方便解释,我们选择3×3大小的卷积核,在正向传播期间,我们将用到如下本书中最重要的公式:$w{\cdot}x + b$(参见图6.7)。参考图10.2,将3×3像素的窗口作为输入x,并将3×3大小的卷积核作为权重w。接下来我们具体介绍一下$w{\cdot}x$的计算过程,我们可以把整个计算过程想象成将卷积核叠加在像素值上,先将对应位置的元素相乘,再将这些值相加,进而得出结果,如下所示:

$$
\begin{aligned}
w{\cdot}x &= 0.01 \times 0.53 + 0.09 \times 0.34 + 0.22 \times 0.06 \\
&\quad + (-1.36) \times 0.37 + 0.34 \times 0.82 + (-1.59) \times 0.01 \\
&\quad + 0.13 \times 0.62 + (-0.69) \times 0.91 + 1.02 \times 0.34 \\
&= -0.3917
\end{aligned}
\tag{10.1}
$$

根据式(7.1),将上面得到的结果加上偏置b(例如,0.20)即可得到z值:

$$
\begin{aligned}
z &= w{\cdot}x + b \\
&= -0.39 + b \\
&= -0.39 + 0.20 \\
&= -0.19
\end{aligned}
\tag{10.2}
$$

将得到的z值输入激活函数(比如tanh函数或ReLU函数),便可以计算出激活值a。

相对于第6章和第7章中神经元的数学运算,这里的基本运算没有任何改变:卷积过程涉及权重、输入值和偏置,我们可以根据式(10.1)和式(10.2)求得z值,接着把z值传入非线性函数以产生激活值。所不同的是,这里并不是为每个输入都安排一个单独的权重,而是借助卷积核中的3×3=9个权重来进行计算,并且这些权重不会随着卷积操作施加位置的改变而改变,如此一来,卷积层的权重个数就可以比全连接层的权重个数少好几个数量级。另一个重点是,与输入一样,该层所有的激活值都将以二维数组形式输出,这一点我们稍后再做介绍。

10.1.4　多个卷积核

通常,一个卷积层中会有多个卷积核,卷积核使得网络能够以一种独特的方式在给定层上学习数据的表示形式。类似于Hubel和Wiesel在生物视觉系统中使用的简单神经元(参见图1.5),如果网络的第一个隐藏层是卷积层,那么这个隐藏层可能包含一个对垂直线非常敏感的卷积核。因此,每当网络对输入图像中的垂直线进行卷积操作时,就会产生一个较大的激活值a。这个隐藏层中的其他卷积核可以卷积其他简单的空间特征,如水平线和颜色转换(参见图1.17左下角的子图)。当卷积核在扫描过程中遇到特定的图案、形状或颜色时,就会产生较大的激活值,从而确定某特征的位置。可以说,卷积核充当了记号笔的角色,利用产生的二维激活值数组,我们可以标记出原始图像中某特征的位置。因此,卷积核也被称为过滤器,卷积核的输出又被称为激活图。

　　类似于生物视觉系统中的各层(参见图1.6),后面的卷积层又会接收前面的激活图作为其输入值。在卷积神经网络从输入层到输出层的方向上,卷积层中的卷积核会对这些简单特征的复杂组合做出响应,从而学习到越来越抽象的空间特征,并最终建立起囊括从简单的线条和颜色到复杂的纹理和形状的层次结构(参见图1.17底部的子图)。这样靠近输出的神经网络层就有能力识别整个对象了,比如区分大丹犬的图像和约克夏犬的图像。

　　和全连接层中神经元的数量一样,卷积层中卷积核的数量是需要我们自行设置的一个超参数。与本书已经介绍的其他超参数一样,卷积核的数量也是有最佳值的。下面是我们针对特定问题总结的一些经验法则。

- 卷积核的数量越多越有助于识别更复杂的特征,但是太多的卷积核会使计算效率降低,因此我们应该根据数据的复杂性和解决的问题选择恰当数量的卷积核。

- 如果一个神经网络有多个卷积层,则不同卷积层之间的最优卷积核数可能差异很大。靠近输入的层识别简单特征,而靠近输出的层识别这些简单特征的复杂组合。当学习本章后面的卷积神经网络代码时,我们将看到机器视觉的一项常规操作:相较于靠近输入的卷积层,靠近输出的卷积层应该设置更多的卷积核。

- 为了最大程度地降低计算的复杂性,在保证验证数据损失处于低水平的同时,我们要尽可能使用最少数量的卷积核。但如果将给定层中的卷积核数量成倍增加(例如,从32个卷积核增加到64个卷积核,再增加到128个卷积核)可以显著降低模型的验证数据损失,则可以考虑使用更多的卷积核;如果将给定层的卷积核数量成倍减少(例如,从32个卷积核减少到16个卷积核,再减少到8个卷积核)没能让模型的验证数据损失变得更大,那就使用数量更少的卷积核。

10.1.5　卷积示例

　　卷积层与本书第Ⅱ部分介绍的较为简单的全连接层有很大的区别,因此,为了帮助您理解像素值和卷积核相互作用而生成特征图的方式,我们将利用图10.3～图10.5详细地展示卷积过程并且附带数学公式。首先,假设我们正在处理一张3×3像素大小的RGB图像。在Python中,这些数据存储在3×3×3的数组中,如图10.3顶部的两个子图所示。[①]

　　图10.3的第2排子图显示了像素值数组,图像的四周都用零填充。稍后我们将讨论更多有关填充的知识,但现在您只需要知道:填充是为了确保生成的特征图与输入数据具有相同的维度。图10.3的第3排子图显示了每个颜色通道的权重矩阵。如果我们选择一个大小为3×3的卷积核,并且假设输入图像有3个颜色通道,那么权重矩阵将是一个3×3×3的数组,偏置为0.2。卷积核的当前位置由每个像素值数组上的小窗口表示,现在,我们计算激活值矩阵中第一个位置的 z 值:首先根据式(10.1)算出3个颜色通道的总加权和,然后根据式(10.2)为得到的总加权和加上偏置0.2,得到结果2.64。

　　接下来的处理如图10.4所示,将卷积核滑动到下一个位置,也就是将小窗口整体向右移动一个像素。和图10.3一样,根据式(10.1)和式(10.2)计算 z 值,然后将计算结果填到激活值矩阵中的第二个位置,如图10.4右下角的子图所示。

---

① 大家都知道这棵树的RGB示意图肯定包含9个以上的像素,但是我们这里假设这只是一张3×3像素的彩色图像,因为像素太多的话,我们就无法进行简单的说明和推导了。

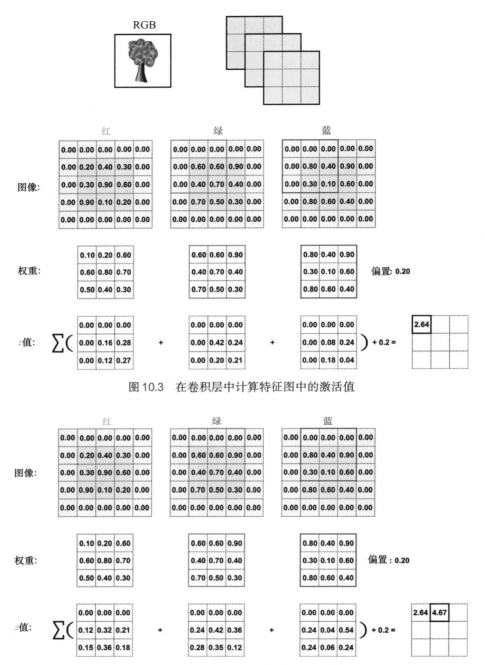

图 10.3　在卷积层中计算特征图中的激活值

图 10.4　下一次卷积操作对应的激活值的计算过程

　　将卷积核逐步滑动,对每个可放置卷积核的位置重复上述过程,便可得到图10.5右下角所示的3×3计算结果图(共9个 z 值)。为了将计算结果图转换为相应的3×3激活值矩阵,我们需要利用激活函数(如 ReLU 函数)处理每个 z 值。因为单个卷积层总是具有多个卷积核,而每个卷积核都会产生自己的二维激活值矩阵,所以激活值矩阵还有一个额外的维度——深度。也就是说,激活值矩阵一般有 3 个维度:高度和宽度表示二维激活值矩阵的大小,深度表示卷积核的数量。由于这里的深度类似于RGB图像中3个颜色通道所代表的"深度",

因此这里的深度一般被称作卷积层的输出通道数。每个卷积核都能识别某种类型的特征，例如特定方向上的边缘。[①] 图 10.6 展示了从输入图像到计算出激活值矩阵的整个过程，其中的卷积层有 16 个卷积核，因而可以生成深度为 16 的激活值矩阵。

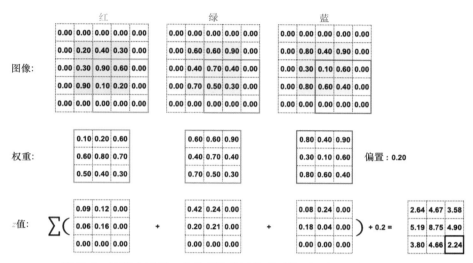

图 10.5　计算出最后一个卷积核位置的激活值，得到整个激活值矩阵

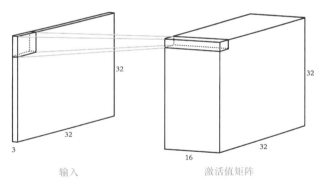

图 10.6　左图表示输入图像的像素数组(这里是分辨率为 32×32 的三通道 RGB 图像，卷积核窗口当前在左图左上角的位置)，右图表示激活值矩阵。卷积层有 16 个卷积核，因而最后将生成一个深度为 16 的激活值矩阵。特定卷积核在输入图像上进行卷积时占据的每个位置都对应激活值矩阵中的一个激活值

　　在图 10.6 中，卷积核位于输入图像的左上角，这对应于激活值矩阵左上角的 16 个激活值：16 个卷积核中的每个卷积核都有一个激活值。按照从左往右、从上到下的顺序对输入图像中的所有像素进行卷积，即可得到激活值矩阵的所有值。

　　如果 16 个卷积核中的第 1 个卷积核能够对垂直线做出正确响应[②]，则激活值矩阵的第 1

---

① 图 1.17 通过真实的例子展示了不同深度的卷积层的单个卷积核如何检测特征。例如，在第 1 个卷积层中，大多数卷积核用于检测特定方向上的直线。

② 请注意，不管输入图像是单色的(只有一个颜色通道)还是彩色的(拥有 3 个颜色通道)，每个卷积核都只能输出一个激活图切片。如果只有一个颜色通道，则按照式(10.1)计算这个颜色通道的输入加权和。如果有 3 个颜色通道，则计算所有 3 个颜色通道上输入的总加权和，如图 10.3～图 10.5 所示。但无论使用的是哪种方式(再加上卷积核的偏置并将 z 值传入激活函数进行运算)，在每个卷积核卷积的每个位置都只会产生一个激活值。

个通道将在输入图像中包含垂直线的所有区域给出较大值。如果第2个卷积核能够对水平线做出正确响应,则激活值矩阵的第2个通道将在输出图像中包含水平线的所有区域给出较大值。这样,激活值矩阵的16个卷积核便可以表示出16个空间特征。[1]

> 　　学习深度学习的读者常常想知道卷积核的权重从何而来。在本小节的示例中,所有参数值均已给出。但是,在真实的卷积层中,权重和偏置最初都是随机值(参见第9章),然后通过反向传播进行学习,这与全连接层中学习权重和偏置的方式十分类似。和第1章介绍的例子很相似,深度卷积神经网络中最浅的卷积层识别的特征都较为简单,例如特定方向上的直线,而更深的卷积层则能识别诸如人脸、钟表或狗等目标。Jason Yosinski 与其同事制作的一个4分钟视频生动地展示了不同深度的卷积层中卷积核的不同功能。我们强烈建议您去看一看。

现在我们来回顾一下卷积层的基本特征。

- 卷积层让深度学习模型能够以一种固定的模式识别特征,单个卷积核可以在输入数据中的任何位置识别某种特定的特征。
- 卷积层保留了图像的二维结构,从而使深度学习模型能够在空间范围内识别图像的特征。
- 卷积层显著减少了图像识别所需的参数个数,从而提高了计算效率。

综上,卷积层可以更精准地执行机器视觉任务(如图像分类)。

10.1.6　卷积核的超参数

相较于全连接层,卷积层不是全连接的,权重不会将输入的每个像素连接到第1个隐藏层中的每个神经元。如下超参数用来指定与给定卷积层关联的权重和偏置的数量。

- 卷积核的大小。
- 卷积核的步长。
- 填充像素的个数。

卷积核的大小

到目前为止,在本章的所有示例中,卷积核的大小(也被称为滤波器大小或感受野[2])都是3×3(宽为3像素,高为3像素)。在机器视觉的众多卷积神经网络例子中,卷积核通常会被设置成这么大,我们发现这样设置后得到的结果很不错。5×5的卷积核也很流行,7×7一般来说已经是常见的最大尺寸。尽管感受野越大,获得的图片信息越多,提取的特征也越好,但是太大的卷积核会导致计算量暴增,计算性能也会降低,从而导致卷积层无法有效学习。但是卷积核太小(例如2×2)也不行,因为模型将难以提取到有用的特征。

卷积核的步长

卷积核的步长是指卷积核在图像上每次滑动的距离。在前面的卷积层示例中(参见图10.3～图10.5),我们将卷积核的步长设置成了1,步长为2也很常见,但很少设为3。那么

---

① 如果对卷积核计算的演示感兴趣,强烈推荐您观看 Andrej Karpathy(参见图14.6)发布的作品。
② 感受野是生物神经科学中的术语。

该如何设定卷积核步长的大小呢？一方面,若步长较大,则卷积核有可能跳过图像中有价值的区域,从而遗漏可供提取的特征,无法建立最优模型;另一方面,若步长较小,则需要进行大量的计算,导致模型的学习速度变慢。与以往的深度学习一样,我们需要找到能取得最优平衡的那个步长,通常建议将步长设置为1或2,最好别超过3。

填充像素的个数

接下来是填充的问题。对输入图像进行边缘填充后,卷积核同样以固定的步长在填充后的图像上滑动,这样可以保持卷积层有序地进行计算。假设我们有一幅28×28像素的MNIST手写数字图像和一个5×5大小的卷积核。当步长为1时,卷积核需要在原始图像上进行24×24=576次位置的移动,因此输出的激活值矩阵会比输入矩阵稍小一点。如果我们想生成与输入图像大小完全相同的激活值矩阵,则可通过用零填充图像边缘来实现(参见图10.3~图10.5)。对于一幅28×28像素的图像,使用5×5大小的卷积核,在这幅图像的每个边缘填充两排零之后,将输出28×28大小的激活值矩阵。激活值矩阵的大小可以使用以下公式来计算:

$$激活值矩阵的大小 = \frac{D - F + 2P}{S} + 1 \qquad (10.3)$$

其中:

- D 为输入图像的大小(至于表示的是宽度还是高度,取决于想要计算激活值矩阵的宽度还是高度);
- F 为卷积核的大小;
- P 为填充像素的个数;
- S 为卷积核的步长。

这样,当设定填充像素的个数为2($P=2$)时,便可以计算出激活值矩阵的大小为28×28。

$$激活值矩阵的大小 = \frac{D - F + 2P}{S} + 1$$
$$= \frac{28 - 5 + 2 \times 2}{1} + 1 = 28$$

考虑到卷积核的大小、步长与填充像素个数之间相互关联的本质,我们在设计卷积神经网络时需要提前确定这些超参数组合关系。也就是说,超参数必须组合恰当,以使得到的激活值矩阵的大小为整数。例如,若卷积核的大小为5×5、步长为2、无填充,则根据式(10.3)可以计算出激活值矩阵的大小为12.5×12.5。

$$激活值矩阵的大小 = \frac{D - F + 2P}{S} + 1$$
$$= \frac{28 - 5 + 0 \times 2}{2} + 1 = 12.5$$

由于激活值矩阵的大小必须是整数,因此这样的超参数设置是无效的。

10.2 池化层

在机器视觉神经网络中,另一个常用层是池化层,池化层能与卷积层协同工作。池化层的作用是减少网络参数并降低模型的复杂性,从而加快计算速度,避免过拟合。

如前所述,一个卷积层可以包含任意数量的卷积核。每个卷积核则对应激活值矩阵(大小可根据式(10.3)来计算)的一个通道,卷积层输出的激活值矩阵可以用一个三维数组(其中的维度分别代表宽度、高度和深度)来表示。宽度和高度表示激活值矩阵的大小,深度对应卷积层中卷积核的数量。池化层的功能就是缩小这些激活值矩阵的宽度和高度,同时完整地保留其深度。

与卷积层类似,池化层也需要确定卷积核的大小和步长。卷积核将在池化层的输入矩阵上滑动,选取感受野内的最大值(最大池化层选取最大激活值,平均池化层选取平均值),因此在每个位置都会执行下采样操作。选取最大值是池化层最常见的操作,这样的池化层被称为最大池化层(参见图10.7)。[1] 通常,池化层的卷积核大小为2×2、步长为2。[2] 在这种情况下,池化层在每个位置扫描4个激活值,但仅保留其中的最大值,于是激活值的数量减少为原来的1/4。这种池化操作对激活值矩阵的每个通道来说是独立的,例如,深度为16的28×28大小的激活值矩阵经池化层后,将变成深度为16的14×14大小的激活值矩阵,深度不会发生改变。

降低池化层计算复杂度的另一种方法是使用步长较大的卷积核[参见式(10.3)中卷积核的步长与激活值矩阵大小的关系]。这对某些特定的机器视觉任务可能会很方便,这些任务在没有池化层的情况下往往表现得更好,稍后在第12章的生成对抗网络中这会有所体现。最后,您可能好奇反向传播期间池化层中会发生什么:网络找到每次正向传播中最大值的索引位置并将其记录下来,以使该索引位置权重的梯度可以正确地反向传播并更新参数。通俗地讲,考虑到最大池化,在正向传播中,对于最大池化层的输入,只有最大激活值位置的信息会被传递给下一层,而其他位置的激活值都被舍弃掉;反向传播中也一样,只把梯度传递给已经记录下来的那些最大激活值的索引位置,而对其他位置的激活值不更新参数,我们的目的就是不断更新最大激活值所在位置的权重。

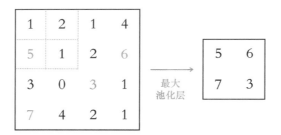

大小为4×4的激活值矩阵　　　　大小为2×2的激活值矩阵

图10.7 对4×4大小的激活值矩阵进行最大池化处理。就像卷积层一样,卷积核在输入矩阵上从左向右、从上往下滑动。池化层使用2×2大小的卷积核,仅保留4个输入值中的最大值(例如,左上角2×2阴影线方格中标记的橙色"5"将被保留)。在使用2×2大小的卷积核进行卷积后,最大池化层的输出矩阵仅为输入矩阵大小的四分之一,最终得到一个2×2大小的激活值矩阵

---

[1] 也存在其他的池化类型,例如平均池化、L2-范数池化。因为最大池化层在应用于机器视觉领域时表现尚佳,同时需要极少的计算资源(比如计算平均值就比计算最大值更复杂),所以相比其他池化类型,最大池化最常见。

[2] 我们通常使用大小为2×2、步长为2的卷积核进行最大池化。但是,卷积核的大小和步长都是超参数,我们可以根据需要对它们进行试验校正。

10.3　用Keras实现LeNet-5

回顾图1.11，在介绍深度学习的层次结构时，我们还讨论了机器视觉领域里程碑式的网络架构LeNet-5。在本节中，我们将使用Keras构建MNIST手写数字识别模型。基于现代方法，我们对Yann LeCun与其同事于1998年构建的LeNet-5进行了一些改进。

- 由于当今硬件的计算效率比那时高得多，我们可在卷积层中使用更多卷积核：在第1和第2卷积层中分别使用32和64个卷积核，而原始的LeNet-5中分别只有6个和16个。
- 同样由于计算能力的增强，我们仅对激活值矩阵进行了一次最大池化处理，而LeNet-5进行了两次。[①]
- 添加了ReLU函数和dropout等新技术，而这些技术在LeNet-5提出时尚未开发出来。

如果想进行代码实现，请参考名为LeNet in Keras的Jupyter文件。如例10.1所示，相较于之前的Jupyter文件(第9章介绍的名为Deep Net in Keras的Jupyter文件)，我们新导入了3个模块。

例10.1　导入LeNet in Keras所需模块

```
import keras
from keras.datasets import mnist
from keras.models import Sequential
from keras.layers import Dense, Dropout
from keras.layers import Conv2D, MaxPooling2D # new!
from keras.layers import Flatten #new!
```

其中，Conv2D和MaxPooling2D模块分别用于构建卷积层和最大池化层；Flatten模块用于将输入"展平"，也就是把多维输入变成一维。等到之后构建网络架构时，我们将会解释这样做的原因。

接下来，我们加载MNIST数据的方式与之前所有涉及手写数字分类的文件的加载方式完全相同(参见例5.2)。所不同的是，以前我们是将图像数据直接从二维展平成一维并输入全连接层(参见例5.3)，然而在基于LeNet-5的网络中，第1个隐藏层是卷积层，因此我们可以将图像保留为28×28像素的格式，如例10.2所示。[②]

例10.2　保留二维图像的形状

```
X_train = X_train.reshape(60000, 28, 28, 1).astype('float32')
X_valid = X_valid.reshape(10000, 28, 28, 1).astype('float32')
```

继续使用astype()函数将数字从整型转换为浮点型，以便将它们归一化至0～1范围(如例5.4所示)。另外，和以前一样，将整数标签y转换为独热编码形式(如例5.5所示)。

[①] 可能是由于计算成本越来越低，不那么频繁地使用池化层已经是深度学习的普遍趋势。

[②] 对于传入Keras的Conv2D()层的任何数组，都需要扩展到第4维度以表示通道数。鉴于MNIST数字的单色性质，我们使用1作为传递给reshape()的第4维参数。若输入的是全彩色图像，我们将有3个颜色通道，第4维参数应为3。

数据载入和预处理工作完成后，即可构建基于LeNet-5的网络架构，如例10.3所示。

例10.3　基于LeNet-5的CNN

```
model = Sequential()

#第1卷积层:
model.add(Conv2D(32, kernel_size=(3, 3), activation='relu',
                 input_shape=(28, 28, 1)))

#第2卷积层, 包含池化和dropout:
model.add(Conv2D(64, kernel_size=(3, 3), activation='relu'))
model.add(MaxPooling2D(pool_size=(2, 2)))
model.add(Dropout(0.25))
model.add(Flatten())

#全连接层, 没有dropout:
model.add(Dense(128, activation='relu'))
model.add(Dropout(0.5))

#输出层:
model.add(Dense(n_classes, activation='softmax'))
```

本书中以前涉及的所有MNIST手写识别网络都是全连接网络，仅由神经元的全连接层组成。在这里，我们使用卷积层（Conv2D）作为前两个隐藏层[1]，这两个卷积层的配置如下。

- 第1和第2卷积层的卷积核数量分别为32、64。
- 卷积核的大小为3×3。
- 激活函数为ReLU函数。
- 默认步长为1像素（沿着垂直和水平方向）。我们可以通过修改传递给Conv2D()的strides参数来指定步长。
- 使用默认填充方式——padding= "valid"，也就是不填充：根据式（10.3），若步长为1，则激活值矩阵的宽高就会比输入矩阵小2像素（例如，28×28像素的输入图像将被缩成26×26的激活值矩阵）。若指定参数padding="same"，则表示使用零填充输入图像的边缘，输出的激活值矩阵将与输入图像保持相同的大小（例如，28×28像素的输入图像会导致生成28×28的激活值矩阵）。

在第2个隐藏层中，我们添加了一些其他操作。[2]

---

① 这里选择使用Conv2D()层是因为我们要对二维输入图像进行卷积。在第11章中，我们将使用Conv1D()层对一维序列（一般为文本字符串）进行卷积。Conv3D()层也存在，但不在本书的讨论范围之内，Conv3D()层适用于在3个维度上执行卷积运算，例如对三维医学图像进行卷积操作。

② 池化层、Dropout层、Flatten层则不是由人工神经元组成的，因此它们不会像全连接层和卷积层那样被视为深度学习网络中独立的隐藏层。但尽管如此，它们也仍然会对数据进行有意义的操作。就像添加神经元层一样，我们可以使用Keras的add()方法将它们包含在模型的体系结构中。

- MaxPooling2D()用于降低计算复杂度。参考图10.7中的示例,通过将池化窗口的大小设置为2×2,并且设置strides=None(这表示将步长设置为默认值,此时步长值等于池化窗口的大小),可将输入矩阵的大小减至原来的1/4。
- Dropout()用于降低过拟合的风险。
- Flatten()用于将Conv2D()输出的三维激活值矩阵展平为一维数组,这时激活值才可以作为输入传给只能接收一维数组的全连接层。

正如本章前面所讲,网络中的卷积层学会了表示图像数据中的空间特征。第1卷积层学习简单特征,例如特定方向上的直线,第2卷积层则将这些简单特征重新组合为更抽象的特征。我们在网络中将全连接层作为第3个隐藏层的原因是,全连接层允许第2卷积层识别的空间特征以最有利于图像分类的方式重新组合(全连接层本身没有空间方向感)。换句话说,这两个卷积层学会识别并标记图像中的空间特征,然后将这些空间特征输入一个全连接层,该全连接层直接将这些空间特征映射到特定类别的图像。例如,若输入的数字为3,则可以通过全连接层将空间特征映射到数字3而不是类似的数字"8"。在这种方式下,可以认为卷积层就是特征提取器。全连接层接收提取的特征作为输入,而不是将原始图像作为输入。

为了再次避免过拟合,可以将Dropout()应用于全连接层,并最终结束于Softmax输出层。在之前与MNIST手写数字识别相关的所有文件中,使用的输出层都是Softmax层。最后,可以通过调用model.summary()输出CNN架构的摘要,如图10.8所示。

```
Layer (type)                 Output Shape              Param #
=================================================================
conv2d_1 (Conv2D)            (None, 26, 26, 32)        320

conv2d_2 (Conv2D)            (None, 24, 24, 64)        18496

max_pooling2d_1 (MaxPooling2  (None, 12, 12, 64)       0

dropout_1 (Dropout)          (None, 12, 12, 64)        0

flatten_1 (Flatten)          (None, 9216)              0

dense_1 (Dense)              (None, 128)               1179776

dropout_2 (Dropout)          (None, 128)               0

dense_2 (Dense)              (None, 10)                1290
=================================================================
Total params: 1,199,882
Trainable params: 1,199,882
Non-trainable params: 0
```

图10.8 基于LeNet-5的卷积神经网络架构的摘要。注意,每一层中的None维度代表的是batch size(即随机梯度下降中的mini-batch size)的占位符。因为batch size在之后的model.fit()方法中会被指定,所以此处暂时使用None

下面首先分析图10.8中的"Output Shape"列。

- 第1卷积层conv2d_1接收28×28像素的MNIST手写数字图像。由于使用选定的卷积核超参数[包括卷积核(有时也称为滤波器)的大小、步长和填充像素的个数],该层将输出 26×26 大小的激活值矩阵[大小可根据式(10.3)来计算]。[①]在 32 个卷积核的作用下,最终生成深度为 32 的激活值矩阵。

■ 第 1 卷积层输出的大小为 26×26×32 的激活值矩阵则作为第 2 卷积层的输入。卷积核超参数未更改,因此激活值矩阵再次被缩小,现在的大小是 24×24。然而,由于该层有 64 个卷积核,因此激活值矩阵的通道个数是原来的两倍。

■ 如前所述,最大池化层的池化窗口大小为 2×2、步长为 2,数据流通过网络后,就会在宽度和高度两个维度上各减小一半尺寸,从而产生大小为 12×12 的激活值矩阵。激活值矩阵的深度不受池化的影响,输出通道数不变,仍为 64。

■ Flatten 层将三维的激活值矩阵展平为具有 9216 个元素的一维数组。[②]

■ 全连接的隐藏层包含 128 个神经元,因此输出一个包含 128 个激活值的一维数组。

■ Softmax 输出层由 10 个神经元组成,因此分别输出 MNIST 手写数字可能为 0~9 的 10 个概率值 $\hat{y}$。

接下来继续分析图 10.8 中的"Param # "列。

■ 第 1 卷积层具有 320 个参数。
  ■ 288 个权重:32 个滤波器×每个滤波器 9 个权重(3×3 大小的滤波器×1 个通道)。
  ■ 32 个偏置值:每个滤波器对应一个偏置值。

■ 第 2 卷积层具有 18 496 个参数。
  ■ 18 432 个权重:64 个滤波器×每个滤波器 9 个权重×每个滤波器接收的来自上一层的 32 个滤波器的输出作为输入。
  ■ 64 个偏置值:每个滤波器对应一个偏置值。

■ 全连接层具有 1 179 776 个参数。
  ■ 1 179 648 个权重:来自上一层输出的展平后的 9216 个输入×全连接层中的 128 个神经元。[③]
  ■ 128 个偏置值:全连接层中的每一个神经元对应一个偏置值。

■ 输出层具有 1290 个参数。
  ■ 1280 个权重:来自上一层的 128 个输入×输出层中的 10 个神经元。
  ■ 10 个偏置值:输出层中的每一个神经元对应一个偏置值。

整个卷积神经网络总共有 1 199 882 个参数,其中约 98.3%的参数与全连接层有关。

可以通过调用 model.compile( )方法来编译模型。同样,也可以通过调用 model.fit( )方法来训练模型。[④]采用最佳训练周期数的结果如图 10.9 所示。之前训练的最佳结果是从 Deep Net in Keras 中获得的,MNIST 手写数字验证集的准确率为 97.87%。但是在这里,基于 LeNet-5 的 ConvNet 架构的验证准确率达到了 99.27%。这相当了不起,因为 CNN 消除了深

---

① 激活值矩阵的大小 $= \dfrac{D-F+2P}{S} + 1 = \dfrac{28-3+2\times 0}{1} + 1 = 26$。

② $12 \times 12 \times 64 = 9216$。

③ 注意,全连接层的参数比卷积层多两个数量级!

④ 这些步骤与之前文件中的大致相同,只有总周期数不同,因为我们发现验证数据损失在第 9 个周期后就不再减少了,所以这里将训练周期数减少到了 10。

度网络剩余错误中约65.7%[1]的错误,即便识别难度最大的图片也被成功识别了。

```
Epoch 9/10
60000/60000 [==============================] - 39s 654us/step - loss: 0.0276 - acc: 0.9911 - val_loss: 0.0260 - val_acc: 0.9927
```

图10.9　经过9个周期的训练后,基于LeNet-5的ConvNet架构的验证准确率达到99.27%的峰值,
这已经超过本书前面全连接神经网络的验证准确率

10.4　用Keras实现AlexNet和VGGNet

基于LeNet-5我们得到了例10.3所示的架构,此架构包含两个卷积层和一个最大池化层,这在卷积神经网络中是很常见的。如图10.10所示,在把卷积层(通常为1～3个)与池化层组合在一起后,将形成一个"卷积-池化"模块。CNN架构从输入层开始,先经过多个卷积-池化模块,再经过一个或多个全连接隐藏层,最后以输出层结束。

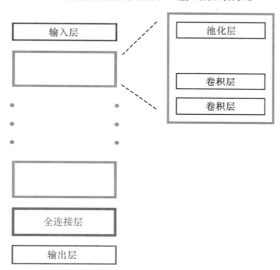

图10.10　设计CNN的一般方法:一个由卷积层(通常为1～3个)和池化层(通常为1个)
组成的"卷积-池化"模块(在图中用红色显示)被重复多次,接下来为一个或多个全连接层

2012年,Alex凭借AlexNet模型成为计算机视觉竞赛的赢家,开创了深度学习的新时代。AlexNet(参见图1.17)同样运用了卷积-池化模块(参见图10.10)。在名为AlexNet in Keras的Jupyter文件中,我们可以使用例10.4所示的代码来实现AlexNet架构[2]。

例10.4　基于AlexNet架构的CNN模型

```
model = Sequential()
```

#第1个卷积-池化模块:

---

[1]　$1 - (100\% - 99.27\%)/(100\% - 97.87\%) \approx 65.7\%$。

[2]　Jason Yosinski开发的DeepViz可视化工具中使用的网络架构就是AlexNet。如果您还未观看DeepViz的相关视频,那么建议您在网上找找看。

```
model.add(Conv2D(96, kernel_size=(11, 11),
          strides=(4, 4), activation='relu',
          input_shape=(224, 224, 3)))
model.add(MaxPooling2D(pool_size=(3, 3), strides=(2, 2)))
model.add(BatchNormalization())

#第2个卷积-池化模块:
model.add(Conv2D(256, kernel_size=(5, 5), activation='relu'))
model.add(MaxPooling2D(pool_size=(3, 3), strides=(2, 2)))
model.add(BatchNormalization())

#第3个卷积-池化模块:
model.add(Conv2D(256, kernel_size=(3, 3), activation='relu'))
model.add(Conv2D(384, kernel_size=(3, 3), activation='relu'))
model.add(Conv2D(384, kernel_size=(3, 3), activation='relu'))
model.add(MaxPooling2D(pool_size=(3, 3), strides=(2, 2)))
model.add(BatchNormalization())

#全连接层:
model.add(Flatten())
model.add(Dense(4096, activation='tanh'))
model.add(Dropout(0.5))
model.add(Dense(4096, activation='tanh'))
model.add(Dropout(0.5))

#输出层:
model.add(Dense(17, activation='softmax'))
```

关键点如下。

- 在这个Jupyter文件中,我们用全彩色大尺寸(224×224像素)图像的数据集替代了MNIST手写数字集。因此在第1个Conv2D()层中,input_shape参数里的通道数为3,也就是说深度为3。
- 与目前常见的设定不太一样,AlexNet在前面的卷积层中使用了较大尺寸的滤波器,比如kernel_size =(11,11)。
- dropout机制通常不在前面的卷积层中使用,而仅在靠近模型输出层的全连接层中使用。早期的卷积层使得模型能够表示图像的空间特征,因而模型对样本外数据也有很好的泛化能力。然而,全连接层以特有的方式重组特征,这种重组方式可能仅仅适用于训练数据集,因此可能导致泛化性能变差,出现过拟合现象,我们使用dropout机制就是为了防止过拟合。

 AlexNet和稍后将要详细介绍的VGGNet都非常庞大,例如,AlexNet内含2190万个参数,为了加载它们,您可能需要在宿主机上增大Docker容器的可用内存。

在 AlexNet 成为 2012 年度 ILSVRC 公开挑战赛的冠军之后，深度学习模型开始在竞赛中被广泛使用（参见图 1.15）。从这些模型中我们发现，神经网络越来越深是普遍趋势。例如，在 2014 年，VGGNet[①]获得 ILSVRC 公开挑战赛的亚军，VGGNet 与 AlexNet 类似，同样使用了多个卷积-池化模块，只不过 VGGNet 中这种模块的个数要比 AlexNet 中的大得多，并且卷积核较小（3×3）。我们在名为 AlexNet in Keras 的 Jupyter 文件中提供了例 10.5 所示的架构。

例 10.5　基于 VGGNet 的 CNN 模型

```
model = Sequential()

model.add(Conv2D(64, 3, activation='relu', input_shape=(224, 224, 3)))
model.add(Conv2D(64, 3, activation='relu'))
model.add(MaxPooling2D(2, 2))
model.add(BatchNormalization())

model.add(Conv2D(128, 3, activation='relu'))
model.add(Conv2D(128, 3, activation='relu'))
model.add(MaxPooling2D(2, 2))
model.add(BatchNormalization())

model.add(Conv2D(256, 3, activation='relu'))
model.add(Conv2D(256, 3, activation='relu'))
model.add(Conv2D(256, 3, activation='relu'))
model.add(MaxPooling2D(2, 2))
model.add(BatchNormalization())

model.add(Conv2D(512, 3, activation='relu'))
model.add(Conv2D(512, 3, activation='relu'))
model.add(Conv2D(512, 3, activation='relu'))
model.add(MaxPooling2D(2, 2))
model.add(BatchNormalization())

model.add(Conv2D(512, 3, activation='relu'))
model.add(Conv2D(512, 3, activation='relu'))
model.add(Conv2D(512, 3, activation='relu'))
model.add(MaxPooling2D(2, 2))
model.add(BatchNormalization())

model.add(Flatten())
model.add(Dense(4096, activation='relu'))
model.add(Dropout(0.5))
```

[①] 由 Visual Geometry Group 在英国牛津大学开发成功：Simonyan，K.，and Zisserman，A.（2015）. Very deep convolutional networks for large-scale image recognition. *arXiv*：1409.1556。

```
model.add(Dense(4096, activation='relu'))
model.add(Dropout(0.5))

model.add(Dense(17, activation='softmax'))
```

10.5　残差网络

本章介绍了几种卷积神经网络的例子:从 LeNet-5 到 AlexNet,再到 VGGNet,不难看出,网络深度的增加是趋势。在本节中,我们将再次遇到梯度消失这个问题,即随着网络深度日益增加,学习速度可能会变得极其缓慢。针对这一问题,我们将介绍近年来出现的一种富有想象力的解决方案:残差网络。

10.5.1　梯度消失:深度CNN的最大缺点

随着网络深度的增加,模型可以从前面的层中学习更多相对低级的特征,而在后面的层中对这些低级特征进行非线性重组,形成越来越复杂的抽象特征。深化网络的方法有很多,比如可以添加更多的卷积-池化模块(如图 10.10 所示),但是一味地增加网络层数会带来副作用:网络最终将因梯度消失问题而变得低效甚至无效。

我们在第 9 章中已经介绍了梯度消失问题。产生这一问题的原因是靠近输入端的神经网络层中的参数与损失函数距离太远:网络是从输出端朝着输入端反向传导梯度的,因此越靠近输出端的参数越会对损失产生贡献,也就获得越有效的更新,相反,越靠近输入端的层得到的更新就越小。最终的结果是,随着网络不断加深,最开始的几层几乎难以被训练(参见图 8.8)。

当出现梯度消失问题时,我们通常会观察到如下现象:起初,精确度会随网络深度的增加而提高,在达到一个饱和点后,精确度会随网络深度的增加而降低。假设有一个浅层网络模型运行良好,并且它拥有最佳的层数,现在我们复制这些层及其权重,然后堆叠在这个模型上,从而得到一个层数更多的新模型。读者可能会以为,这个新模型(的新层)应该能对靠近输入端的几层的特征表达能力加以改进;或者说,若这些新层仅仅复制先前各层的确切结果,即执行简单的恒等映射函数,那么精确度至少不会降低。然而事实证明,简单的深度网络很难学习这种如同复制操作的恒等映射函数。[1][2] 这些新层要么添加新信息,提高精度;要么不添加新信息,因而使错误率增加。添加有用信息这种情况是很少见的(基本上都是随机噪声),因此,当层数超过某个临界值时,冗余的层可能会导致网络的整体性能下降。

10.5.2　残差连接

残差网络依赖于残差模块中残差连接的概念。如图 10.11 所示,残差模块包括一系列卷积层、BatchNorm 层和 Dropout 层,最终以"残差连接"结束。为了简化起见,我们将所有这些

---

① Hardt, M., and Ma, T. (2018). Identity matters in deep learning. *arXiv*:1611.04231.
② 稍后将对恒等映射和恒等函数做进一步说明。

层视为一个整体。何为残差连接？顾名思义,就是将一个残差模块的输入与输出相加以产生该残差模块的最终激活值(如图10.11中的曲线所示)。举个例子,假设a_{i-1}[①]是残差模块的输入,a_{i-1}在通过残差模块内的卷积层和激活函数后,最后生成输出a_i。随后,将输出与残差模块的原始输入相加,即可得到残差模块的最终激活值:$y_i = a_i + a_{i-1}$。[②]

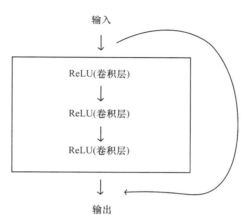

图10.11 残差模块的示意图(BatchNorm层和Dropout层虽然未显示在图中,但它们也可以包括在内)

若遵循残差连接的结构和基本数学运算,则会出现一种有趣的现象:如果$a_i = 0$,则表示什么也没学到,残差模块的最终输出将直接是原始输入。这一点从下述等式中也可以看出:

$$y_i = a_i + a_{i-1}$$
$$= 0 + a_{i-1}$$
$$= a_{i-1}$$

在这种情况下,残差模块实际上相当于恒等函数。这些残差模块要么学习有用的信息以降低网络误差,要么仅执行恒等映射。缘于这种恒等映射行为,残差连接也称为"跳跃连接",因为它在某些情况下能使信息跳过位于残差模块内的函数。

除了这种"至少不会让性能变得更差"的性质之外,残差网络还增加了网络组件的多样性。观察图10.12:当几个残差模块堆叠在一起时,后面的残差模块接收到的输入是前面残差模块输出特征的复杂重组,并且能跳过网络中更靠近输入端的残差模块。在图10.12中,上半部分的树状图展示了信息是如何通过残差模块或利用跳跃连接绕过某些残差模块的,图10.12的下半部分则更加直观地展示了仅仅3个前后堆叠的残差模块,信息就有8种传递路径。在实践中,a_i的值很少为0,因此输出通常是恒等函数和残差模块混合在一起作用的结果。鉴于此,残差网络可以看作众多深度不尽相同的浅层网络的复杂组合或集合。

---

① 请记住,任何给定层的输入都只是前一层的输出,此处用a_{i-1}表示。
② 整个残差模块的最终输出用y_i表示,但这并不意味着y_i一定是整个模型的最终输出,它只是用来防止与当前层和前一层的激活值发生混淆,这表明最终输出是这些激活值求和以后的结果。

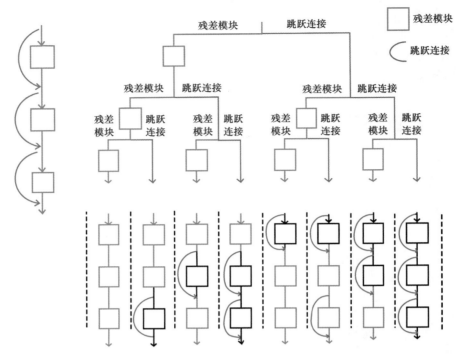

图 10.12　左侧显示的是残差网络内残差模块的常规表示形式；右侧是展开的视图，
从而进一步演示了跳跃连接是如何改变信息从输入到输出的传递路径的

10.5.3　ResNet

第一个深度残差网络 ResNet 由 Microsoft Research 在 2015 年推出[①]，并在当年的 ILSVRC 图像分类竞赛中夺得冠军。这使得 ResNet 成为此后深度学习算法的引领者，该算法在图像识别上的表现已经超越人类（参见图 1.15）。

到目前为止，读者可能会认为图像分类是 ILSVRC 的唯一竞赛项目，但实际上 ILSVRC 包括多个机器视觉竞赛类别，例如目标检测和图像分割（本章接下来会对这两种机器视觉任务进行介绍）。在 2015 年的 ILSVRC 公开挑战赛上，ResNet 在图像分类、目标检测和图像分割 3 个类别中均夺得冠军。同年，ResNet 还在检测和分割竞赛中夺得冠军，该竞赛需要用到一个名为 COCO 的图像数据集，它是 ILSVRC 数据集的替代物。

残差网络是一种革命性的创新，自残差网络面世以来，借鉴残差网络思想而获得各种机器视觉奖项的模型层出不穷。如果现有网络无法了解相关问题的有用信息，则可以启用更深的体系结构，但必须同时保证添加的这些额外层不会降低网络的性能，从而使层数更多的新网络比现有网络的性能更优。

在本书中，我们将使模型架构和数据集足够小，从而使读者可以在普通的笔记本电脑上进行训练。但是，如果想体现出残差网络的能力，则需要大量的数据集，这往往会超出笔记本电脑的运算能力。为了解决这个问题，我们可以使用一种强大且通用的方法——迁移学习，它让我们在笔记本电脑上就可以使用像 ResNet 这类非常深的架构，因为网上已经有了

---

① He, K., et al. (2015). Deep residual learning for image recognition. *arXiv*：1512.03385.

在大量数据集上预训练好的模型。我们将在本章末尾对迁移学习进行介绍。

10.6　机器视觉的应用

在本章中,我们学习了使机器视觉模型表现更好的层类型,讨论了用于改进这些模型的方法,并深入研究了过去几年里一些经典的机器视觉算法。图像分类用来识别图像中的主体(如图10.13的第1个子图所示),之前我们已经充分讨论过这种任务。现在我们把重点从图像分类转移到机器视觉的其他有趣应用上。首先是目标检测,如图10.13的第2个子图所示,目标检测的任务是为图像中的目标物体绘制边界框。其次是图像分割,包括语义分割和实例分割两种,分别对应图10.13的第3和第4个子图。语义分割可以给图像中的每个像素赋予一个类别标签,进而识别出图像中每个类别的所有对象,但只能确定类别,无法区分个体;而实例分割在像素级别上不仅可以区分特定类别,而且可以区分每个个体。

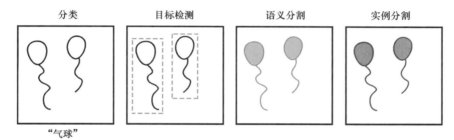

图10.13　不同机器视觉应用的示例:从左向右依次为分类、目标检测、语义分割和实例分割

10.6.1　目标检测

假设有一张图片,它描绘了一群人坐下来吃饭的场景,图片中有几个人,桌子中间有只烤鸡,也许还有一瓶酒。假设我们需要一个这样的自动化系统,它可以检测晚餐的食物或识别坐在餐桌上的人,这时候图像分类算法就显得无能为力了,即图像分类算法无法完成目标检测任务。

目标检测具有广泛的应用,比如识别医学图像中的异常,或者在自动驾驶时检测视野范围内的行人等。一般来说,目标检测分为两个任务:一是检测,即识别图像中对象的位置;二是分类,即识别已检测到的对象是什么。通常,目标检测的过程包括3个阶段。

(1)确定感兴趣的区域。

(2)在该区域上进行自动特征提取。

(3)对区域进行分类。

已被应用于目标检测领域的算法还在不断发展之中,现存的算法主要有R-CNN、Fast R-CNN、Faster R-CNN以及更高级的YOLO。

R-CNN

2013年,Ross Girshick及其同事在加州大学伯克利分校提出了R-CNN[①],该算法受到人

---

① Girshnick,R.,et al.(2013). Rich feature hierarchies for accurate object detection and semantic segmentation. *arXiv*:1311.2524.

脑注意力机制的启发,旨在扫描整个场景并将焦点放在感兴趣的特定区域上。正是为了模拟这种"关注",Girshick 及其同事开发出了 R-CNN,算法过程如下。

(1)对图像内的感兴趣区域(Regions Of Interest,ROI)进行选择性搜索。

(2)使用 CNN 从这些感兴趣区域中提取特征。

(3)结合使用图1.12所示的两种"传统的"机器学习方法——线性回归和支持向量机,一个用来确定目标框[①]的位置,另一个用来对每个目标框内的对象进行分类。

R-CNN 重新定义了目标检测,与模式分析、统计建模和计算学习(PASCAL)、视觉对象分类(VOC)等竞赛中过去的最佳模型相比,R-CNN 在性能上取得巨大的进步。[②] R-CNN 开启了利用深度学习进行目标检测的时代。但是,R-CNN 仍存在一些缺陷,例如:

■ 不够灵活,输入的图片必须是指定大小的;

■ 速度慢且计算成本高,训练和预测都是多阶段过程,涉及 CNN、线性回归模型和支持向量机。

Fast R-CNN

速度慢是 R-CNN 的主要缺陷,为了弥补这一不足,Girshick 对 R-CNN 进行改进,得到了 Fast R-CNN[③]。Fast R-CNN 的第1步与 R-CNN 相同,也是搜索感兴趣区域(ROI)。但是第2步有所不同:在 R-CNN 中,需要对每个感兴趣区域运用 CNN 进行特征提取;而在 Fast R-CNN 中,只需要使用 CNN 对图片全局进行一次特征提取并将提取的特征同时应用于所有的感兴趣区域,这是 Fast R-CNN 的主要创新之处。从 CNN 的最后一层提取特征向量,并在第3步中将提取的特征向量同感兴趣区域一起输入一个全连接网络,这个全连接网络将会学习每个感兴趣区域的特征,并最终在每个感兴趣区域上产生两个输出。

■ softmax 概率,用于预测检测到的目标属于哪个类别。

■ 回归目标框,用于获得感兴趣区域的精确位置。

采用这种方法,Fast R-CNN 模型只需要对特定图像进行一次 CNN 特征提取,从而降低了计算复杂度,然后由 ROI 搜索和全连接层共同完成目标检测任务。顾名思义,Fast R-CNN 降低了计算复杂度,缩短了计算时间。Fast R-CNN 是从全局而不是像之前那样将图像划分成多个特征框并在局部进行 CNN 特征提取。但尽管如此,与 R-CNN 一样,Fast R-CNN 的初始步骤(ROI搜索)仍然存在很大的计算瓶颈。

Faster R-CNN

Faster R-CNN 从字面意思上就能看出,它的运算速度相比 Fast R-CNN 更快。

Faster R-CNN 是由微软研究院的任少卿与其同事于2015年提出的(图10.14展示了示例输出)。[④] 面对 R-CNN 和 Fast R-CNN 的 ROI 搜索瓶颈问题,任少卿与其同事巧妙地利用模型的 CNN 特征激活值矩阵解决了这一问题。该矩阵包含有关图像的大量上下文信息,由于该矩阵中的每个通道都是二维的,因此可将其理解为区块热度图——它能标记出图片上

---

① 参见图10.14中的例子。

② 从2005年到2012年,PASCAL 和 VOC 一直被用于竞赛中,对应的数据集现在仍然可以使用,并被认为是目标检测问题的标杆。

③ Girshnick, R. (2015). Fast R-CNN. *arXiv*: 1504.08083.

④ Ren, S. et al. (2015). Faster R-CNN: Towards real-time object detection with region proposal networks. *arXiv*: 1506.01497.

的哪些位置有潜在特征。如果一个卷积层有16个卷积核(参见图10.6),则会输出16个激活值矩阵,它们共同表示输入图像中16个特征的位置,从而包含了有关图像中的内容及其位置的详细信息。Faster R-CNN利用这些详细信息对感兴趣区域(ROI)的位置进行搜索,使CNN能够无缝执行目标检测过程中的3个步骤。可以说,Faster R-CNN是一种基于R-CNN和Fast R-CNN,但却比它们两者都更快的网络架构。

图10.14　目标检测任务示例:对4幅图像应用Faster R-CNN算法。在每个感兴趣区域(由图像中的目标框定义)内,Faster R-CNN算法都可以预测该区域内的物体是什么

YOLO

在目前我们所描述的各种目标检测模型中,CNN只关注单个的感兴趣区域(ROI),而不是整个输入图像。[1] 2015年,Joseph Redmon 与其同事发布的 You Only Look Once(YOLO)算法打破了这一定势。[2] YOLO首先从一个预训练的[3]CNN开始进行特征提取;然后将图像分割成一个个的小格子,并对每个小格子预测多个目标框和分类概率;最后选择类别概率高于阈值的那些目标框,通过它们来共同定位图像中的对象。

通常,我们可以认为YOLO是将分割图片后得到的小块图片聚合在一起以形成目标框,但前提是它们都能差不多包含各种类别的对象。YOLO相比 Faster R-CNN虽然具有更高的运算速度,但YOLO难以准确检测图像中的小目标。

在YOLO提出后不久,Redmon 与其同事又相继提出了 YOLO9000[4]和 YOLOv3[5]。这两

---

① 严格来讲,在 Fast R-CNN 和 Faster R-CNN 中,一开始是用CNN提取整个图像的特征,但之后图片还是会被分成很多较小的区域并分别进行处理。

② Redmon, J., et al. (2015). You Only Look Once:Unified, real-time object detection. *arXiv*:1506.02640.

③ 我们在迁移学习中会用到预训练的模型,本章最后将详细介绍这些模型。

④ Redmon, J., et al. (2016). YOLO9000:Better, faster, stronger. *arXiv*:1612.08242.

⑤ Redmon, J. (2018). YOLOv3:An incremental improvement. *arXiv*:1804.02767.

个模型在 YOLO 的基础上提高了底层网络架构的复杂性,YOLO9000 进一步提高了执行速度和模型精确度,而 YOLOv3 以牺牲部分速度为代价更大程度地提高了精确度。虽然这些扩展细节超出了本书的讲解范围,但在撰写本书时,它们是目标检测算法的前沿技术。

10.6.2　图像分割

当许多视觉元素重叠在一起时,参见图 10.15 所示的一场足球比赛,成年人的大脑可以很容易地将人物与背景区分开,在极短的时间内确定人物边界与背景的关系。在本小节中,我们将介绍深度学习的又一重要应用领域——图像分割,在这一领域,深度学习用短短几年时间,就缩小了在视觉能力上机器相比人类的巨大差距。下面我们来看两个出色的图像分割网络架构——Mask R-CNN 和 U-Net,它们能够以像素为单位对图像中的对象进行分类。

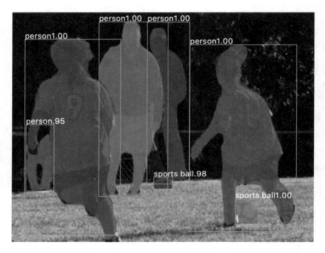

图 10.15　图像分割任务示例(由 Mask R-CNN 算法执行)。目标检测采用粗糙的矩形目标框来定义目标的位置,而图像分割则在像素级别上对目标的位置进行预测

Mask R-CNN

Mask R-CNN 由 Facebook 人工智能研究院(Facebook AI Research,FAIR)于 2017 年提出[1],算法过程如下。

(1)利用现有的 Faster R-CNN 架构找到图像中可能包含对象的 ROI。

(2)利用 ROI 分类器预测目标框中存在什么样的对象,同时调整目标框的位置和大小。

(3)利用目标框从底层 CNN 中获取与该部分图像对应的特征图。

(4)对每个 ROI 的特征图使用卷积神经网络输出一个掩码,这个掩码用于表明哪些像素对应于图像中的对象。图 10.15 中提供了一个掩码示例,该掩码使用几种明亮的颜色来指明不同对象包含的像素。

图像分割问题需要以二进制掩码作为训练的标签,其与原始图像具有相同的尺寸。但是,掩码标签的数值不是 RGB 像素值,而是采用 1 和 0 来说明某个像素是不是目标的一部分——当某个像素属于目标时标识为 1,而当属于其他位置时标识为 0。如果图像包含 12 个

① He,K.,et al. (2017). Mask R-CNN. *arXiv*:1703.06870.

不同的对象,那么标签也必须提供12个二进制掩码。

U-Net

另一个流行的图像分割网络架构是由 Freiberg 大学开发的 U-Net。回忆一下,我们在第3章的末尾提到过关于自动图像处理流程的问题[①]。U-Net 是为了分割生物医学图像而开发的,并且在撰写本书时,U-Net 在由生物医学图像国际研讨会举办的两项挑战赛中夺得胜利。[②]

U-Net 是全卷积网络,它从编码模块开始,通过多个卷积和最大池化操作,连续生成尺寸更小且通道更多的激活值矩阵。随后,解码模块通过多个上采样层和卷积层将这些特征图映射回全分辨率。这两个模块(编码模块和解码模块)是对称的(呈"U"形),并且由于这种对称性,编码模块内部的每个特征图都可以与解码模块内部对称位置的特征图进行连接。

编码模块可以让模型学习到图像中的高分辨率特征,而后将其直接传递到解码模块中。在解码模块的最后,我们希望这些特征能够在与图像相同的尺度上得到还原。在将编码模块中的特征图连接到解码模块内部的各层之后,可以令其学习如何精确地组合、定位这些特征。最终结果是,U-Net 能够轻松识别特征并在二维图像内对其进行定位。

10.6.3 迁移学习

为了提高效率,本章介绍的大多数模型已经在许多庞大的图像数据集上进行过训练。这需要大量的计算资源,而且数据集本身并不便宜,也难以收集。在训练后,CNN 将能学会从图像中提取一般特征。在较低的层次上,它们是线条、边缘、颜色和简单的形状;而在较高的层次上,它们是纹理、形状的组合,对象的一部分和其他复杂的视觉元素(请回顾图1.17)。假设 CNN 已经在一组种类丰富的图像上进行过训练,且 CNN 的深度足够深,则这些特征图可能已经包含丰富的视觉元素,这些元素可以进行组合,从而使得 CNN 几乎能处理任意图像。例如,可以将识别凹坑纹理的特征图、识别圆形物体的特征图和识别白色的特征图组合起来,从而对高尔夫球进行正确识别。迁移学习利用了已包含在预训练 CNN 的特征图中的视觉元素,通过重新组合它们来识别新类别的对象。

例如,假设您想建立一个机器视觉模型来执行自第6章以来我们反复提到的二分类任务——区分热狗和非热狗图像。当然,您可以设计一个庞大而复杂的 CNN,用来接收热狗或非热狗图像,然后输出简单的 sigmoid 分类预测。您可以用大量的训练图像训练这个模型,并且希望网络中靠近输入端的卷积层能够学习一组特征图,从而可以识别类似热狗的特征。如果您这样做的话,最终结果会很不错。然而,您需要大量的时间和计算成本来正确地训练 CNN,并且需要大量不同的图像,以便 CNN 能够学习一组具有多样性的特征图。与其从头开始训练一个模型,不如利用一个已经在大量图像上训练过的深度模型,因为您可以快速将其重新用于特定的目标检测任务,比如这里提到的热狗检测,这也是迁移学习的意义所在。

---

① Ronneberger,O.,et al.(2015). U-Net:Convolutional networks for biomedical image segmentation. *arXiv*:1505.04597.

② 这两项挑战赛分别是电子显微镜视图中神经元结构的分割挑战赛以及2015年的 ISBI 细胞追踪挑战赛。

在本章的前面,我们曾提到过VGGNet,它是机器视觉模型架构的典型代表。在例10.5和名为VGGNet in Keras的Jupyter文件中,我们展示了VGGNet16模型,该模型共有16层,其中大部分是重复的卷积-池化模块(参见图10.10)。VGGNet19模型在VGGNet16模型的基础上添加了另一个卷积-池化模块(里面包含3个卷积层),我们以此作为迁移学习的基础。在名为Transfer Learning in Keras的Jupyter文件中,我们加载VGGNet19模型,并根据自己的需要对其进行修改,从而使其可以完成区分热狗和非热狗图像的任务。

> 　　与VGGNet16模型相比,VGGNet19模型的主要优势在于,VGGNet19模型的新增层让视觉图像的抽象表示有了更多的可能。但是额外的层数意味着更多的参数,也就需要更长的训练时间。此外,由于梯度消失问题,VGGNet19模型中靠近输入端的神经网络层中的权重可能无法得到有效更新。

下面首先加载预训练的VGGNet19模型(参见例10.6)。注意,例10.6对某些基本包的加载并未进行展示。

例10.6　加载VGGNet19模型以进行迁移学习

```
#加载模块:
from keras.applications.vgg19 import VGG19
from keras.models import sequential
from keras.layers import Dense, Dropout, Flatten
from keras.preprocessing.image import ImageDataGenerator

#加载预训练后的VGGNet19模型
vgg19 = VGG19(include_top=False,
              weights='imagenet',
              input_shape=(224,224,3),
              pooling=None)

#固定基础VGGNet19模型中的所有层:
for layer in vgg19.layers:
    layer.trainable = False
```

幸运的是,Keras已经提供了网络架构和参数(权重、偏置),因此加载预训练的模型会比较容易。[1] 传递给VGG19()函数的参数用于定义所加载模型的下列配置。

- include_top=False表示不包括最后3个全连接分类层,这些层是用来训练如何分类原始ImageNet数据集的。但在这里,我们要用自己的数据进行训练并自行构建这些层。
- weights='imagenet'用于加载要在ImageNet数据集上进行训练的模型参数[2],该数据集拥有1400万个样本。

---

① 对于其他预训练的Keras模型,包括本章前面介绍的ResNet架构,请访问Keras官网。
② weights参数还有一个选项是"None",表示随机初始化;但是在将来,我们还可以使用已在其他数据集上预训练的模型参数。

- input_shape=(224,224,3)用于为模型指定输入图像的正确尺寸,在这里,模型可以接收的输入大小为224×224×3。

加载模型后,for循环会快速遍历模型中的每一层,并将其可训练标志设置为False,使得这些层中的参数不会在训练期间进行更新。同时我们认为VGGNet19模型的卷积层已经得到充分的训练,可以用来表示大型ImageNet数据集中普遍的视觉图像特征,因此我们完整地保留了基础模型。

观察例10.7,我们在VGGNet19模型的基础上添加了新的全连接层。预训练的卷积层从输入图像中提取特征,而后新的全连接层利用这些特征进行训练,学习如何将图像分类为热狗和非热狗图像。

例10.7 在迁移学习模型中添加分类层

```
#实例化序列模型并添加VGGNet19模型
model = Sequential()
model.add(vgg19)

#在VGGNet19模型的基础上添加自定义层(即新的全连接层):
model.add(Flatten(name='flattened'))
model.add(Dropout(0.5, name='dropout'))
model.add(Dense(2, activation='softmax', name='predictions'))

#编译模型
model.compile(optimizer='adam', loss='categorical_crossentropy',
              metrics=['accuracy'])
```

接下来,我们使用ImageDataGenerator类的一个实例来加载数据(参见例10.8)。这个类属于Keras库,用于动态加载图像。如果我们不希望一口气将所有的训练数据都加载到内存中,或者如果我们希望在训练过程中实时地进行随机数据的扩充,那么这个类会很有用。①

例10.8 定义数据生成器

```
#实例化两个图像生成器:
train_datagen = ImageDataGenerator(
    rescale=1.0/255,
    data_format='channels_last',
    rotation_range=30,
    horizontal_flip=True,
    fill_mode='reflect')
valid_datagen = ImageDataGenerator(
    rescale=1.0/255,
    data_format='channels_last')
```

① 在第9章中,我们提到的数据增强是扩充训练数据集大小的一种有效方法,它有助于提高模型的泛化能力。

```
#定义batch size:
batch_size=32

#定义训练数据生成器和验证数据生成器:
train_generator = train_datagen.flow_from_directory(
    directory='./hot-dog-not-hot-dog/train',
    target_size=(224, 224),
    classes=['hot_dog','not_hot_dog'],
    class_mode='categorical',
    batch_size=batch_size,
    shuffle=True,
    seed=42)

valid_generator = valid_datagen.flow_from_directory(
    directory='./hot-dog-not-hot-dog/test',
    target_size=(224, 224),
    classes=['hot_dog','not_hot_dog'],
    class_mode='categorical',
    batch_size=batch_size,
    shuffle=True,
    seed=42)
```

　　训练数据生成器将在30度范围内随机旋转图像,随机将图像水平翻转,缩放像素值到0和1之间(具体可通过乘以1/255来实现),并将图像数据加载到"channels last"形式的数组中。[1]验证数据生成器只需要重新缩放和加载图像,而不需要进行数据集的扩充,因为扩充验证数据集是毫无意义的。最后,flow_from_directory()方法表示每个生成器会从指定的目录中加载图像[2],这个方法的参数意义对于您来说应该很容易理解。

　　完成上述准备工作后,就可以训练模型了(参见例10.9)。需要注意的是,我们不用再像之前的例子那样使用fit()方法进行模型拟合,而是在模型上调用fit_generator()方法,这是因为我们将导入一个数据生成器来代替数据数组。[3]在训练这个模型的过程中,我们在第6个周期获得了最佳结果,准确率达到81.2%。

例10.9　训练迁移学习模型

```
model.fit_generator(train_generator, steps_per_epoch=15,
                    epochs=16, validation_data=valid_generator,
                    validation_steps=15)
```

---

① 回顾例10.6,模型可以接收大小为224×224×3的输入,也就是说,最后一个参数是通道维度。另一种方法是将颜色通道设置为第1维度。

② 关于下载数据的说明包含在我们的Jupyter文件中。

③ 正如本章前面在AlexNet和VGGNet内容部分提到的,对于非常大的模型,我们可能会遇到内存不足的情况。关于如何增加Docker容器的可用内存,请自行上网搜索。或者,您也可以尝试减小batch size。

上述内容充分说明迁移学习效力非凡。通过少量的训练,几乎不用在网络结构设计和超参数调整上花时间,我们随手就能拿一个模型来处理相当复杂的图像分类任务,如热狗识别。如果您花费一些时间调整超参数,则结果还能进一步提升。

10.6.4 胶囊网络

2017 年,Sara Sabour 与其同事提出了胶囊网络[①]这一新概念,他们都是 Geoff Hinton(参见图 10.16)的 Google Brain 团队的成员。胶囊网络重点关注位置信息,一经提出,它便受到广泛关注。而CNN并没有考虑位置信息,例如,对于CNN来说,它会认为图10.16中的两幅图像都是人脸,然而事实并非如此。虽然胶囊网络背后的理论知识超出了本书讲解的范围,但身为机器视觉从业者,我们需要对此有所了解。就目前算力情况,胶囊网络的计算量太大,无法广泛应用在机器视觉任务中,但随着计算能力的提升和理论知识的进步,这一情况很快将会有所改善。

图 10.16　卷积神经网络(CNN)并不能分辨图像特征的相对位置,这两幅图像可能都会被认为是人脸。相反,胶囊网络会考虑位置信息,因而不会将右边的图像误认成人脸

10.7　小结

在本章中,我们学习了卷积层,卷积层被专门用于检测空间特征,因而它们在机器视觉任务中特别有用。受经典 LeNet-5 架构的启发,我们使用卷积层构建神经网络,相较于本书第 II 部分设计的全连接网络结构,这一改进提高了手写数字识别的精确度。本章最后讨论了构建 CNN 的最佳方法,并介绍了机器视觉算法最值得关注的应用。在第 11 章中,我们将会发现卷积层的空间模式识别能力不仅适用于机器视觉,而且在其他方面也有一定的适用性。

10.8　核心概念

下面列出了到目前为止我们已经介绍的重要概念,本章新增的概念已用紫色标出。

---

① Sabour，S.，et al.（2017）. Dynamic routing between capsules. *arXiv*：1710.09829.

- 参数
  - 权重 w
  - 偏置 b
- 激活值 a
- 神经元
  - sigmoid 神经元
  - tanh 神经元
  - ReLU 神经元
  - linear 神经元
- 输入层
- 隐藏层
- 输出层
- 神经层的类型
  - 全连接层
  - softmax 层
  - 卷积层
  - 最大池化层
  - Flatten 层
- 损失函数
  - 平方损失(均方误差)函数
  - 交叉熵损失函数
- 正向传播
- 反向传播
- 不稳定梯度(特别是梯度消失)
- Glorot 权重初始化
- 批量归一化
- dropout
- 优化器
  - 随机梯度下降
  - Adam
- 优化器超参数
  - 学习率 η
  - batch size

第11章
自然语言处理

本书在第2章中介绍了语言的计算机表示形式,其中特别强调词向量是一种定量描述单词含义的有效方法。本章将详细讲述词向量相关代码,从而使您可以自行创建词向量,初步了解深度学习模型的构建。

本章构建的自然语言处理模型不仅包含第5~9章中的全连接层、第10章中的卷积层,还包含循环神经网络(RNN)特有的新类型的神经层。循环神经网络用途广泛,能够处理大多数序列数据,例如金融时间序列数据、某地的气温序列数据等。但实际上,RNN更擅于处理自然语言等有序出现的信息。本章最后将介绍使用多分支结构处理数据的深度学习网络,这种设计可以提高模型的准确性,同时为我们今后设计模型架构提供新的思路。

11.1　自然语言数据的预处理

为了在自然语言任务后续建模时准确性更高,首先要对原始数据进行充分的预处理。常见的自然语言数据的预处理步骤如下。

- 分词:将文档拆分为一系列离散的字词单元。
- 大小写转换:含有大写字母的单词的含义与小写字母单词的含义相同,例如句子开头的 She 和句中的 she,因此需要将语料库中的所有字符转换为小写。
- 删除停顿词:对于经常出现但往往没有什么意义的词,例如 at、which 和 and,我们一般称其为停顿词。停顿词的概念并没有明确的界定,我们需要根据自己的应用判断该词是否为停顿词。在本章中,我们将建立一个电影评论褒贬分类模型,停顿词中的某些否定词,例如 didn't 和 isn't,可能对模型识别情感至关重要,因此不应该删除这些词。
- 删除标点符号:标点符号对于自然语言模型并无价值,通常应该将它们删除。
- 词干提取[①]:将单词截断到词干。例如,单词 house 和 housing 都有词干 hous。特别是对于较小的数据集,词干提取能将含义相似的单词汇集到一个 token 中,从而提高效率。在上下文中,存在很多词干相同的情况,我们

---

① 词形还原是词干提取的一种更复杂的替代方法,需要使用参考词汇。就本书而言,词干提取是一种将多个相关单词视为一个 token 的充分且有效的方法。

可以使用word2vec或GloVe等技术更精准地确定token在词向量空间中的位置(参见图2.5和图2.6)。

■ 处理 *n*-grams：在某些情况下，词组应该被当作整体来看待，而不是分为几个单独的词来看待。例如，New York 是一个二元词组(bigram，2-grams)，New York City 是一个三元词组(trigram，3-grams)。new、york 和 city 连接在一起具有特定的含义，使用1个 token 比使用3个单独的 token 效果要好。

我们需要根据设计模型的任务以及输入的数据集，权衡这些预处理步骤是否对接下来的任务有价值，进而做出恰当的选择。下面介绍几种情况。

■ 词干提取对小型语料库有帮助，但对大型语料库的效果不佳。

■ 将所有字符都转换为小写对小型语料库有帮助。但是，在较大型的语料库中，存在很多具有特定含义的单词，区分大小写对于模型实现精准识别比较重要。例如，general(形容词，广泛的)和 General(名词，军队指挥官)就需要依靠首字母的大小写来区分。

■ 删除标点符号并不适用于所有情况。如果想要构建一种问答算法，那么问号有助于我们识别问题。

■ 否定词作为停顿词的一种，对某些自然语言分类器有一定作用，但对于情感分类器几乎没什么用处。停顿词中包含的词汇对某些特定应用程序至关重要，因此必须谨慎使用，最好不要把停顿词全部删除，有时需要保留一部分。

如果不确定某一预处理步骤是否对模型有帮助，可以进行实证分析，尝试一下该步骤，看看是否影响深度学习模型的准确性。一般来说，语料库越大，预处理步骤起到的作用就越小。但是对于较小的语料库，我们也会担心遇到罕见词或训练数据集以外的单词。通过将几个罕见词标记为同一个token，我们可以更好地训练出能识别相关词汇的模型。语料库越大，罕见词和数据集中词汇量不足的问题就越不显著。同时，非常大的语料库有助于避免将多个罕见词识别为同一个token的情况发生，因为在足够大的语料库中，即使低频词也能出现足够多次，以使网络能够分辨其与近义词之间的细微差异。

您可以查阅名为Natural Language Preprocessing的Jupyter文件，以详细了解预处理步骤的实例。下面从库的加载开始：

```python
import nltk
from nltk import word_tokenize, sent_tokenize
from nltk.corpus import stopwords
from nltk.stem.porter import *
nltk.download('gutenberg')
nltk.download('punkt')
nltk.download('stopwords')


import string


import gensim
from gensim.models.phrases import Phraser, Phrases
from gensim.models.word2vec import Word2Vec
```

```
from sklearn.manifold import TSNE

import pandas as pd
from bokeh.io import output_notebook, output_file
from bokeh.plotting import show, figure
%matplotlib inline
```

加载的库大多数属于自然语言工具包nltk和gensim。每个库的用法我们会在之后的示例代码中进行解释。

11.1.1　分词

我们在Jupyter notebook中使用的数据集是来自Gutenberg项目[①]的一个小型语料库,这个语料库可以在nltk中使用。我们可以使用以下代码加载该语料库:

```
from nltk.corpus import gutenberg
```

这个小型语料库由18部文学作品组成,包括Jane Austen的 *Emma*、Lewis Carroll的 *Alice in Wonderland* 以及大名鼎鼎的威廉·莎士比亚的3部戏剧。gutenberg.fileids()用于输出所有这18部文学作品的名称,通过运行len(gutenberg.words()),我们可以看到该语料库包含260万个单词,这个单词量较小,我们可以在计算机上运行本节中所有的示例代码。

将语料库变为句子列表的一种方式是使用nltk的send_tokenize()方法:

```
gberg_sent_tokens = sent_tokenize(gutenberg.raw())
```

通过运行gberg_sent_tokens[0],我们可以访问输出结果列表的第1个元素。不难发现,Gutenberg项目语料库中的第1本书是 *Emma*。第1个元素包含图书的书名、章节标记和开头的第一句话,它们与换行符(\n)混合在一起:

```
'[Emma by Jane Austen 1816]\n\nVOLUME I\n\nCHAPTER I\n\n\nEmma Woodhouse,
handsome, clever, and rich, with a comfortable home\nand happy
disposition, seemed to unite some of the best blessings\nof existence;
and had lived nearly twenty-one years in the world\nwith very little to
distress or vex her.'
```

我们在输出结果列表的第2个元素中可以找到一条独立的句子,这个元素同样可以通过运行gberg_sent_tokens[1]来查看:

```
"She was the youngest of the two daughters of a most affectionate,
\nindulgent father; and had, in consequence of her sister's marriage,
\nbeen mistress of his house from a very early period."
```

---

① Gutenberg项目以印刷机发明家Johannes Gutenberg的名字命名,它是一个藏书数万本的电子书库。这些书都是来自世界各地的经典文学作品,它们的版权现已到期,可以免费获得。

使用 nltk 的 word_tokenize() 方法可以进一步将这条句子分解到单词级别：

```
word_tokenize(gberg_sent_tokens[1])
```

上述代码将输出一个删除了所有空格和换行符的单词列表（参见图 11.1）。通过运行以下代码，我们可以看到 father 是第 2 条句子中的第 15 个单词：

```
word_tokenize(gberg_sent_tokens[1])[14]
```

```
['She',
 'was',
 'the',
 'youngest',
 'of',
 'the',
 'two',
 'daughters',
 'of',
 'a',
 'most',
 'affectionate',
 ',',
 'indulgent',
 'father',
 ';',
 'and',
 'had',
 ',',
 'in',
 'consequence',
 'of',
 'her',
 'sister',
 "'",
 's',
 'marriage',
 ',',
 'been',
 'mistress',
 'of',
 'his',
 'house',
 'from',
 'a',
 'very',
 'early',
 'period',
 '.']
```

图 11.1　将 Jane Austen 的 *Emma* 中的第 2 条句子分解到单词级别

尽管 send_tokenize() 和 word_tokenize() 方法可以很方便地处理自然语言数据，但对于 Gutenberg 项目语料库，我们也可以使用其内置的 sents() 方法来实现相同的操作：

```
gberg_sents = gutenberg.sents()
```

上述代码生成的 gberg_sents 对象是一个分词列表。较高级别的列表由单个句子组成，每个句子中包含较低级别的单词列表。sents() 方法还能适当地将标题和章节标记分隔成单

独的元素,我们可以通过调用gberg_sents[0:2]来查看:

```
[['[', 'Emma', 'by', 'Jane', 'Austen', '1816', ']'],
['VOLUME', 'I'],
['CHAPTER', 'I']]
```

*Emma*中开头的第一句话现在是gberg_sents列表中的第4个元素,所以为了获得第2条句子中的第15个单词father,这里需要运行gberg_sents[4][14]。

11.1.2　将所有字符转换成小写

接下来,我们开始将其余的自然语言预处理步骤逐个地应用于单个句子。等到稍后总结这一部分的内容时,我们将在18部文学作品的语料库中应用这些步骤。

回顾图11.1,可以看到这条句子以单词She开头。如果想忽略大写字母,那么可以使用Python语言的string库中的lower()方法,这样单词She就会被当作she对待。

例11.1　将句子中的大写字符转换为小写

```
[w.lower() for w in gberg_sents[4]]
```

上述代码将输出与图11.1相同的列表,但现在列表中的第1个元素是she而不是She。

11.1.3　删除停顿词和标点符号

从图11.1可以看出,该句子的另一个潜在问题是,列表中既有停顿词又有标点符号。为了处理这个问题,可以使用+运算符将nltk的停顿词列表与string库的标点符号列表连接起来:

```
stpwrds = stopwords.words('english') + list(string.punctuation)
```

查看创建的stpwrds列表就会发现,其中既包含许多不具有特定含义的常用词,例如a、an和the[①],也包含诸如not的否定词。如果我们要建立一个情感分类器,则这些单词可能很关键,比如句子"This film was not good"。

无论如何,要想从一个句子中删除stpwrds中所有的元素,我们可以像例11.2那样使用列表迭代式,其中包含了例11.1中使用的小写字母。

例11.2　使用列表迭代式删除停顿词和标点符号

```
[w.lower() for w in gberg_sents[4] if w.lower() not in stpwrds]
```

相对于图11.1,运行以上代码将返回一个短得多的列表,其中仅包含单词,并且这些单词都传达了明确的含义。

---

① 这3个词被称为定冠词或不定冠词。

```
['youngest',
 'two',
 'daughters',
 'affectionate',
 'indulgent',
 'father',
 'consequence',
 'sister',
 'marriage',
 'mistress',
 'house',
 'early',
 'period']
```

11.1.4　词干提取

　　词干提取可以使用nltk提供的Porter算法[①]来完成。为此,首先创建一个PorterStemmer实例,取名为stemmer,然后将其stem()方法添加到例11.2开头的列表迭代式中,如例11.3所示。

例11.3　将词干提取添加到列表迭代式中

```
[stemmer.stem(w.lower()) for w in gberg_sents[4]
if w.lower() not in stpwrds]
```

　　输出结果如下:

```
['youngest',
 'two',
 'daughter',
 'affection',
 'indulg',
 'father',
 'consequ',
 'sister',
 'marriag',
 'mistress',
 'hous',
 'earli',
 'period']
```

---

① Porter, M. F. (1980). An algorithm for suffix stripping. *Program*, 14, 130-137.

虽然与例11.2输出的结果类似,但上述列表中的许多单词是词干,例如:

- daughters 与 daughter(允许对复数形式和单数形式进行相同的处理);
- house 与 hous(允许对诸如单词house 与其词干 hous 等进行相同的处理);
- early 与 earli(允许对诸如 early、earlier 和 earliest 等不同时态进行相同的处理)。

这些词干提取的例子对于小型语料库可能还算有用,因为小型语料库中特定单词出现的次数相对较少。通过将词义十分接近的单词汇集在空间中的同一点,可以人为地增加这一词向量出现的次数,因此可以更准确地对其进行定位(参见图2.6)。但是对于大型语料库,如果罕见词出现足够的多次,则需要对一个单词的单复数或不同时态形式做区别处理,近义词也要分开对待,这一点对庞大的语料库来说是十分必要的。

11.1.5 处理 *n*-grams

为了将像 New York 这样的二元词组处理为一个单独的 token 而不是两个 token,我们可以使用 gensim 库中的 Phrases()和 Phraser()方法。如例11.4所示,它们的使用方式如下。

(1)Phrases()用于训练一个“检测器”,以确定某个二元词组“整体”相对于其中每个单词“单独”出现在语料库中的频率。

(2)Phraser()用于获取由 Phrases()检测到的二元词组,然后实例化一个 bigram 对象,这个 bigram 对象用于后续针对二元词组将两个连续的 token 转换为单个 token。

例11.4 检测二元词组

```
phrases = Phrases(gberg_sents)
bigram = Phraser(phrases)
```

通过运行 bigram.phrasegrams,我们可以输出每个二元词组的计数和得分。图11.2展示了例11.4的部分输出结果。

从图11.2可以看到,每个二元词组的后面是对应的计数和得分。例如,two daughters 在 Gutenberg 语料库中仅出现了19次,这个二元词组的分数很低(不到12),这意味着 two 与 daughters 相对于它们分开单独出现的频率而言,两者以二元词组形式出现的频率很低。相比之下,Miss Taylor 出现了48次,并且相对于 Miss 和 Taylor 独立出现的频率,以 Miss Taylor 二元组形式出现的频率更高,分数接近453.8。

通过观察图11.2中的二元词组我们发现,它们受单词首字母大写和标点符号的影响很大。我们将在11.1.6小节中解决这些问题,现在我们先来讨论如何使用程序创建的 bigram 对象将两个连续的 token 转换为单个 token。将所有包含空格的字符串使用 split()方法分解为词列表,如下所示:

```
{(b'two', b'daughters'): (19, 11.966813731181546),
(b'her', b'sister'): (195, 17.7960829227865),
(b"'", b's'): (9781, 31.066242737744524),
(b'very', b'early'): (24, 11.01214147725924),
(b'Her', b'mother'): (14, 13.529425062715127),
(b'long', b'ago'): (38, 63.22343628984788),
(b'more', b'than'): (541, 29.023584433996874),
(b'had', b'been'): (1256, 22.306024648925288),
(b'an', b'excellent'): (54, 39.063874851750626),
(b'Miss', b'Taylor'): (48, 453.759180226073305),
(b'very', b'fond'): (28, 24.134280468850747),
(b'passed', b'away'): (25, 12.35053642325912),
(b'too', b'much'): (173, 31.376002029426687),
(b'did', b'not'): (935, 11.728416217142811),
(b'any', b'means'): (27, 14.096964108090186),
(b'wedding', b'-'): (15, 17.46951977740113),
(b'Her', b'father'): (18, 13.129571562488772),
(b'after', b'dinner'): (21, 21.5285481168817),
```

图11.2 在 Gutenberg 语料库中检测 bigram 对象的输出结果

```
tokenized_sentence = "Jon lives in New York City".split()
```

tokenized_sentence将输出单词列表['Jon', 'lives', 'in', 'New', 'York', 'City']，但是，如果使用bigram[tokenized_sentence]将其传递给bigram对象，那么该列表将变成['Jon', 'lives', 'in', 'New_York', 'City']，里面出现了New_York这个二元词组。

> 当您运行bigram对象并在整个语料库中识别出所有二元词组之后，便可以对这个充满二元词组的新语料库重复调用Phrases()和Phraser()方法，进而检测其中的三元词组（例如New York City），甚至识别四元词组、五元词组等。当然，随着多元词组长度的增加，检测效果会逐渐减弱。实际上，只要处理好所有的二元词组或者大部分的三元词组，就能够满足大多数应用程序的要求。另外，即使使用Gutenberg语料库继续检测三元词组，也不太可能检测到New York City，因为在这种古典英文语料库中很少会出现这样的词组。

11.1.6 预处理整个语料库

在对单个句子的预处理步骤有了一定了解之后，现在我们可以编写整个Gutenberg语料库的预处理代码，以便在剔除了大写字母及标点符号的语料库上处理所有二元词组。

在本章的最后，我们将利用由安德鲁·马斯（Andrew Maas）与其斯坦福大学的同事整理的电影评论语料库，通过NLP模型对评论的观点进行预测。[1] 在数据预处理步骤中，Maas与其同事决定保留停顿词，因为停顿词大多是"情感的象征"[2]；他们还决定不进行词干提取，这是由于他们使用的语料库足够大，因此在NLP模型训练期间，具有相似含义的单词能够在词向量空间中找到相似的位置（参见图2.6）。

如例11.5所示，我们在对Gutenberg语料库进行预处理时，同样选择保留停顿词且不进行词干提取。

例11.5 大写字母转换及标点符号删除

```
lower_sents = []
for s in gberg_sents:
    lower_sents.append([w.lower() for w in s if w.lower()
                        not in list(string.punctuation)])
```

在这个例子中，我们首先初始化一个名为lower_sents的空列表，然后使用for循环将预处理语句放进这个列表。[3] 为了对循环中的每个句子进行预处理，我们可以使用例11.2中的

---

① Maas，A.，et al.（2011）. Learning word vectors for sentiment analysis. *Proceedings of the 49th Annual Meeting of the Association for Computational Linguistics*，142-150.

② 正如本章前面所提到的，这符合我们的想法。

③ 如果要预处理一个大型语料库，那么建议您使用可优化和可并行化的函数式编程技巧代替简单的for循环。

列表迭代式,在将所有字符转换为小写时只删除标点符号。

在去掉标点符号和大写字母后,就可以重新开始在整个语料库中检测二元词组。

```
lower_bigram = Phraser(Phrases(lower_sents))
```

这一次我们通过将Phrases()和Phraser()方法复合在一起,实例化了一个 lower_bigram 对象。调用lower_bigram.phrasegrams后的部分输出结果如图11.3所示。将这些二元词组与图11.2中的做比较,可以看出这些二元词组都是小写的(如 miss taylor),并且不包含标点符号。

```
{(b'two', b'daughters'): (19, 11.080802900992637),
 (b'her', b'sister'): (201, 16.93971298099339),
 (b'very', b'early'): (25, 10.516998773665177),
 (b'her', b'mother'): (253, 10.708126186607742),
 (b'long', b'ago'): (38, 59.226442015336005),
 (b'more', b'than'): (562, 28.529926612065935),
 (b'had', b'been'): (1260, 21.583193129694834),
 (b'an', b'excellent'): (58, 37.41859680854167),
 (b'sixteen', b'years'): (15, 131.42913000977515),
 (b'miss', b'taylor'): (48, 420.4340982546865),
 (b'mr', b'woodhouse'): (132, 104.19907841850323),
 (b'very', b'fond'): (30, 24.185726346489627),
 (b'passed', b'away'): (25, 11.751473221742694),
 (b'too', b'much'): (177, 30.36309017383541),
 (b'did', b'not'): (977, 10.846196223896685),
 (b'any', b'means'): (28, 14.294148100212627),
 (b'after', b'dinner'): (22, 18.607371252729944),
 (b'mr', b'weston'): (162, 91.63290824201266),
```

图11.3 在字符为小写且无标点符号的语料库中检测到的部分二元词组

然而,通过对图11.3所示的输出结果做进一步检查,我们发现,计数和得分的默认最小阈值的设置过于宽松。也就是说,诸如two daughters和her sister的词组,不应该被看作二元词组。为了检测出更适合的二元词组,我们尝试将阈值乘以2的不同次幂并查看效果;最终发现Phrases()参数设置的最理想情况是——最小计数阈值为32,最小得分阈值为64,如例11.6所示。

例11.6 调整二元词组检测函数的阈值

```
lower_bigram = Phraser(Phrases(lower_sents,
                        min_count=32, threshold=64))
```

由于仍然存在一些有问题的二元词组,例如great deal 和 few minutes,导致上述结果仍不是最优的[1],但是调用lower_bigram.phrasegrams后的输出结果基本上是合理的,如图11.4所示。

有了例11.6中的lower_bigram对象,接下来就可以使用for循环迭代地添加一个预处理好句子的语料库,如例11.7所示。

———————
[1] 这些都是统计上的近似值!

例11.7 创建一个只包含二元词组的"干净"语料库

```
clean_sents = []
for s in lower_sents:
    clean_sents.append(lower_bigram[s])
```

图11.5展示了预处理好句子的Gutenberg语料库中的第7个元素(clean_sents[6]),其中包含了miss_taylor和mr_woodhouse。

```
{(b'miss', b'taylor'): (48, 156.44059469941823),
 (b'mr', b'woodhouse'): (132, 82.04651843976633),
 (b'mr', b'weston'): (162, 75.87438262077481),
 (b'mrs', b'weston'): (249, 160.68485093258923),
 (b'great', b'deal'): (182, 93.36368125424357),
 (b'mr', b'knightley'): (277, 161.74131790625913),
 (b'miss', b'woodhouse'): (173, 229.03802722366902),
 (b'years', b'ago'): (56, 74.31594785893046),
 (b'mr', b'elton'): (214, 121.39901219323397),
 (b'dare', b'say'): (115, 89.94000515807346),
 (b'frank', b'churchill'): (151, 1316.4456593286038),
 (b'miss', b'bates'): (113, 276.39588291692513),
 (b'drawing', b'room'): (49, 84.91494947493561),
 (b'mrs', b'goddard'): (58, 143.57843432545658),
 (b'miss', b'smith'): (58, 73.03442128232508),
 (b'few', b'minutes'): (86, 204.16834974753786),
 (b'john', b'knightley'): (58, 83.03755747111268),
 (b'don', b't'): (830, 250.30957446808512),
```

```
['sixteen',
 'years',
 'had',
 'miss_taylor',
 'been',
 'in',
 'mr_woodhouse',
 's',
 'family',
 'less',
 'as',
 'a',
 'governess',
 'than',
 'a',
 'friend',
 'very',
 'fond',
 'of',
 'both',
 'daughters',
 'but',
 'particularly',
 'of',
 'emma']
```

图11.4 基于更保守阈值的部分二元词组输出结果 　 图11.5 Gutenberg语料库中经过 预处理的句子

11.2 通过word2vec创建词嵌入

现在我们可以使用预处理好的自然语言语料库clean_sents,将其中的单词嵌入词向量空间(参见图2.6)。正如我们将在本节中介绍的,词嵌入可以用一行码实现。但是,这一行代码不能盲目使用,里面的可选参数需要仔细斟酌。鉴于此,在深入研究示例代码之前,我们首先介绍一下词向量背后的基本理论。

11.2.1 word2vec背后的基本理论

通过学习第2章,大家对词向量应该有了直观的理解。我们之前还讨论了如下思想:如果想要了解一个给定的单词,我们可以从它周围的单词入手,更进一步说,这个单词的含义可以很好地用它周围单词的平均值来表示。word2vec是一种无监督学习技术[1],当它作用在自然语言语料库上时,它并不使用语料库的任何标签,这意味着任何自然语言的数据集都可以作为word2vec的输入[2]。

---

[1] 关于监督学习、无监督学习和强化学习之间差异的概述,参见第4章。

[2] Mikolov, T., et al. (2013). Efficient estimation of word representations in vector space. *arXiv*:1301.3781.

word2vec 有两种基础模型架构可供选择：Skip-Gram（SG）和 Continuous Bag Of Words（CBOW）。尽管这两种模型架构实现概率最大化的方法大相径庭，但得到的结果通常大致相同。为了理解这一点，请重新考虑图 2.5 所示的迷你语料库。

```
you shall know a word by the company it keeps
```

在上面的句子中，我们将 word 视为目标单词，而将其右侧的 3 个单词以及左侧的 3 个单词视为上下文单词（即单词的窗口大小为 3，这是应用 word2vec 时必须考虑的主要超参数之一）。在 SG 架构中，上下文单词是根据目标单词预测的[①]；而在 CBOW 架构中，情况正好相反，目标单词是根据上下文单词预测的[②]。

为了更具体地理解 word2vec，我们接下来深入 CBOW 架构的细节。在 CBOW 架构中，目标单词的预测值就是所有上下文单词的"联合"平均值：既不考虑上下文中某个单词的位置，也不考虑上下文单词出现在目标单词之前还是之后。这就是 CBOW 架构名称中"词袋"（Bag Of Words，BOW）的含义。

- 将窗口中的所有上下文单词放在目标单词的左侧和右侧。
- 将所有这些上下文单词放进一个"词袋"中，由于单词的顺序无关紧要，我们甚至可以打乱里面单词的顺序。
- 对词袋中的所有上下文单词计算平均值，并使用平均值预测目标单词。

> 如果我们关心某种语言的语法（参见图 2.9 以回顾自然语言元素的更新方式），那么词序就很重要。但是对于 word2vec 来说，由于它只关心单词的语义，因此上下文单词的顺序一般来说并不那么重要。

在讨论完 CBOW 架构名称中的"BOW"部分之后，我们再来看看"Continuous"部分：目标单词和上下文单词窗口从语料库中的第一个词开始滑动，到最后一个词结束。在沿途的每个位置，给定上下文单词，就可估计目标单词。通过随机梯度下降，我们可以调整向量空间中单词的位置，从而逐步改进对目标单词的估计。

如表 11.1 所示，当使用小型语料库时，SG 架构是更好的选择，因为它能够很好地表示词向量空间中的罕见词。相比之下，CBOW 架构的计算效率要高得多，因此当需要处理大型语料库时，CBOW 架构是更好的选择，同时它也能更好地表示常见词。[③]

表 11.1　word2vec 架构的比较

架构	预测	相对优势
SG	给定目标单词，预测上下文单词	对于小型语料库效果更佳，更擅长处理罕见词
CBOW	给定上下文单词，预测目标单词	运行速度快，更擅长处理常见词

---

① 在机器学习专业术语中，SG 架构的损失函数是在给定当前目标单词和语料库的情况下，最大化任何可能的上下文单词的对数概率。

② 同样，在机器学习专业术语中，CBOW 架构的损失函数是在给定当前上下文单词和语料库的情况下，最大化任何可能的目标单词的对数概率。

③ 无论使用的是 SG 架构还是 CBOW 架构，运行 word2vec 时都要选择训练方法，选项有两个：分层 softmax 和负采样。前者涉及规范化，更适合于罕见词；后者放弃了规范化，更适合于常见词和低维词向量空间。就我们在本书中的目的而言，这两种训练方法之间的差异微不足道，因此我们不再赘述。

尽管word2vec是将自然语言语料库中的单词嵌入向量空间的使用最广泛的方法，但它并不是唯一的选择。GloVe由斯坦福大学著名的自然语言学者Jeffrey Pennington、Richard Socher和Christopher Manning于2014年提出，它是word2vec的重要替代方法。

GloVe和word2vec方法的区别如下：word2vec使用预测模型，而GloVe基于计数。最终，这两种方法都能构建出相似的词向量空间嵌入。研究表明：word2vec在某些情况下效果更好；而GloVe有一个潜在优势，就是可以在多台处理器甚至多台机器上运行。因此，如果要为一个规模庞大且包含许多特殊单词的语料库构建词向量空间，那么GloVe是不错的选择。

目前领先于word2vec和GloVe的替代方法是fastText，这种方法是由Facebook的研究人员开发的。fastText的主要优点是它在子单词级别上操作，它的词向量实际上是单词的子组件，这使得fastText可以解决一些棘手的问题，比如本章开头讨论的"自然语言数据的预处理"中涉及的罕见词和词汇表外单词等问题。

11.2.2　词向量的评估

但是，无论使用word2vec还是使用其他方法创建词向量，在评估词向量时，都可以从两个广泛的角度进行考虑：内在评估和外在评估。

外在评估主要是对您感兴趣的下游NLP应用（如情感分析或命名实体识别）中词向量的性能进行评估。由于需要执行所有下游处理步骤，包括可能需要训练一个计算复杂度较高的深度学习模型，因此外在评估可能需要花费更长的时间。但可以肯定的是，如果词向量能够显著提高NLP应用的准确性，那么对它的评估也是很值得的。

相比之下，内在评估是在一些特定的中间子任务上，而不是在最终的NLP应用上对词向量进行评估。一种常见的中间任务是评估词向量是否能很好地与图2.7所示的那些向量空间运算相对应。例如，如果我们从king在向量空间中的位置开始，先减去man，再加上woman，那么我们最终会停留在向量空间中queen的附近吗？[①]

相较于外在评估，内在评估更简便快速。内在评估还可以帮助我们更好地深入NLP流程中的中间步骤，从而排查bug。但是，内在评估的局限性在于，只有当我们确定词向量在中间子任务上的性能与NLP应用指标之间存在可靠、可量化的相关性时，才有可能提高NLP应用下游的精度。

11.2.3　word2vec的运行

如例11.8所示，尽管带有相当多的参数，但word2vec可以仅用一行代码来运行。

例11.8　运行word2vec

```
model = Word2Vec(sentences=clean_sents, size=64,
```

[①] 托马斯·米科洛夫（Tomas Mikolov）与其同事在他们于2013年发表的word2vec论文中提到了一个包含19 500个类比的测试集，这个测试集可从TensorFlow官网搜索得到（搜索关键字为questions-words）。

```
                 sg=1, window=10, iter=5,
                 min_count=10, workers=4)
```

下面对传入Word2Vec()方法的参数进行解析。

- sentences：传入一个列表作为语料库，如clean_sents。高级列表中的元素是句子，低级列表中的元素则可以是切分后的单词。

- size：设定词向量空间的维数。维数是一个超参数，可以在进行内在或外在评估后进行适当更改。与本书中的其他超参数一样，对于维数，也可以先指定一个数值——假设指定为32——之后再使用2的幂次方乘以这个值，从而锁定维数的最优值。将维数加倍会使后一阶段深度学习模型的计算复杂度增加一倍，但是如果这样可以显著提高模型的精度，那么增加复杂度也是有必要的。将维数减半会使后一阶段的计算复杂度减半，如果减半不会显著降低NLP模型的精度，那就果断减半。通过执行一些内在评估（稍后将详细讨论），我们发现64维比32维更合适，但把维数增加到128并不会带来明显的改善。

- sg：当sg=1时选择SG架构，当sg=0时默认选择CBOW架构。如表11.1所示，SG架构通常更适合小的数据集，如Gutenberg语料库。

- window：滑动窗口的大小。在总共20个上下文单词的情况下，对于SG架构来说窗口大小为10是不错的选择，因此可以将超参数window设为10。如果使用CBOW架构，那么窗口大小为5可能更佳。在任何情况下，这个超参数都可以在进行内在或外在评估后进行调整。但是，对这个超参数的微小调整一般不会产生明显的影响。

- iter：遍历次数。默认情况下，Word2Vec()方法总共遍历（即滑过所有的单词）语料库5次。word2vec的多次遍历类似于训练深度学习模型多个周期。对于小型语料库，词向量可以在遍历几次后就得到改进；但是对于非常大的语料库，就算仅仅遍历两次，在计算上也是非常困难的，而且由于单词量过大，遍历再多次效果可能也不会有提升。

- min_count：一个单词在语料库中出现的最小次数，对于词频小于min_count的单词我们不会进行训练。如果某个目标单词只出现一次或几次，那么其上下文单词的数量肯定是有限的，因此可能无法精准获得它在词向量空间中的位置。min_count通常设置为10。min_count的值越大，后一阶段NLP任务可用的词汇量就越小。这又是一个可以调优的超参数，因为筛选后的词汇量可能对后一阶段NLP应用产生相当大的影响，所以在调整这个超参数时，外在评估一般比内在评估更有参考意义。

- workers：训练中的并行工作线程数。如果计算机中的CPU为8核，那么8就是所能设置的最大并行工作线程数。在这种情况下，如果设置workers超参数为小于8的数，则可以保留一部分计算资源给其他任务。

在GitHub仓库中，我们可以使用word2vec对象的save()方法来保存模型。

```
model.save('clean_gutenberg_model.w2v')
```

不需要自己运行word2vec,您就可以简单地使用下面这行代码加载词向量。

```
model = gensim.models.Word2Vec.load('clean_gutenberg_model.w2v')
```

如果选择使用上述代码加载词向量,那么以下示例的输出[1]将会是相同的,我们可以通过调用 len(model.wv.vocab)来查看词汇量。在 clean_sents 语料库[2]中,有 10 329 个单词出现了 10 次以上,dog 就是其中一个。如图 11.6 所示,可通过运行 model.wv['dog'] 输出单词 dog 在 64 维词向量空间中的位置。

```
array([ 0.38401067,  0.01232518, -0.37594706, -0.00112308,  0.38663676,
        0.01287549,  0.398965  ,  0.0096426 , -0.10419296, -0.02877572,
        0.3207022 ,  0.27838793,  0.62772304,  0.34408906,  0.23356602,
        0.24557391,  0.3398472 ,  0.07168821, -0.18941355, -0.10122284,
       -0.35172758,  0.4038952 , -0.12179806,  0.096336  , -0.00641343,
        0.02332107,  0.7743452 ,  0.03591069, -0.20103034, -0.1688079 ,
       -0.01331445, -0.29832968,  0.08522387, -0.02750671,  0.32494134,
       -0.14266558, -0.4192913 , -0.09291836, -0.23813559,  0.38258648,
        0.11036541,  0.005807  , -0.16745028,  0.34308755, -0.20224966,
       -0.77683043,  0.05146591, -0.5883941 , -0.0718769 , -0.18120563,
        0.00358319, -0.29351747,  0.153776  ,  0.48048878,  0.22479494,
        0.5465321 ,  0.29695514,  0.00986911, -0.2450937 , -0.19344331,
        0.3541134 ,  0.3426432 , -0.10496043,  0.00543602], dtype=float32)
```

图 11.6   使用 Gutenberg 语料库生成的单词"dog"在 64 维词向量空间中的位置

我们可以对词向量进行内在评估,使用 most_similar( )查找词向量空间[3]中位置相似、含义也相似的单词。例如,要想输出词向量空间中与 father 最为相似的 3 个单词,可以运行以下代码:

```
model.wv.most_similar('father', topn=3)
```

输出结果为

```
[('mother', 0.8257375359535217),
 ('brother', 0.7275018692016602),
 ('sister', 0.7177823781967163)]
```

结果表明,在 64 维的词向量空间中,mother、brother 和 sister 是与 father 最为相似的 3 个单词,其中 mother 的相似度[4]最高。表 11.2 提供了词向量空间中相似度最高[5]的几个单词,对于 Gutenberg 小型语料库,输出这 5 个单词是相当合理的。

表 11.2   从 Gutenberg 语料库中选出与测试词最相似的单词

测试词	最相似单词	余弦相似度得分
father	mother	0.82
dog	puppy	0.78
eat	drink	0.83
day	morning	0.76
ma_am	madam	0.85

---

[1] 每次运行 word2vec 时,词向量空间中每个单词的初始位置都是随机分配的。因此,即便每一次都为 Word2Vec( ) 输入相同的数据和参数,也会生成不同的词向量,但语义关系应该是类似的。

[2] 在例 11.8 中,当调用 Word2Vec( )时,由于将 min_count 设置为 10,因此词汇量等于语料库中出现至少 10 次的单词的数量。

[3] 从技术上讲,两个给定词之间的相似度是通过计算余弦相似度得分来评估的。

[4] 相似度最高的意思是:在 64 维的词向量空间中,两个词之间具有最短的欧氏距离。

[5] 表 11.2 中的最后一个测试词 ma_am 仅在二元词组中是可行的(参见例 11.6 和例 11.7)。

运行以下代码：

```
model.wv.doesnt_match("mother father sister brother dog".split())
```

输出的结果是dog，这表明单词dog与其他4个单词的相似度最低。通过运行以下代码可知，单词father和dog的相似度得分仅为0.44。

```
model.wv.similarity('father', 'dog')
```

相似度得分0.44远远低于father与mother、brother和sister的相似度得分，因此单词dog与词向量空间中其他4个单词之间同样相隔较远。

我们最后做一下内在评估，计算图2.7所示的词向量类比。例如，为了计算$v_{father} - v_{man} + v_{woman}$，我们需要运行以下代码：

```
model.wv.most_similar(positive=['father', 'woman'], negative=['man'])
```

相似度得分最高的单词是mother。假设同样运行以下代码：

```
model.wv.most_similar(positive=['husband', 'woman'], negative=['man'])
```

在这种情况下，相似度得分最高的单词是wife。上述结果表明词向量空间给出的绝大多数答案是正确的。

N维词向量空间中的某个维度不一定表示单词的某种特定属性。例如，性别或时态的差异是由词向量空间中的向量表示的，但向量方向可能只是偶然地与向量空间的轴平行或垂直。这就与一些用坐标轴来解释变量的多元统计分析方法形成了鲜明对比。

许多人都很熟悉的一种多元统计分析方法是主成分分析（PCA）——一种把多维自变量转换为少数几个自变量的降维技术。PCA与词向量空间的区别是：在PCA中，第一主成分的方差最大，所以可以忽略后面的变量；但是在词向量空间中，所有的维度都同等重要，都需要考虑。因此，在不需要考虑所有维度的情况下，像PCA这样的降维方法还是有用的。

11.2.4 词向量的绘制

人类大脑很难想象三维以上的空间。因此，绘制包含几十甚至几百个维度的词向量是不现实的，但我们可以使用一定的降维方法来近似地将单词在词向量空间中的位置从高维映射到二维或三维。此处推荐使用由Laurens van der Maaten与Geoff Hinton[①]合作开发

① van der Maaten, L., & Hinton, G. (2008). Visualizing data using t-SNE. *Journal of Machine Learning Research*, 9, 2579-2605.

的 t 分布随机邻接嵌入（t-SNE）降维方法。

例 11.9 首先将描述 Gutenberg 语料库的 64 维词向量空间减少到二维，然后将得到的 x 和 y 坐标值存储在一个 Pandas 数据表对象中。对于 scikit-learn 库中的 TSNE( ) 方法，我们需要关注如下两个参数。

- n_components：嵌入空间的维度。设置为 2 将得到二维输出，设置为 3 将得到三维输出。
- n_iter：遍历次数。与 word2vec 一样，遍历次数类似于神经网络训练中的周期数。遍历次数越多，训练时间越长，但也越有可能在一定程度上改进结果。

例 11.9 t-SNE 降维

```
tsne = TSNE(n_components=2, n_iter=1000)
X_2d = tsne.fit_transform(model.wv[model.wv.vocab])
coords_df = pd.DataFrame(X_2d, columns=['x','y'])
coords_df['token'] = model.wv.vocab.keys()
```

运行例 11.9 所示的 t-SNE 降维代码可能需要一些时间，如果不想等待，可以直接使用以下代码加载结果[①,②]：

```
coords_df = pd.read_csv('clean_gutenberg_tsne.csv')
```

无论是通过自己运行 t-SNE 降维代码来生成 coords_df，还是直接加载库中的 coords_df，都可以使用 head( ) 方法来查看数据表中的前几行。

```
coords_df.head()
```

输出结果如图 11.7 所示。

	x	y	token
0	62.494060	8.023034	emma
1	8.142986	33.342200	by
2	62.507140	10.078477	jane
3	12.477635	17.998343	volume
4	25.736960	30.876250	i

图 11.7　这是一个基于 Gutenberg 语料库创建的使用二维词向量空间表示的 Pandas 数据表，其中的每个单词都有自己独有的 x 和 y 坐标值

---

① 在词向量上运行 t-SNE 降维代码之后，可以使用 coords_df.to_csv('clean_gutenberg_tsne.csv', index=False) 创建指定的 CSV 文件。

② 注意，t-SNE 具有一定的随机性，所以每次运行时都会得到不同的结果。

下面绘制词向量空间的二维静态散点图，代码如例11.10所示，运行结果如图11.8所示。

例11.10 绘制词向量空间的二维静态散点图

```
_ = coords_df.plot.scatter('x', 'y', figsize=(12,12),
                            marker='.', s=10, alpha=0.2)
```

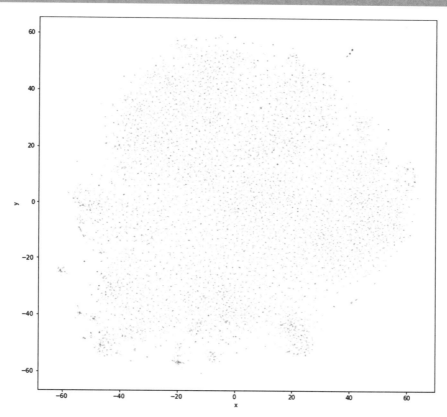

图11.8 词向量空间的二维静态散点图

图11.8所示的散点图看起来很有趣，但实际上我们从中能够获得的信息很少，因此建议使用bokeh库创建一幅有高度交互性和可操作性的图，详见例11.11[①]提供的代码。

例11.11 绘制二维词向量数据的交互式bokeh图

```
output_notebook()
subset_df = coords_df.sample(n=5000)
p = figure(plot_width=800, plot_height=800)
_ = p.text(x=subset_df.x, y=subset_df.y, text=subset_df.token)
show(p)
```

---

① 例11.11使用Pandas中的sample()方法将数据集的规模减小到了只有5000个单词。这么做是因为当使用交互式bokeh图时，数据过多会导致界面变得臃肿卡顿。

运行结果如图11.9所示。

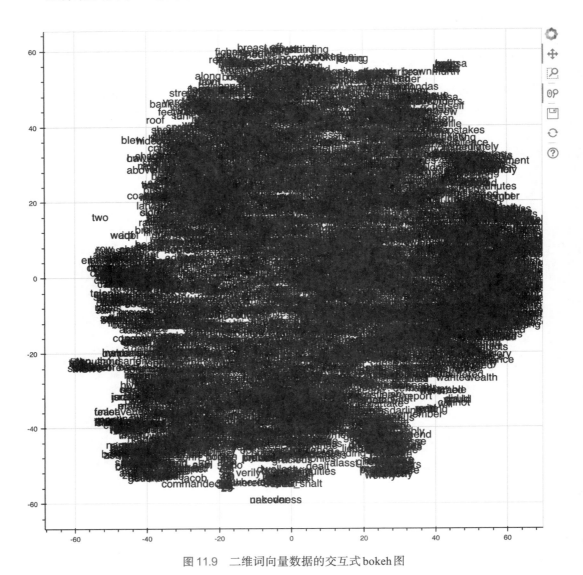

图 11.9   二维词向量数据的交互式 bokeh 图

通过单击图11.9中右上角的 Wheel Zoom 按钮,我们可以放大某片词云以更清晰地查看其中的单词。如图11.10所示,我们找到一片主要由衣物组成的单词区域,附近就有包括人体结构、颜色和布料等与之相关的单词聚集在这里。通过以这种方式进行探索,我们可以主观粗略地评估一下相关术语(尤其是同义词)是否如预期聚集在一起。但是,自然语言预处理步骤也存在一定的局限性,如包含标点符号、二元词组以及无法处理不在词向量语料库中的单词等问题。

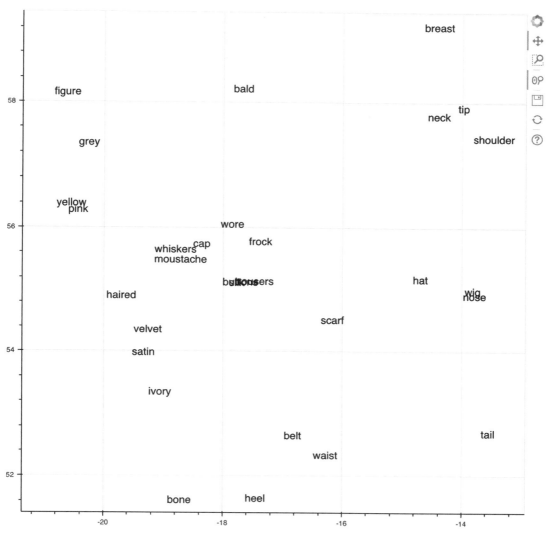

图 11.10 将图 11.9 放大后的 Gutenberg 语料库中服装词汇的 bokeh 图

11.3 ROC 曲线下的面积

我们先暂时告别有趣的交互式词向量可视化工具,而是抽出一小段时间来介绍一个度量指标,在下游评估深度学习 NLP 模型的性能时,这个度量指标将会派上用场。

到目前为止,大多数模型都涉及多个输出,例如在处理 MNIST 数字时,我们使用 10 个输出神经元来表示输入图像是 10 个数字中的每一个数字的概率。然而,在本章的剩余部分,我们将建立一个深度学习模型,用于预测影评中的言语是正面评论还是负面评论。该深度学习模型是一个二元分类器,它只能区分两个类别。

在处理多分类问题时,神经网络需要的输出神经元数量与类别数是一样多的。但是对于二分类问题,在提供输入 x 后,若二元分类器计算出其中某一类别的输出是 $\hat{y}$,则另一类别的输出只能是 $1 - \hat{y}$,因此二元分类器的神经网络只需要一个输出神经元。例如,将电影评论输入二元分类器,如果输出的正面评论概率值是0.85,那么影评是负面评论的概率就是1 − 0.85 = 0.15。

由于二元分类器只有一个输出,因此我们可以利用度量指标来评估模型性能,相较于多分类问题中界定明确的精度指标,二元分类器的度量指标较为复杂。例如,当我们使用比较典型的计算方法时,若输出大于0.5的任何输入都属于某一类别,则输出小于0.5的任何输入将属于另一类别。考虑一种情况:输入一条电影评论后,二元分类器的输出为$\hat{y}$ = 0.48,由于输出小于0.5,因此精度计算阈值会将这条评论列为负面评论;但是,若输入的另一条电影评论对应的输出为$\hat{y}$ = 0.51,则尽管模型认为这条评论和第一条评论有着相差无几的褒贬程度,但是由于0.51大于准确率阈值0.5,因此第二条评论会被列为正面评论。此时,二进制阈值方法看起来就有些过于简单了。

精度指标阈值的严格性掩盖了模型输出质量的细微差别,因此,在评估二元分类器的性能时,常用指标是接收者操作特征曲线下的面积:ROC AUC(area under the curve of the receiver operating characteristic)。ROC AUC起源于第二次世界大战时期,当时被用来评估雷达工程师识别敌方目标的判断能力。

使用ROC AUC指标的两个原因如下。

(1) ROC AUC能够将两个有用的指标(真正率和假正率)合并为一个汇总值。

(2) ROC AUC能够评估二元分类器在整个$\hat{y}$取值范围内的性能,而通常情况下我们只以$\hat{y}$ = 0.5为单个阈值来评估二元分类器的性能,两者形成了鲜明对比。

11.3.1　混淆矩阵

计算ROC AUC指标的第一步是理解混淆矩阵。混淆矩阵是一个简单的2×2表格,它展示了一个模型在作为二元分类器时的混乱程度。表11.3给出了一个混淆矩阵的例子。

表11.3　混淆矩阵

		真实值y	
		1	0
预测值$\hat{y}$	1	真正类	假正类
	0	假负类	真负类

为了更容易地理解混淆矩阵,下面我们将目光转移到前面章节中提到的区分输入是否为热狗的二元分类器上。

- 为模型输入x,若预测的结果是热狗,则我们可以填写表格的第一行,因为预测值$\hat{y}$ = 1。在这种情况下
  - 真正类:输入的是热狗,真实值y = 1,模型分类正确。
  - 假正类:输入的不是热狗,真实值y = 0,模型分类错误。
- 为模型输入x,若预测的结果不是热狗,则我们可以填写表格的第二行,因为预测值$\hat{y}$ = 0。在这种情况下
  - 假负类:输入的是热狗,真实值y = 1,模型分类错误。
  - 真负类:输入的不是热狗,真实值y = 0,模型分类正确。

11.3.2　计算ROC AUC指标

在简要介绍了混淆矩阵之后,接下来我们通过一个小的例子来演示ROC AUC指标的计算过程。如表11.4所示,二元分类模型有4个输入,其中的两个输入确实是热狗($y = 1$),另外两个输入则确实不是热狗($y = 0$)。对于每一个输入,模型都输出预测值$\hat{y}$。

表11.4　对4个输入是否为热狗进行预测

y	$\hat{y}$
0	0.3
1	0.5
0	0.6
1	0.9

为了计算ROC AUC指标,我们可以将模型输出的每个$\hat{y}$值依次作为二元分类的阈值。从最小的$\hat{y}$值开始,只有第1个输入被归类为不是热狗,输入的第2~4个$\hat{y}$值都大于0.3,因此它们都被归类为是热狗。将分类结果代入表11.3所示的混淆矩阵。

- 真负类(TN):预测不是热狗,实际不是热狗,模型预测正确。
- 真正类(TP):预测是热狗,实际也是热狗,模型预测正确。
- 假正类(FP):预测是热狗,实际不是热狗,模型预测错误。
- 真负类(FN):预测不是热狗,实际是热狗,模型预测错误。

再将阈值分别设置为0.5和0.6,重复上述过程,就可以填充表11.5中的其余列。通过将每个阈值处的分类结果和y值,与表11.3所示的混淆矩阵做比较,我们可以更好地理解这些概念。请注意,最高的$\hat{y}$值(在本例中为0.9)可以作为潜在阈值跳过,因为在如此高的阈值下,模型会认为所有4个输入都不是热狗,阈值将被作为上限而不是分类的界限。

表11.5　预测4个输入是否为热狗的ROC AUC计算过程的中间值

y	$\hat{y}$	阈值为0.3	阈值为0.5	阈值为0.6
0	0.3	0 (TN)	0 (TN)	0 (TN)
1	0.5	1 (TP)	0 (FN)	0 (FN)
0	0.6	1 (FP)	1 (FP)	0 (TN)
1	0.9	1 (TP)	1 (TP)	1 (TP)
真正率 = $\dfrac{\text{TP}}{\text{TP} + \text{FN}}$		$\dfrac{2}{2 + 0} = 1.0$	$\dfrac{1}{1 + 1} = 0.5$	$\dfrac{1}{1 + 1} = 0.5$
假正率 = $\dfrac{\text{FP}}{\text{FP} + \text{FN}}$		$\dfrac{1}{1 + 1} = 0.5$	$\dfrac{1}{1 + 1} = 0.5$	$\dfrac{0}{0 + 2} = 0.0$

计算ROC AUC指标的下一步是计算3个阈值下的真正率(TPR)和假正率(FPR)。式(11.1)和式(11.2)展示了在阈值为0.3的情况下,如何计算真正率和假正率。

$$真正率 = \frac{\left(\text{TP个数}\right)}{\left(\text{TP个数}\right) + \left(\text{FN个数}\right)} = \frac{2}{2 + 0} = \frac{2}{2} = 1.0 \tag{11.1}$$

$$假正率 = \frac{\left(FP个数\right)}{\left(FP个数\right) + \left(TN个数\right)} = \frac{1}{1+1} = \frac{1}{2} = 0.5 \qquad (11.2)$$

为方便起见,表11.5在底部提供了阈值为0.5和0.6情况下TPR和FPR的计算数值,您可自行练习并对照结果。

计算ROC AUC的最后一步是创建一幅类似于图11.11的图形。构成ROC曲线的点分别是:在取表11.5中每个阈值的情况下,以假正率为水平轴坐标,以真正率为垂直轴坐标,标记出的3个点以及图11.11左下角和右上角两个额外的点。具体来说,图11.11中橙色的5个点分别如下。

- 左下角的点(0, 0)。
- 阈值为0.6的点(0, 0.5)。
- 阈值为0.5的点(0.5, 0.5)。
- 阈值为0.3的点(0.5, 1)。
- 右上角的点(1, 1)。

在这个例子中,只有4个不同的$\hat{y}$值,因此只能通过5个点确定ROC曲线的形状,曲线这时呈阶梯形。在实践中通常有更多的预测数据,因此会有很多不同的$\hat{y}$值,此时便可使用更多的点来绘制ROC曲线,于是曲线的阶跃形状不再明显,而是更接近平滑的曲线。ROC曲线下的面积(在图11.11中用橙色阴影表示)占整个区域面积的75%,因此ROC AUC指标为0.75。

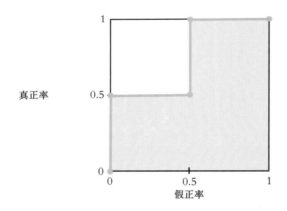

图11.11　由表11.5中的TPR和FPR确定的ROC曲线下的橙色阴影区域

随机二元分类器会产生一条从图11.11左下角到右上角的直线,所以ROC AUC为0.5,这表示这个分类器的预测完全是随机的,就像抛硬币猜正反面一样。对于FPR = 0和TPR = 1,ROC AUC为1.0,这意味着这是一个完美的分类器,所有预测分类都是正确的。因此,为了设计一个在ROC AUC指标下表现良好的二元分类器,就必须在$\hat{y}$阈值的整个取值范围内最小化FPR并最大化TPR。对于大多数问题来说,数据通常会有一定的噪声,想要ROC AUC达到1.0是不可能的。在处理任何数据集时,不管二元分类器有多么理想,总会有一个ROC AUC上限,任何模型都无法突破。

在本章的剩余部分,我们将使用ROC AUC指标以及您已经熟悉的精确度和损失指标,评估二元分类深度学习模型的性能。

11.4 通过常见网络实现自然语言分类

在本节中,我们将把自然语言预处理的最佳实践、词向量的创建和ROC AUC指标,与前几章介绍的深度学习理论联系起来。在本章的后面,我们所要实践的自然语言处理模型将是一个二元分类器,它可以判断某条影评对电影是褒是贬。下面我们首先使用已经熟悉的全连接网络和卷积网络对自然语言文档进行分类,然后尝试专用于处理序列数据的神经网络并看看效果如何。

11.4.1 加载IMDb电影评论

下面对一个相对简单的全连接网络进行训练和测试,以此作为后续评测的基准,所有的代码都在名为Dense Sentiment Classifier的Jupyter文件中。

例11.12列出了全连接影评褒贬分类器所要调用的库。在这些库中,有些在以前的章节中出现过;有些是新增的,可用来加载影评数据集、保存模型训练参数、计算ROC曲线等,稍后在应用这些库时我们再讨论细节。

例11.12 加载全连接影评褒贬分类器所要调用的库

```
import keras
from keras.datasets import imdb     # 新!
from keras.preprocessing.sequence import pad_sequences # 新!
from keras.models import Sequential
from keras.layers import Dense, Flatten, Dropout
from keras.layers import Embedding # 新!
from keras.callbacks import ModelCheckpoint          # 新!
import os # 新!
from sklearn.metrics import roc_auc_score, roc_curve # 新!
import pandas as pd
import matplotlib.pyplot as plt     # 新!
%matplotlib inline
```

将尽可能多的超参数放在文件的开头部分是一个很好的编程习惯,因为这样在运行时调试超参数将变得更加容易,同时这还极大提高了代码的易读性。因此,我们选择将所有超参数放在Jupyter文件的单个单元中,代码详见例11.13。

例11.13 设置全连接影评褒贬分类器的超参数

```
# 输出目录名:
output_dir = 'model_output/dense'

# 训练:
epochs = 4
batch_size = 128
```

```
# 词向量空间嵌入：
n_dim = 64
n_unique_words = 5000
n_words_to_skip = 50
max_review_length = 100
pad_type = trunc_type = 'pre'

# 神经网络架构：
n_dense = 64
dropout = 0.5
```

下面分析这些超参数的用途。

- output_dir：用于存储模型的每个周期训练结果参数的目录名称，以方便以后从特定训练中间点继续训练。
- epochs：训练的周期数。注意，训练NLP模型和训练机器视觉模型相比，容易更早地出现过拟合现象。
- batch_size：训练模型时的batch size（参见图8.5）。
- n_dim：词向量空间的维数。
- n_unique_words：在之前的word2vec中，语料库中的token只有当出现到一定次数时，才能够被纳入词向量词汇表。这里采用的是另一种方法：首先对语料库中所有单词的出现次数进行排序，然后只使用词频最高的前多少个单词，具体数量视情况而定。Andrew Maas与其同事[1]在电影评论语料库中选择了前5000个最为常用的单词，所以我们在这里也选择这么做。[2]
- n_words_to_skip：Maas与其同事并没有从词向量词汇表中删除一些固定的停顿词，而是假设影评语料库中词频最高的50个单词基本都是停顿词，并将它们都放入停顿词列表中。我们在这里也仿效他们的处理方法[3]。
- max_review_length：评论最大长度。每条影评必须有相同的长度，以便TensorFlow确定流入深度学习模型的数据形状。在这里，我们选择的评论最大长度为100[4]，任何长度超过100的评论都会被截断，而任何长度小于100的评论都会被我们使用特殊的字符填充至100个单词（类似于机器视觉中的零填充，如图10.3所示）。
- pad_type：字符填充位置。若选择'pre'，则在每条评论的开头填充字符；若选择'post'，则在每条评论的末尾填充字符。在这里，选择哪种填充方式不会有太大的区别，我们可任选。在本章后半部分，当我们使用处理序列数据的网络[5]时最好使用'pre'，因为语句中越靠后的内容在模型中的影响力越大，所以应该将几乎不含有用信息的填

---

① 本章前面曾提到，Maas等人（2011）将我们使用的影评语料库整理到了一起。
② 这个阈值可能不是最优的，我们并没有测试其他值，欢迎您自行调节试试看。
③ 再次提醒您，Maas等人的结果可能不是最佳选择。这样的设置意味着第51～5050个最为常用的单词将被我们放入词向量词汇表。
④ 您可以尝试设置更长或更短的评论语句。
⑤ 例如RNN和LSTM。

充字符放在语句的开头。

- trunc_type：截断位置。与 pad_type 一样，截断位置也可以是'pre'或'post'。前者从影评的开头截去单词，而后者从影评的末尾截去单词。这里也选择'pre'，因为我们之前做出过如下假设：影评的末尾部分往往比开头部分包含更多的情感信息。
- n_dense：网络全连接层中的神经元数量。此处选择的数量为 64，您可以自己进行实验和优化。同样，为了简单起见，这里只使用一层的全连接神经元，当然您也可以选择使用多层。
- dropout：dropout 机制中神经元被随机丢弃的概率。同样，我们并没有调整这个超参数，而是直接设置为 0.5。

加载 IMDb 电影评论数据只需要一行代码，如例 11.14 所示。

例 11.14　加载 IMDb 电影评论数据

```
(x_train, y_train), (x_valid, y_valid) = \
    imdb.load_data(num_words=n_unique_words, skip_top=n_words_to_skip)
```

数据集中的影评来自开源的互联网电影数据库（IMDb），总计 50 000 条。其中，一半用于模型训练（x_train），另一半用于模型验证（x_valid）。用户可以提交对某部电影的评论及星级，最多 10 星。我们可以根据星级来决定标签（y_train 和 y_valid）是 0 还是 1。

- 不超过 4 星的评论为差评（$y = 0$）。
- 7 星及以上的评论为好评（$y = 1$）。
- 为了使二分类任务更加简单，5 星和 6 星的评论都不包括在数据集中。

在调用 imdb.load_data() 时，可以指定 num_words 的值，以限制词向量词汇表的大小；此外还可以指定 skip_top 的值，以删除最常见的停顿词。

> 在名为 Dense Sentiment Classifier 的 Jupyter 文件中，我们可以使用 Keras 中的 IMDb.load_data() 方法直接加载 IMDb 电影评论数据。而在使用自己的自然语言数据时，您还需要对数据进行全方位的预处理。除了本章前面讲到的预处理步骤之外，Keras 还提供了许多方便实用的文本预处理方法，您以通过查阅 Keras 官网上的在线文件来了解详情。特别是 Tokenizer() 方法，它可以在一行代码中执行我们需要的所有预处理步骤，包括：
> - 将语料库分解到单词级别乃至字符级别；
> - 使用 num_words 设置词向量词汇表的大小；
> - 删除标点符号；
> - 将所有字符转换为小写；
> - 将 token 转换为整数索引。

11.4.2　检查 IMDb 数据

通过运行 x_train[0:6]，我们可以查看训练数据集中的前 6 条评论，图 11.12 列出了前两条评论的内容。

```
array([ [2, 2, 2, 2, 2, 530, 973, 1622, 1385, 65, 458, 4468, 66, 3941, 2,
173, 2, 256, 2, 2, 100, 2, 838, 112, 50, 670, 2, 2, 2, 480, 284, 2, 150,
2, 172, 112, 167, 2, 336, 385, 2, 2, 172, 4536, 1111, 2, 546, 2, 2, 447,
2, 192, 50, 2, 2, 147, 2025, 2, 2, 2, 2, 1920, 4613, 469, 2, 2, 71, 87,
2, 2, 2, 530, 2, 76, 2, 2, 1247, 2, 2, 2, 515, 2, 2, 2, 626, 2, 2, 2, 62,
386, 2, 2, 316, 2, 106, 2, 2, 2223, 2, 2, 480, 66, 3785, 2, 2, 130, 2, 2,
2, 619, 2, 2, 124, 51, 2, 135, 2, 2, 1415, 2, 2, 2, 2, 215, 2, 77, 52, 2,
2, 407, 2, 82, 2, 2, 2, 107, 117, 2, 2, 256, 2, 2, 2, 3766, 2, 723, 2, 7
1, 2, 530, 476, 2, 400, 317, 2, 2, 2, 1029, 2, 104, 88, 2, 381, 2, 29
7, 98, 2, 2071, 56, 2, 141, 2, 194, 2, 2, 2, 226, 2, 2, 134, 476, 2, 480,
2, 144, 2, 2, 2, 51, 2, 2, 224, 92, 2, 104, 2, 226, 65, 2, 2, 1334, 88,
2, 2, 283, 2, 2, 4472, 113, 103, 2, 2, 2, 2, 2, 178, 2],
        [2, 194, 1153, 194, 2, 78, 228, 2, 2, 1463, 4369, 2, 134, 2, 2, 71
5, 2, 118, 1634, 2, 394, 2, 2, 119, 954, 189, 102, 2, 207, 110, 3103, 2,
2, 69, 188, 2, 2, 2, 2, 2, 249, 126, 93, 2, 114, 2, 2300, 1523, 2, 647,
2, 116, 2, 2, 2, 2, 229, 2, 340, 1322, 2, 118, 2, 2, 130, 4901, 2, 2, 100
2, 2, 89, 2, 952, 2, 2, 2, 455, 2, 2, 2, 2, 1543, 1905, 398, 2, 1649, 2,
2, 2, 163, 2, 3215, 2, 2, 1153, 2, 194, 775, 2, 2, 2, 349, 2637, 148, 60
5, 2, 2, 2, 123, 125, 68, 2, 2, 2, 349, 165, 4362, 98, 2, 2, 228, 2, 2,
2, 1157, 2, 299, 120, 2, 120, 174, 2, 220, 175, 136, 50, 2, 4373, 228, 2,
2, 656, 245, 2350, 2, 2, 2, 131, 152, 491, 2, 2, 2, 2, 1212, 2, 2, 2,
371, 78, 2, 625, 64, 1382, 2, 2, 168, 145, 2, 2, 1690, 2, 2, 1355, 2,
2, 2, 52, 154, 462, 2, 89, 78, 285, 2, 145, 95],
```

图 11.12   前两条（电影）评论来自 Andrew Maas 与其同事整理的 IMDb 训练数据集
（token 采用了整数索引格式）

数据集中的每个 token 是用整数表示的，这些评论采用的都是整数索引格式。根据 NLP 中的一般惯例，我们总是把自然数中较小的几个整数用于特殊用途。

0：填充 token，用于添加到小于 max_review_length 长度的评论中。

1：起始 token，表示评论的开头。起始 token 需要位于 50 个最为常见的 token 中，否则显示为未知 token。

2：频繁出现在语料库中的 token（如 50 个最为常用的单词）或很少出现的 token（例如排在 5050 个最为常用的单词后面的单词）都会被排除在词向量词汇表之外，以未知 token 代替。

3：语料库中出现频率最高的单词。

4：语料库中出现频率第 2 高的单词。

5：语料库中出现频率第 3 高的单词，以此类推。

通过运行例 11.15 中的代码，我们可以看到训练数据集中前 6 条评论的长度。

例 11.15   输出前 6 条评论的长度（token 数量）

```
for x in x_train[0:6]:
    print(len(x))
```

评论的长度各不相同，从 43 个 token 到 550 个 token 不等。随后我们会处理这些差异，将所有评论标准化到相同的长度。

将电影评论以图 11.12 所示的整数索引格式输入神经网络模型，这是存储 token 信息的一种有效方式。若将 token 以字符串格式输入，则会占用相当大的内存。然而，只看索引的整数并不能使我们了解到关于这条影评的任何信息，为了在自然语言与整数索引之间建立联系，我们可以构造如下单词索引，其中 PAD、START 和 UNK 分别表示填充 token、起始 token 和未知 token。

```
word_index = keras.datasets.imdb.get_word_index()
word_index = {k:(v+3) for k,v in word_index.items()}
word_index["PAD"] = 0
word_index["START"] = 1
word_index["UNK"] = 2
index_word = {v:k for k,v in word_index.items()}
```

通过运行例11.16中的代码,我们可以查看训练数据集中的第一条电影评论。

例11.16　输出字符串格式的评论

```
' '.join(index_word[id] for id in x_train[0])
```

输出的字符串如图11.13所示。

```
"UNK UNK UNK UNK UNK brilliant casting location scenery story direction e
veryone's really suited UNK part UNK played UNK UNK could UNK imagine bei
ng there robert UNK UNK amazing actor UNK now UNK same being director
UNK father came UNK UNK same scottish island UNK myself UNK UNK loved UNK
fact there UNK UNK real connection UNK UNK UNK witty remarks througho
ut UNK UNK were great UNK UNK UNK brilliant UNK much UNK UNK bought UNK U
NK UNK soon UNK UNK UNK released UNK UNK UNK would recommend UNK UNK ever
yone UNK watch UNK UNK fly UNK UNK amazing really cried UNK UNK end UNK U
NK UNK sad UNK UNK know what UNK say UNK UNK cry UNK UNK UNK UNK must UNK
been good UNK UNK definitely UNK also UNK UNK UNK two little UNK UNK play
ed UNK UNK UNK norman UNK paul UNK were UNK brilliant children UNK often
left UNK UNK UNK UNK list UNK think because UNK stars UNK play them UNK g
rown up UNK such UNK big UNK UNK UNK whole UNK UNK these children UNK ama
zing UNK should UNK UNK UNK what UNK UNK done don't UNK think UNK whole s
tory UNK UNK lovely because UNK UNK true UNK UNK someone's life after UNK
UNK UNK UNK UNK us UNK"
```

图11.13　训练数据集中的第一条电影评论,格式为字符串

图11.13所示的评论包含了输入神经网络的token。我们发现,在忽略所有那些UNK token后,阅读完整评论是很顺畅的。而当我们想要调优模型效果时,查看全部评论更加有效和方便。例如,如果我们设置的n_unique_words或n_words_to_skip阈值过大或过小了,那么只要比较图11.13所示的评论和完整的评论,就可以立刻发现这个问题。我们已经有了单词索引index_words,因此只需要下载完整的评论即可。

```
(all_x_train,_),(all_x_valid,_) = imdb.load_data()
```

然后修改例11.16,对all_x_train或all_x_valid的完整影评列表执行join()方法,如例11.17所示。

例11.17　将完整评论以字符串形式输出

```
' '.join(index_word[id] for id in all_x_train[0])
```

如图11.14所示,上述代码将再次输出评论的全部内容。

```
"START this film was just brilliant casting location scenery story direct
ion everyone's really suited the part they played and you could just imag
ine being there robert redford's is an amazing actor and now the same bei
ng director norman's father came from the same scottish island as myself
so i loved the fact there was a real connection with this film the witty
remarks throughout the film were great it was just brilliant so much that
i bought the film as soon as it was released for retail and would recomme
nd it to everyone to watch and the fly fishing was amazing really cried a
t the end it was so sad and you know what they say if you cry at a film i
t must have been good and this definitely was also congratulations to the
two little boy's that played the part's of norman and paul they were just
brilliant children are often left out of the praising list i think becaus
e the stars that play them all grown up are such a big profile for the wh
ole film but these children are amazing and should be praised for what th
ey have done don't you think the whole story was so lovely because it was
true and was someone's life after all that was shared with us all"
```

图 11.14　训练数据集中的第一条电影评论，这里以字符串形式将其完整地显示了出来

11.4.3　标准化评论长度

通过执行例 11.15 可以发现，每条影评的长度参差不齐。为了运行我们使用 Keras 创建的 TensorFlow 模型，我们需要指定流入模型的输入数据的形状，从而使 TensorFlow 优化内存并合理分配计算资源。Keras 库中的 pad_sequences() 方法能够在一行代码中同时填充和截断文本。在例 11.18 中，我们使用 pad_sequences() 方法对训练和验证数据的长度进行了标准化。

例 11.18　通过填充和截断来标准化评论长度

```
x_train = pad_sequences(x_train, maxlen=max_review_length,
                        padding=pad_type, truncating=trunc_type, value=0)
x_valid = pad_sequences(x_valid, maxlen=max_review_length,
                        padding=pad_type, truncating=trunc_type, value=0)
```

现在，所有评论的长度均被规范化到 100（也就是将 max_review_length 设置为 100）。运行 x_train[5] 可以发现，这条评论之前的长度为 43 个 token，而如今这条评论的开头被填充了 57 个 PAD token，参见图 11.15。

```
'PAD PAD PAD PAD PAD PAD PAD PAD PAD PAD PAD PAD PAD PAD PAD PAD PAD PAD
PAD PAD PAD PAD PAD PAD PAD PAD PAD PAD PAD PAD PAD PAD PAD PAD PAD PAD P
AD PAD PAD PAD PAD PAD PAD PAD PAD PAD PAD PAD PAD PAD PAD PAD PAD PAD PA
D PAD PAD PAD UNK begins better than UNK ends funny UNK UNK russian UNK crew
UNK UNK other actors UNK UNK those scenes where documentary shots UNK UNK
spoiler part UNK message UNK UNK contrary UNK UNK whole story UNK UNK doe
s UNK UNK UNK UNK'
```

图 11.15　训练数据集中的第 6 条电影评论，开头已用 PAD token 填充，总长度为 100 个 token

11.4.4　全连接网络

有了 NLP 理论的支持以及预处理好的数据，我们便已经为构建神经网络做好了所有准备工作。下面对影评内容的褒贬情感进行分类，基准模型如例 11.19 所示。

例 11.19　全连接分类器的网络结构

```
model = Sequential()
model.add(Embedding(n_unique_words, n_dim,
```

```
                          input_length=max_review_length))
model.add(Flatten())
model.add(Dense(n_dense, activation='relu'))
model.add(Dropout(dropout))
# model.add(Dense(n_dense, activation='relu'))
# model.add(Dropout(dropout))
model.add(Dense(1, activation='sigmoid'))
```

下面对上述代码进行逐行解析。

- 与前面的模型一样,这里使用 Keras 中的 Sequential()方法构建了一个序列模型。
- 与 word2vec 一样,Embedding()层能够表达文档语料库对应的词向量空间。在本例中,语料库是 IMDb 训练数据集中的 25 000 条电影评论。相较于本章之前使用 word2vec 或 GloVe 工具来创建词向量,通过反向传播训练该层可以达到更优秀的效果,因为单词在向量空间中的位置不仅反映了单词之间的相似性,还反映了输入的单词与模型最终输出之间的相关性(例如,IMDb 评论对电影的褒贬程度)。词向量词汇表的大小和向量空间的维数分别由 n_unique_words 和 n_dim 指定。因为 Embedding()层是网络中的第一个隐藏层,所以还必须将输入层的形状传递给它,这是使用 input_length 参数来实现的。
- 与第 10 章一样,Flatten()层能够将多维输出展平为一维,这里是将来自嵌入层的二维输出展平为一维。
- 对于 Dense()层,我们在这个网络中使用了一个带 ReLU 函数的单层,并对其应用了 dropout 机制。
- 本例选择了一个浅层神经网络作为基准模型,读者可以添加更多的 Dense()层(见注释行)以加深网络。
- 最后,因为输出只有两个类别,所以只需要一个输出神经元。正如本章前面所讨论的,如果输入属于其中一个类别的概率为 p,那么输入属于另一个类别的概率就是 $1-p$。我们希望输出值是 $0\sim1$ 的概率值,因此在最后使用了 sigmoid 函数(参见图 6.9)。

　　除了在自然语言数据上训练词向量,或是在深度学习模型中使用 Embedding()层训练词向量,我们还可以在线下载其他人已经预训练好的词向量。
　　与第 10 章使用在 ImageNet 上训练了数百万张图像的 ConvNet 一样,网络上已经有了在庞大语料库(例如,整个维基百科或大量英文网站)上预训练过的词向量,这种自然语言迁移学习的方法非常强大。另外,fastText 文本库提供了 157 种语言的子单词嵌入向量,您可以从官网下载。
　　在本书中,我们不讨论如何使用预训练好的词向量替换嵌入层,因为这一操作有太多种方法可选。请自行上网搜索并学习 Keras 开发者 Franois Chollet 发布的一个简洁教程。

在运行 model.summary()时您会发现,这一简单 NLP 模型有许多参数,如图 11.16 所示。

```
Layer (type)                 Output Shape              Param #
=================================================================
embedding_1 (Embedding)      (None, 100, 64)           320000

flatten_1 (Flatten)          (None, 6400)              0

dense_1 (Dense)              (None, 64)                409664

dropout_1 (Dropout)          (None, 64)                0

dense_2 (Dense)              (None, 1)                 65
=================================================================
Total params: 729,729
Trainable params: 729,729
Non-trainable params: 0
```

图 11.16　全连接分类器模型的摘要

- 在嵌入层中，5000 个单词共有 320 000 个参数，每个单词在 64 维的词向量空间中都有指定的位置（64×5000＝32 0000）。
- 输入的电影评论由 100 个 token 组成，每个 token 由 64 个词向量空间坐标指定（64×100＝6400），所以有 6400 个数流入嵌入层，并通过 Flatten 层进入全连接隐藏层。
- 全连接隐藏层的 64 个神经元中的每一个都接收从 Flatten 层传来的 6400 个值，总共 64×6400＝409 600 个权重，并且每个神经元都有一个偏置，共计 409 664 个参数。
- 最后，输出层的神经元有 64 个权重，加上偏置后，共 65 个参数。
- 模型参数总共有 729 729 个。

如例 11.20 所示，我们可以使用之前学习的代码编译全连接影评褒贬情感分类器。由于二元分类器只有一个输出神经元，因此这里使用二元交叉熵损失 binary_crossentropy 代替了用于 MNIST 分类器的分类交叉熵损失 categorical_crossentropy。

例 11.20　编译分类器模型

```
model.compile(loss='binary_crossentropy', optimizer='adam',
              metrics=['accuracy'])
```

使用例 11.21 所示的代码实例化一个 ModelCheckpoint 对象，该对象将在完成每个训练周期之后保存模型参数。这样就可以在之后的模型评估中加载特定训练阶段的模型参数，或者在实际应用中进行模型的部署。如果 output_dir 目录不存在，则需要使用 makedirs() 方法创建该目录。

例 11.21　为每个训练周期的模型参数创建对象和目录

```
modelcheckpoint = ModelCheckpoint(filepath=output_dir+
                                  "/weights.{epoch:02d}.hdf5")
if not os.path.exists(output_dir):
    os.makedirs(output_dir)
```

对于分类器的模型训练步骤我们应该很熟悉了，只是这里还需要将modelcheckpoint对象作为callbacks参数[1]传入fit()方法，如例11.22所示。

例11.22 训练全连接情感分类器

```
model.fit(x_train, y_train,
          batch_size=batch_size, epochs=epochs, verbose=1,
          validation_data=(x_valid, y_valid),
          callbacks=[modelcheckpoint])
```

如图11.17所示，在第2个训练周期中验证损失最低（0.3486）并且验证准确率最高（84.47%）。在第3和第4个训练周期中，模型严重过拟合，训练准确率远远高于验证准确率。在第4个训练周期中，训练准确率为99.61%，而验证准确率却只有83.40%。

```
Train on 25000 samples, validate on 25000 samples
Epoch 1/4
25000/25000 [==============================] - 2s 80us/step - loss: 0.5612 - acc: 0.6892 - val_loss: 0.3630 - val_acc: 0.8398
Epoch 2/4
25000/25000 [==============================] - 2s 69us/step - loss: 0.2851 - acc: 0.8841 - val_loss: 0.3486 - val_acc: 0.8447
Epoch 3/4
25000/25000 [==============================] - 2s 70us/step - loss: 0.1158 - acc: 0.9646 - val_loss: 0.4252 - val_acc: 0.8337
Epoch 4/4
25000/25000 [==============================] - 2s 70us/step - loss: 0.0237 - acc: 0.9961 - val_loss: 0.5304 - val_acc: 0.8340
```

图11.17 训练全连接情感分类器

为了更全面地评估最佳周期的训练结果，我们可以使用Keras中的load_weights()方法将第2个周期中的参数weights.02.hdf5重新加载到模型中，如例11.23所示。[2,3]

例11.23 加载模型参数

```
model.load_weights(output_dir+"/weights.02.hdf5")
```

然后，我们可以通过在x_valid数据集上调用predict_proba()方法来计算最佳周期在验证集上的$\hat{y}$值，如例11.24所示。

例11.24 在验证集上通过正向传播得到$\hat{y}$值

```
y_hat = model.predict_proba(x_valid)
```

以运行y_hat[0]为例，我们可以看到模型对验证集中第一条影评的褒贬程度的预测结果：$\hat{y}$ = 0.09，这表明模型判断这条影评为好评的可能性为9%，为差评的可能性为91%。运行y_valid[0]可以得到结果$\hat{y}$ = 0，这表明这条影评的标签是差评，所以模型的预测结果是准

---

[1] 这已经不是我们第一次使用callbacks参数了，该参数可以接收包含多个回调的列表，进而向TensorBoard提供关于模型训练进度的数据（见第9章）。
[2] load_weights()方法会加载所有模型参数，包括偏置。由于模型中的绝大多数参数通常由权重构成，因此深度学习学者通常将模型参数文件命名为"weights"。
[3] 早期版本的Keras对于周期是从0开始索引的，但新版Keras从1开始索引周期。

确的。修改例11.17，显示all_x_valid[0]中的所有列表项，即可看到差评的具体内容是什么，如例11.25所示。

例11.25　**输出验证集中一条完整的影评**

```
' '.join(index_word[id] for id in all_x_valid[0])
```

对于某条评论，我们可以单独查看其得分，但是从整体上查看所有的验证集结果有助于我们更好地了解模型性能。运行例11.26中的代码，绘制验证集数据$\hat{y}$的直方图。

例11.26　**绘制验证集数据$\hat{y}$的直方图**

```
plt.hist(y_hat)
_ = plt.axvline(x=0.5, color='orange')
```

输出如图11.18所示。结果显示，模型对影评的褒贬程度判断非常鲜明：在25 000条评论中，约8000条评论的$\hat{y}$值小于0.1，占32%；约6500条评论的$\hat{y}$值大于0.9，占26%。

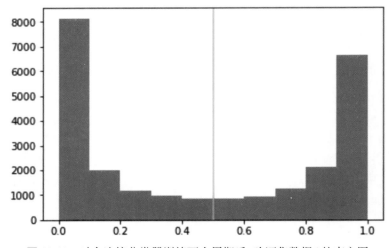

图11.18　对全连接分类器训练两个周期后，验证集数据$\hat{y}$的直方图

图11.18中的橙色垂直线标记了阈值0.5。当阈值大于0.5时，表示模型预测影评为好评。正如本章前面所讨论的，模型无法解释略高于0.5和略低于0.5的两种影评在褒贬情感上的细微差异，因此设置太过于简单的单个阈值很可能会产生误导性。为了进一步评估模型作为二元分类器的性能，我们可以使用scikit_learn库中的roc_auc_score()方法直接计算验证集数据的ROC AUC，如例11.27所示。

例11.27　**计算验证集数据的ROC AUC**

```
pct_auc = roc_auc_score(y_valid, y_hat)*100.0
        "{:0.2f}".format(pct_auc)
```

使用format()方法查看输出结果，可以看到ROC AUC为92.9%。

为了检查模型在哪些验证数据上出现了错误，我们可以使用例11.28中的代码创建一个由标签 y 和预测结果 $\hat{y}$ 组成的数据表。

例11.28　创建由 y 和 $\hat{y}$ 组成的数据表 ydf

```
float_y_hat = []
for y in y_hat:
    float_y_hat.append(y[0])
ydf = pd.DataFrame(list(zip(float_y_hat, y_valid)),
                   columns=['y_hat', 'y'])
```

运行 ydf.head(10)，可以得到 ydf 数据表的前10行，如图11.19所示。

	y_hat	y
0	0.089684	0
1	0.982754	1
2	0.746905	1
3	0.543328	0
4	0.997054	1
5	0.833994	1
6	0.766254	1
7	0.008032	0
8	0.812743	0
9	0.729463	1

图 11.19　由 IMDb 验证集中的预测结果 $\hat{y}$ 和标签 y 组成的 ydf 数据表的前10行

通过在例11.29和例11.30中查询 ydf 数据表，然后改变例11.25中的列表索引以查看各个评论，我们可以了解模型容易在哪种类型的影评上判断错误。

例11.29　验证集中的10条差评却获得较高的分数

```
ydf[(ydf.y == 0) & (ydf.y_hat > 0.9)].head(10)
```

例11.30　验证集中的10条好评却获得较低的分数

```
ydf[(ydf.y == 0) & (ydf.y_hat > 0.9)].head(10)
```

```
"START wow another kevin costner hero movie postman tin cup waterworld bo
dyguard wyatt earp robin hood even that baseball movie seems like he make
s movies specifically to be the center of attention the characters are al
most always the same the heroics the flaws the greatness the fall the red
emption yup within the 1st 5 minutes of the movie we're all supposed to b
e in awe of his character and it builds up more and more from there br br
and this time the story story is just a collage of different movies you d
on't need a spoiler you've seen this movie several times though it had di
fferent titles you'll know what will happen way before it happens this is
like mixing an officer and a gentleman with but both are easily better mo
vies watch to see how this kind of movie should be made and also to see h
ow an good but slightly underrated actor russell plays the hero"
```

图 11.20　假正类的例子:模型将差评误分类为好评

```
"START finally a true horror movie this is the first time in years that i
had to cover my eyes i am a horror buff and i recommend this movie but it
is quite gory i am not a big wrestling fan but kane really pulled the who
le monster thing off i have to admit that i didn't want to see this movie
my 17 year old dragged me to it but am very glad i did during and after t
he movie i was looking over my shoulder i have to agree with others about
the whole remake horror movies enough is enough i think that is why this
movie is getting some good reviews it is a refreshing change and takes yo
u back to the texas chainsaw first one michael myers and jason and no cgi
crap"
```

图 11.21　假负类的例子:模型把好评误分类为差评

运行例 11.29 中的代码,输出如图 11.20[①]所示,有一条差评($y = 0$)获得了极高的模型分数($\hat{y} = 0.97$);运行例 11.30 中的代码,输出如图 11.21[②]所示,有一条好评($y = 1$)却获得了极低的模型分数($\hat{y} = 0.06$)。对模型做进一步分析后,我们发现其存在一个潜在缺陷:全连接分类器无法专门检测出影评中一些表达褒贬情绪的多元词组序列。例如,对于句子中包含 not-good 之类短语的评论,模型很难将其归类为差评。

11.4.5　卷积网络

如第 10 章所述,卷积层特别擅长检测空间特征。在本节中,我们将使用卷积层检测单词之间的空间关联性(例如 not-good 序列),看看它们是否能提高模型在影评褒贬情感分类任务上的表现。该卷积网络的所有代码都可以在名为 Convolutional Sentiment Classifier 的 Jupyter 文件中找到。

CNN 所需的依赖库与全连接分类器大致相同(参见例 11.12)。不同之处在于,这个模型包含 3 个新的 Keras 层,如例 11.31 所示。

例 11.31　CNN 相较于之前模型另需的依赖库

```
from keras.layers import Conv1D, GlobalMaxPooling1D
from keras.layers import SpatialDropout1D
```

卷积情感分类器的超参数参见例 11.32。

---

① 运行''.join(index_word[id] for id in all_x_valid[386])可以输出验证集中的第 387 条评论。
② 运行''.join(index_word[id] for id in all_x_valid[224])可以输出验证集中的第 225 条评论。

例 11.32　卷积情感分类器的超参数

```
# 输出目录名：
output_dir = 'model_output/conv'

# 训练：
epochs = 4
batch_size = 128

# 向量空间嵌入
n_dim = 64
n_unique_words = 5000
max_review_length = 400
pad_type = trunc_type = 'pre'
drop_embed = 0.2 # 新！

# 卷积层：
n_conv = 256 # 卷积核的数量
k_conv = 3    # 卷积核的大小

# 全连接层：
n_dense = 256
dropout = 0.2
```

与全连接分类器的超参数(见例11.13)相比：
- 新的目录conv用于存储每个训练周期后的模型参数；
- 周期数和batch size保持不变；
- 嵌入层的超参数基本保持不变，除了max_review_length被扩大至原来的4倍，达到400。尽管输入长度增加了很多，而且隐藏层的数量也增加了，但相较于全连接分类器，卷积情感分类器的超参数仍然少得多。drop_embed的作用是在嵌入层中应用dropout机制；
- 卷积情感分类器在嵌入层之后还有两个隐藏层。一个是有256个卷积核(n_conv)的卷积层，一维卷积核的大小为3(k_conv)。回忆一下，当我们在第10章中处理二维图像时，卷积核是二维的。自然语言，无论是书面语还是口头语，都只有一个时序维度，因此需要使用一维的卷积核。另一个是有256个神经元(n_dense)的全连接层，我们为其应用了dropout机制(以20%的概率随机丢弃)。

加载IMD电影评论数据和标准化评论长度的步骤与Dense Sentiment Classifier文件中的相同(参见例11.14和例11.18)，但网络架构有所不同，参见例11.33。

例 11.33　卷积情感分类器的网络架构

```
model = Sequential()
```

```
# 嵌入层:
model.add(Embedding(n_unique_words, n_dim,
                    input_length=max_review_length))
model.add(SpatialDropout1D(drop_embed))

# 卷积层:
model.add(Conv1D(n_conv, k_conv, activation='relu'))
# model.add(Conv1D(n_conv, k_conv, activation='relu'))
model.add(GlobalMaxPooling1D())

# 全连接层:
model.add(Dense(n_dense, activation='relu'))
model.add(Dropout(dropout))

# 输出层:
model.add(Dense(1, activation='sigmoid'))
```

下面对上述代码进行解析。

- 嵌入层和以前一样，只是现在应用了 dropout 机制。
- 因为 Conv1D 层可以直接接收嵌入层输出的两个维度，所以不再需要 Flatten 层。
- 我们在一维卷积层中使用了 ReLU 函数。该层有 256 个卷积核，每个卷积核都对特定的三元词组序列有较大响应。每个卷积核输出的激活值矩阵都是长度为 398 的一维数组，因此该层的输出大小为 256×398。[①]
- 可以选择添加额外的卷积层，例如，您可以解除第 2 个 Conv1D 层所在行的注释。
- 全局最大池化层是自然语言处理领域深度神经网络常见的降维方法，使用该方法将激活值矩阵从 256×398 压缩到 256×1，取最大值的操作将使我们能够仅保留特定卷积核输出中最大激活的数值，而丢弃已输出的所有临时位置信息，并输出到长度为 398 的激活值数组中。
- 因为全局最大池化层的激活输出是一维的，所以可以直接将它们输入一个全连接层。该全连接层由 ReLU 神经元组成，可以为其应用 dropout 机制。
- 输出层保持不变。
- 这个模型总共有 435 457 个参数（参见图 11.22），相比全连接情感分类器少了几十万个参数。在每一个训练周期中，由于卷积运算在计算上相对复杂，因此模型训练需要花费更长的时间。

关于该网络架构，需要注意的一个关键问题是卷积核不能直接检测三元词组，它检测的是三元词向量。我们之前对比了离散的独热表示法与高维空间中模糊的词向量表示法（见

[①] 如第 10 章所述，当使用二维卷积核在图像上做卷积操作时，如果不事先填充图像，我们就会丢失周边的像素。在这个自然语言模型中，我们的一维卷积核的大小为 3，因此滤波器会从影评的第 2 个 token 开始滑动到从右边数的第 2 个 token。因为在将影评输入卷积层之前，我们没有在两端进行填充，所以我们丢失了两个 token 的信息：400−1−1=398。当然，这种程度的损失无伤大雅。

表2.1），缘于后者相比前者的优越性，本章中的所有模型都擅于将词的含义与影评情感相关联，而不仅仅考量单个词与影评情感的关联。例如，即便网络已知not-good表示差评，也仍然会将not-great与差评相关联。因为good和great具有相似的含义，所以这两个词在词向量空间中的位置比较相近。

```
Layer (type)                 Output Shape          Param #
=================================================================
embedding_1 (Embedding)      (None, 400, 64)        320000
_____
spatial_dropout1d_1 (Spatial (None, 400, 64)        0
_____
conv1d_1 (Conv1D)            (None, 398, 256)       49408
_____
global_max_pooling1d_1 (Glob (None, 256)            0
_____
dense_1 (Dense)              (None, 256)            65792
_____
dropout_1 (Dropout)          (None, 256)            0
_____
dense_2 (Dense)              (None, 1)              257
=================================================================
Total params: 435,457
Trainable params: 435,457
Non-trainable params: 0
```

图 11.22　卷积情感分类器模型的摘要

编译、进度保存和模型训练的步骤与全连接情感分类器相同，参见例11.20～例11.22。模型的训练进度如图11.23所示。第3个训练周期的验证损失最小（0.2577），验证准确率最高（89.59%）。使用例11.23中的代码但传入weights.03.hdf5作为参数，重新加载第3个训练周期的模型参数，然后预测验证集数据$\hat{y}$（与例11.24完全相同）。使用例11.26中的代码绘制出$\hat{y}$值的直方图（参见图11.24）。通过对比图11.18可以看出，CNN相比全连接网络对影评的褒贬情感更加敏感。使用例11.27中的代码计算ROC-AUC，可以得到96.12%的高分。这表明CNN的分类结果基本是正确的，与全连接网络分类器原本已经很高的约93%的得分相比，这是十分难得的进步。

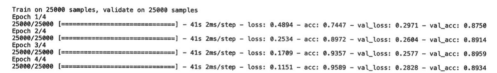

图 11.23　训练卷积情感分类器

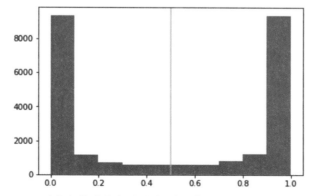

图 11.24　对卷积情感分类器训练3个周期后，验证数据$\hat{y}$的直方图

11.5 序列数据的网络设计

我们的卷积网络分类器相比全连接网络分类器效果更好,原因可能是卷积层擅于学习一些与预测任务(比如分类影评是好评还是差评)相关联的单词间特征。卷积层中的卷积核往往擅于学习短序列词组,比如三元词组(参见例11.32),但像影评这样的自然语言文本可能包含更长的单词序列,把它们放在一起综合考虑能使模型更准确地预测结果。为了处理这样的长序列数据,最好使用循环神经网络(RNN),RNN包含了类似于长短时记忆单元(LSTM)和门控循环单元(GRU)的特殊神经层。在本节中,我们将介绍循环神经网络的基本理论,并将其中的几个变体应用到影评情感分类问题中;此外还将介绍注意力机制——一种用于自然语言数据建模的复杂方法,从而进一步提升大家解决NLP应用问题的能力。

> 正如本章开头所提到的,RNN(包括LSTM和GRU)不仅适用于处理自然语言数据,也适用于处理一维序列的输入数据,包括价格数据(如金融时间序列数据、股票价格数据等)、销售数据、温度以及发病率(流行病学)等。应用于自然语言处理领域以外的RNN不在本书的讲解范围内,但我们还是从本书作者个人网站上的"Time Series Prediction"文章中整理出了用于定量数据建模的相关资源。

11.5.1 循环神经网络

我们来看下面的两句话:

Jon and Grant are writing a book together. They have really enjoyed writing it.

人类大脑可以很轻松地理解第二句话的含义,"they"指的是作家,而"it"指的是正在撰写的书。但是这个任务对于神经网络来说却并非那么简单。

在11.4.5小节构建的卷积情感分类器中,我们只考虑了目标单词前后的两个单词(k_conv = 3,如例11.32所示)。由于文本窗口太小,神经网络无法判定"they"或"it"指的是什么。人类大脑之所以能够做到这一点,原因在于我们的思想是循环勾连的,我们会重新审视之前的想法,从而更好地理解当前的语境。本小节将介绍循环神经网络(RNN)的概念,RNN的结构中恰好就存在循环,允许信息在一段时间内持续存在。

循环神经网络的结构如图11.25所示。左侧紫色的线表示在网络中的各个时间步之间传递信息的循环。在全连接网络中,每个输入都对应一个神经元,这里的每个输入同样对应一个神经元,您可以从右侧的展开示意图中直观地看到这一点。句子中的每个单词都对应一个循环模块(为了简单起见此,处只显示了前4个单词①)。然而,每个模块都从前一个模块接收一个额外的输入,这样网络就能够按顺序传递之前时间步的信息。在图11.25中,每个单词在RNN序列中由不同的时间步表示,因此网络知道"Jon"和"Grant"正在撰写这本书,于是才可能将其与序列之后出现的"they"联系起来。

---

① RNN需要一个特定长度的序列,如果序列不够长,则需要用填充词将其填满,这就是在预处理过程中需要对短句进行填充的原因。

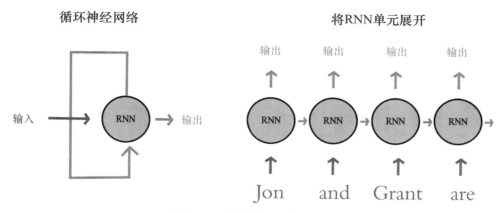

图 11.25　循环神经网络的结构

与目前本书中使用的全连接网络和卷积神经网络等前馈神经网络相比,循环神经网络在计算上要复杂得多。如图 8.6 所示,前馈网络是将损失从输出层开始逐层反向传播至输入层。如果网络包含一个循环层(如简单 RNN、LSTM 或 GRU),那么损失不仅要反向传播到输入层,还要反向传播到循环层的前序时间步(从后面的时间步向前面的时间步反向传播)。我们知道,当从后面的隐藏层反向传播到前面的隐藏层时,有可能出现梯度消失问题(参见图 8.8)。同样,当从循环层内部后面的时间步反向传播到较早的时间步时,也有可能出现梯度消失问题。因此,序列中较晚出现的时间步比较早出现的时间步对模型的影响更大。[1]

用 Keras 实现 RNN

参考名为 RNN Sentiment Classifier 的 Jupyter 文件,在 Keras 中,通过在神经网络架构中添加一个循环层,便可以很容易地创建一个循环神经网络。为了方便阅读,包括之前介绍过的"Dense Sentiment Classifier"和"Convolutional Sentiment Classifier"文件在内,本章所有的 Jupyter 文件都将包含以下相同的部分。

- 加载依赖库(参见例 11.12)。个别文件中可能有一两个附加的库,当介绍其神经网络架构时我们会进行单独说明。
- 加载 IMDb 电影评论数据(参见例 11.14)。
- 标准化评论长度(参见例 11.18)。
- 编译模型(参见例 11.20)。
- 创建 ModelCheckpoint 对象和目录(参见例 11.21)。
- 我们通常是从最优周期中加载模型参数(参见例 11.23);但在特殊情况下,我们也会从验证损失最小的周期中加载模型参数。
- 在验证集上通过正向传播得到 $\hat{y}$ 值(参见例 11.24)。
- 绘制验证集数据 $\hat{y}$ 的直方图(参见例 11.26)。
- 计算 ROC AUC(参见例 11.27)。

不同的部分如下。

- 设置超参数。

---

[1]　在模型中,如果怀疑序列的开头信息比结尾信息更有用,那么可以先将序列反转,再将反转后的序列输入网络。这样在网络的循环层,序列开头信息的反向传播将先于结尾信息的反向传播。

■   设计神经网络结构。
RNN 情感分类器的超参数如例 11.34 所示。

例 11.34   RNN 情感分类器的超参数

```
# 输出目录名：
output_dir = 'model_output/rnn'

# 训练：
epochs = 16                    # 有改动！
batch_size = 128

# 嵌入层：
n_dim = 64
n_unique_words = 10000
max_review_length = 100  # 由于存在梯度消失问题，这里调小了这个超参数
pad_type = trunc_type = 'pre'
drop_embed = 0.2

# RNN 层：
n_rnn = 256
drop_rnn = 0.2
```

与之前的情感分类器相比：
■   因为在早期的训练周期中没有发生过拟合，所以这里将周期数增加至 16。
■   这里将 max_review_length 减小至 100，对于简单的 RNN 来说，这个值已经很大了。在梯度完全消失之前，可以使用 LSTM（11.5.2 小节将介绍）反向传播大约 100 个时间步（这里的时间步是指自然语言模型中的 token 或词），但是普通 RNN 的反向传播梯度在大约 10 个时间步之后就会完全消失。因此，只要能保证模型的性能不降低，我们甚至可以减小 max_review_length 至 10 以下。
■   对于本章中所有 RNN 的架构，我们可以尝试将词向量词汇表中的 token 数增加至 10 000。尽管没有进行严格测试，但这会对网络性能的提升有一定保证。
■   这里设置 n_rnn = 256，这表明循环层有 256 个循环单元。我们知道，拥有 256 个卷积核的 CNN 模型能够专门检测 256 种不同词义[①]的三元词组。与之类似，这个设置则使得 RNN 能够检测 256 个可能与评论情感相关的词义序列。
RNN 情感分类器的网络架构如例 11.35 所示。

例 11.35   RNN 情感分类器的网络架构

```
from keras.layers import SimpleRNN

model = Sequential()
```

----

①   "词义"在这里指的是词向量空间中的一个位置。

```
model.add(Embedding(n_unique_words, n_dim,
                    input_length=max_review_length))
model.add(SpatialDropout1D(drop_embed))
model.add(SimpleRNN(n_rnn, dropout=drop_rnn))
model.add(Dense(1, activation='sigmoid'))
```

这个模型的隐藏层中没有卷积层和全连接层,而只有一个带 dropout 参数的 Keras SimpleRNN 层,因此我们不需要在代码中单独添加 dropout 机制。与在卷积层之后添加全连接层不同,在循环层之后添加全连接层相对少见,因为其提供的性能提升效果不大。当然我们也欢迎读者自行尝试添加 Dense 层并查看其效果。

其实这个模型的运行结果并不是很好,RNN Sentiment Classifier 文件对此提供了完整的展示。我们发现,模型的训练损失在前 6 个训练周期之内持续下降,之后却开始反弹上升。这说明模型甚至连训练数据都不能较好地拟合。然而到目前为止,本书中其他所有模型在训练过程中的损失都能随着训练的推进而稳步减小。

训练损失有所反弹,验证损失当然也会出现反弹现象。我们观察到第 7 个训练周期的验证损失最低(0.504),对应的验证准确率为 77.6%、ROC AUC 为 84.9%。对于情感分类器模型来说,这 3 个指标都很差。这是因为 RNN 只能反向传播大约 10 个时间步,之后梯度就会几乎消失,以至于参数根本无法得到更新。因此,在实践中我们很少使用简单 RNN,而是使用复杂的循环层类型,如 LSTM,因为这样至少可以反向传播大约 100 个时间步。[1]

11.5.2 LSTM

如果上下文相关信息之间的间隔很小(小于 10 个时间步),那么使用简单 RNN 就足够了。然而通常情况下,NLP 任务需要较多的上下文信息,有一种循环层类型非常适合这种情况:长短时记忆单元(LSTM)。

LSTM 由是 Sepp Hochreiter 和 Jürgen Schmidhuber 在 1997 年提出的[2],在如今的深度学习 NLP 中应用十分广泛。LSTM 层的基本结构与图 11.25 中的简单循环层相同,既接收序列数据输入,同时也接收序列中先前时间步的输入。不同之处在于,在循环层的每个单元内部,可以选择性地保留有用信息,而移除不重要的信息。LSTM 层的单元结构更为复杂,如图 11.26 所示。

图 11.26 看起来有些复杂,而且我们认为没有必要对 LSTM 单元内的每个组件进行详细的分解。[3] 因此,这里只提几个关键点:首先是 LSTM 单元顶部的 cell 状态。cell 状态不使用非线性激活函数,而只进行一些小的线性变换,从一个单元传递到另一个单元。这里的线性变换实际上就是一些简单的乘加操作,目的是使 LSTM 层中的单元可以将信息添加到 cell 状态中,并传递到下一个单元。然而,信息被添加到 cell 状态之前,会先经过一个 sigmoid 函数

---

① 简单 RNN 唯一可行的情况是,相互关联的序列信息普遍小于 10 个时间步,比如时间序列预测模型抑或数据集中只有很短的自然语言字符串等情况。

② Hochreiter, S., & Schmidhuber, J. (1997). Long short-term memory. *Neural Computation*, 9, 1735-1780.

③ 关于 LSTM 单元的详细阐述,推荐参考 Christopher Olah 所做的高度可视化解释。

（图11.26中以 σ 表示）。sigmoid 函数充当"门"，输出一个0～1的值，这个值决定了是否将信息添加到 cell 状态中。

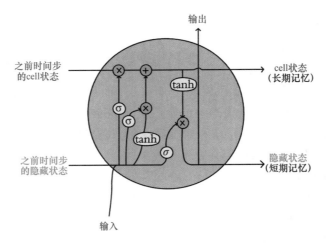

图11.26　LSTM 层的单元结构

当前时间步的新信息是由当前时间步的输入和前一个时间步的隐藏状态简单连接得到的。这种连接可通过线性或非线性 tanh 函数计算并被添加到 cell 状态中，sigmoid 门最终决定是否添加这些信息。

在 LSTM 确定要向 cell 状态添加什么信息之后，另一个 sigmoid 门决定是否将来自当前输入的信息添加到最终的 cell 状态中，从而得到当前时间步的输出。输出值也叫作隐藏状态，它将被传到下一个 LSTM 模块，并与下一个时间步的输入相结合。循环重复整个过程，最后的 cell 状态也将被传到下一个模块。

以上内容可能很难理解，下面换一种方式来理解 LSTM。

- 在 LSTM 单元中，通过每个时间步，cell 状态允许信息在序列中保持下去，这是 LSTM 的长期记忆。
- 隐藏状态类似于简单 RNN 中的循环连接，这是 LSTM 的短期记忆。
- 每个模块都代表数据序列中的一个特定节点，例如自然语言文档中的一个 token。
- 在每个时间步，都要使用 sigmoid 门来决定序列中特定时间步的信息是否与当前（隐藏状态）和之前所有（cell 状态）上下文相关联。
- 前两个 sigmoid 门决定当前时间步的信息是否与之前所有（cell 状态）上下文相关联以及如何添加到其中。
- 最终的 sigmoid 门决定当前时间步的信息是否与当前上下文相关联，也就是决定是否将其添加到隐藏状态（当前时间步的输出）。

建议读者花些时间重新思考图11.26，仔细分析一下信息是如何在 LSTM 单元中传递的。如果将 sigmoid 函数看作决定信息能否通过的"门"，也许理解起来会更容易一些。下面总结一下要点：

- 简单 RNN 的单元在时间步之间只传递一种类型的信息（即隐藏状态）且只包含一个激活函数；

- LSTM层的单元明显更复杂，它们能够在时间步之间传递两种类型的信息——隐藏状态和cell状态，并且可以包含5个激活函数。

实现LSTM（Keras版本）

正如我们在LSTM Sentiment Classifier文件中演示的那样，使用Keras实现LSTM是轻而易举的事情。如例11.36所示，除了以下3点，我们将对LSTM设置与简单RNN相同的超参数。

- 更改输出目录名。
- 将变量名更新为n_lstm和drop_lstm。
- 将训练周期数减少至4，因为LSTM在训练过程中过拟合现象的出现相比简单RNN更早。

例11.36 LSTM情感分类器的超参数

```
# 输出目录名：
output_dir = 'model_output/LSTM'

# 训练：
epochs = 4
batch_size = 128

# 嵌入层：
n_dim = 64
n_unique_words = 10000
max_review_length = 100
pad_type = trunc_type = 'pre'
drop_embed = 0.2

#LSTM层：
n_lstm = 256
drop_lstm = 0.2
```

LSTM模型的架构和RNN模型是一样的，只不过用LSTM层替换了SimpleRNN层，见例11.37。

例11.37 LSTM情感分类器的网络架构

```
from keras.layers import LSTM

model = Sequential()
model.add(Embedding(n_unique_words, n_dim,
                    input_length=max_review_length))
model.add(SpatialDropout1D(drop_embed))
model.add(LSTM(n_lstm, dropout=drop_lstm))
model.add(Dense(1,activation='sigmoid'))
```

我们在 LSTM Sentiment Classifier 文件展示了 LSTM 训练的全部结果。训练损失随着时间的推移逐渐减小,这表明模型对训练数据的拟合能力相比简单 RNN 更强。然而,LSTM 尽管结构相对复杂,但其性能却与全连接模型差不多。LSTM 在第 2 个训练周期便达到最小的验证损失(0.349),验证准确率为 84.8%,ROC AUC 为 92.8%。

11.5.3 双向 LSTM

双向 LSTM 也称为 Bi-LSTM,它是标准 LSTM 的一种变体。LSTM 的反向传播只朝一个方向进行,通常与随时间步推移的方向相反(例如,从影评的末尾反向传播到开头);而双向 LSTM 是在一维输入的两个方向上反向传播,也就是在与时间步推移方向相同和相反的两个方向上进行反向传播。这使计算复杂度增加了一倍,但如果应用程序的准确性能得到极大提升,那么这样做还是很值得的。在如今的自然语言处理程序中,Bi-LSTM 有助于提高模型的性能,因此非常受欢迎。

将例 11.37 所示的 LSTM 网络结构转换成 Bi-LSTM 网络结构是很容易的,只需要使用 Bidirectional( ) 封装 LSTM 层即可,如例 11.38 所示。

例 11.38　双向 LSTM 情感分类器的网络架构

```
from keras.layers import LSTM
from keras.layers.wrappers import Bidirectional # 新!

model = Sequential()
model.add(Embedding(n_unique_words, n_dim,
                    input_length=max_review_length))
model.add(SpatialDropout1D(drop_embed))
model.add(Bidirectional(LSTM(n_lstm, dropout=drop_lstm)))
model.add(Dense(1,activation='sigmoid'))
```

Bi-LSTM Sentiment Classifier 文件的模型训练结果显示:Bi-LSTM 相比 LSTM 有了巨大的性能飞越。最小的验证损失(0.331)出现在第 4 个训练周期,验证准确率为 86.0%,ROC AUC 为 93.5%,仅次于卷积网络结构。

11.5.4 堆叠的循环神经网络

在 Keras 中堆叠多个 RNN 层与在网络中堆叠全连接层或卷积层不同:无论是要堆叠 SimpleRNN 层、LSTM 层还是其他循环层,都只需要在定义层时增加一个参数即可。

循环层的输入是一个有序序列,其循环性来自处理序列中的每个时间步,可以将一个隐藏状态传递给序列中的下一个时间步。当到达序列中的最后一个时间步时,循环层的输出就是最终的隐藏状态。

因此,在堆叠循环层只需要设置参数 return_sequences=True,这样循环层就会返回序列中每一个时间步的隐藏状态。输出结果将会是三维的,以与输入序列的维度相匹配。循环层默认只将最后的隐藏状态传递给下一层,如果要把输出传递给后面的全连接层,那么这样做还是非常有效的;然而,如果后续层仍是一个循环层,则必须输出一个序列作为后续循环层的输入。因此,为了将隐藏状态从序列中的每一个时间步传递到后面的循环层,而不是只传递最终的隐藏状态,我们需要将 return_sequences 设置为 True[①]。

为了明确这一点,请观察例 11.39 所示双层 Bi-LSTM 的网络结构。注意,本例仍然将最后一个循环层的 return_sequences 设置为默认的 False,并且只返回最后一个隐藏状态,以方便下游网络使用。

例 11.39　堆叠循环网络的架构

```
from keras.layers import LSTM
from keras.layers.wrappers import Bidirectional

model = Sequential()
model.add(Embedding(n_unique_words, n_dim,
                    input_length=max_review_length))
model.add(SpatialDropout1D(drop_embed))
model.add(Bidirectional(LSTM(n_lstm_1, dropout=drop_lstm,
                             return_sequences=True))) # 新!
model.add(Bidirectional(LSTM(n_lstm_2, dropout=drop_lstm)))
model.add(Dense(1,activation='sigmoid'))
```

自第 1 章以来,神经网络中的附加层总是能够使训练变得日益复杂和抽象。还好,由Bi-LSTM 层带来的额外复杂度可以转换为性能收益。堆叠的 Bi-LSTM 相比未堆叠的同类网络具有显著优势,验证损失为 0.296,ROC AUC 为 94.9%,验证准确率为 87.8%,完整的结果保存在 Stacked Bi-LSTM Sentiment Classifier 文件中。

堆叠的 Bi-LSTM 架构尽管比卷积架构要复杂得多,并且是专门为处理自然语言等顺序数据而设计的,但其最终的准确性却仍然不及卷积架构。微调超参数后可能会产生更好的结果,但也许是由于 IMDb 影评数据集太小,我们的 LSTM 模型没有机会展示出这种非凡潜力。更大的自然语言数据集有助于 LSTM 层在更多个时间步上进行有效的反向传播。[②]

门控循环单位(Gated Recurrent Unit,GRU)是 LSTM 的一种变体。由于只包含 3 个激活函数,GRU 的计算复杂度略低于 LSTM,但是其性能与 LSTM 接近。如果您有足够的计算资源,那么选择 GRU 还不如选择 LSTM。为了在 Keras 中实现GRU,您只需要从 Keras 中导入 GRU 神经层并将其放入网络结构中,替代 LSTM层即可。读者可以自己动手尝试运行 GRU Sentiment Classifer 文件中的例子。

11.5.5　seq2seq 模型和注意力机制

一种被称为"序列到序列"(seq2seq)模型的自然语言处理技术能够接收输入序列并生

---

① 可选参数 return_state(与参数 return_sequences 一样,默认为 False)要求网络除了返回最终的隐藏状态之外,还要返回最终的 cell 状态。这个可选参数虽然不经常使用,但是当我们想要用另一个层的 cell 状态初始化一个循环层时,它会非常有用(和 11.5.5 小节的编解码器模型类似)。
② 为了验证这一点,我们将在第 14 章中向您介绍足够大的情感分析数据集。

成一个新序列作为输出。神经机器翻译(Neural Machine Translation,NMT)是seq2seq模型的典型代表,谷歌翻译(Google Translate)的机器翻译算法则是NMT被应用于实际生产系统中的典型示例。[①]

NMT由"编码器-解码器"组成,其中编码器处理输入序列,解码器生成输出序列。编码器和解码器都是RNN,因此编码步骤中存在传递于RNN单元之间的隐藏状态。输入序列编码结束后,编码器将最终的隐藏状态传递给解码器,这个状态可以看作"上下文";而后,解码器就从输入序列的上下文开始解码。虽然这个想法在理论上是合理的,但是存在瓶颈:模型很难处理较长的序列,因此上下文就不起作用了。

开发注意力机制是为了打破与上下文相关的计算瓶颈。[②]简而言之,我们不是将单个最终的隐藏状态向量从编码器传递给解码器,而是将全部隐藏状态的序列传递给解码器,且每个隐藏状态的信息都源自输入序列中的每个时间步。为了实现这一点,解码器需要计算编码器每个隐藏状态的注意力得分。将编码器的每个隐藏状态乘以其注意力得分,得到softmax值[③],softmax值越大,其与输出的相关性就越强,同时可以屏蔽不相关部分。从本质上讲,对于特定时间步,注意力机制会在上下文中进行权衡,对隐藏状态进行加权求和,并利用新的上下文向量来预测解码器序列中每个时间步的输出。按照这种方法,模型选择性地回顾已知输入序列的信息,并在必要时使用相关信息得到输出。也就是说,注意力机制可以使模型聚焦在整个句子中最相关的元素上!

11.5.6　自然语言处理中的迁移学习

多年来,机器视觉领域的从业人员一直得益于现成可用的模型,这些模型已经预先在大型数据集中进行过训练。正如10.6.3小节所述,普通用户可以下载带有预训练好的权重的模型,并迅速将这些先进的模型应用到机器视觉任务中。目前,这种迁移学习技术也可应用于NLP。[④]

下面首先介绍ULMFiT模型。ULMFiT模型已经开源,这使得模型在训练前就能够充分利用已经学到的知识。[⑤]通过这种方式,当执行某个任务时,便可以对模型在任务数据上进行微调,从而减少训练时间和数据量,同时获得高精确度的输出结果。

后来ELMo模型应运而生。[⑥]ELMo模型已在一个非常大的语料库上预训练过。在本章介绍的标准词向量的更新中,词嵌入不仅依赖于词本身,而且同时依赖于上下文。在给每个单词分配特定的词嵌入之前,ELMo模型会查看句子中的每个单词,而不是直接为每个单词分配固定的词嵌入。如果还须自行训练的话,则势必占用您的计算资源,但您可以把

①　谷歌翻译于2016年开始使用NMT。

②　Bahdanau, D., et al. (2014). Neural machine translation by jointly learning to align and translate. *arXiv*: 1409.0473.

③　回顾第6章,softmax函数接收实数向量作为输入并产生与输入向量类别数相同的概率分布。

④　本章前面在介绍Keras嵌入层时,曾讲到可以使用词向量进行迁移学习。本小节介绍的迁移学习模型ULMFiT、ELMo和BERT,则更接近于机器视觉的迁移学习。

⑤　Howard, J., and Ruder, S. (2018). Universal language model fine-tuning for text classification. *arXiv*: 1801.06146.

⑥　Peters, M.E., et al. (2018). Deep contextualized word representations. *arXiv*:1802.05365.

ELMo 模型作为 NLP 应用的一个组件。

最后,针对特定 NLP 任务进行预训练的 BERT 模型[1]在更广泛的 NLP 应用中取得了突破性进展,同时 BERT 模型它需要的训练时间更少,所需数据量也更小。

11.6 非序列架构——Keras 函数式 API

将本书介绍过的神经层类型重新组合起来,便可以形成无数种用来解决问题的深度学习模型架构。例如,我们在名为 Conv LSTM Stack Sentiment Classifier 的 Jupyter 文件中设计了一种用来将卷积层的激活输出传递到 Bi-LSTM 层的网络结构。[2]然而到目前为止,网络设计的创造性一直受 Keras Sequential()序列模型的限制,该序列模型要求每一层的输出都直接流进下一层。

虽然大多数深度学习模型由序列架构组成,但有时也需要非序列架构的支持,以便加强模型设计的创造性和复杂性。[3]非序列架构可以采用 Keras 函数式 API 的 Model 类来搭建。

为了说明非序列架构,我们决定使用性能最好的卷积分类器模型,测试性能能否得到进一步提升。如图 11.27 所示,3 个并行卷积层中的每一个都从嵌入层获取词向量作为其输入。3 个卷积核的大小分别为 2、3、4,用于学习有关影评情感分类的特定长度的词向量。

多卷积情感分类器的超参数如例 11.40 所示,详情可查看名为 Multi ConvNet Sentiment Classifier 的 Jupyter 文件。

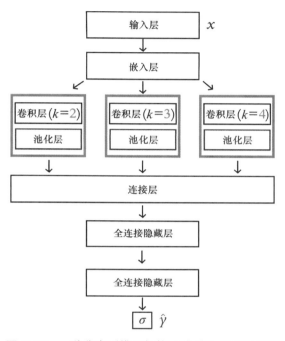

图 11.27　一种非序列模型架构:3 个并行卷积层接收来自同一嵌入层的输入,每一层都有不同的卷积核大小。3 个并行的激活输出被连接在一起传递给连续堆叠的几个全连接隐藏层,之后被发送到 sigmoid 神经元进行输出

① Devlin, J., et al. (2018). BERT: Pre-training of deep bidirectional transformers for language understanding. *arXiv*: 0810.04805.
② 卷积-LSTM 模型与堆叠的 Bi-LSTM 模型相比,验证准确率和 ROC AUC 均比较接近,但前者每个周期的训练时间比后者少 82%。
③ 非序列模型主要有以下用途:使网络支持多个输入或输出(当然大部分情况是网络中不同深度的位置有多级输出,比如有的模型可能在网络的中间部位多出一个输入层或输出层);多层共享某个单层的激活值;创建有向无环图;等等。

例11.40　多卷积情感分类器的超参数

```
# 输出目录名:
output_dir = 'model_output/multiconv'
# 训练:
epochs = 4
batch_size = 128

# 嵌入层:
n_dim = 64
n_unique_words = 5000
max_review_length = 400
pad_type = trunc_type = 'pre'
drop_embed = 0.2
# 卷积层:
n_conv_1 = n_conv_2 = n_conv_3 = 256
k_conv_1 = 3
k_conv_2 = 2
k_conv_3 = 4
# 全连接层:
n_dense = 256
dropout = 0.2
```

新的超参数是关于3个卷积层的。它们都包含256个卷积核,但是如图11.27所示,这些层形成了并行数据流——每一层都有唯一的卷积核大小,分别为2、3和4。多卷积情感分类器的网络架构如例11.41所示。

例11.41　多卷积情感分类器的网络架构

```
from keras.models import Model
from keras.layers import Input, concatenate

# 输入层:
input_layer = Input(shape=(max_review_length,),
                    dtype='int16', name='input')

# 嵌入层:
embedding_layer = Embedding(n_unique_words, n_dim,
                            name='embedding')(input_layer)
drop_embed_layer = SpatialDropout1D(drop_embed,
                                    name='drop_embed')(embedding_layer)

# 3个并行的卷积层:
conv_1 = Conv1D(n_conv_1, k_conv_1,
                activation='relu', name='conv_1')(drop_embed_layer)
```

```
maxp_1 = GlobalMaxPooling1D(name='maxp_1')(conv_1)

conv_2 = Conv1D(n_conv_2, k_conv_2,
                activation='relu', name='conv_2')(drop_embed_layer)
maxp_2 = GlobalMaxPooling1D(name='maxp_2')(conv_2)

conv_3 = Conv1D(n_conv_3, k_conv_3,
                activation='relu', name='conv_3')(drop_embed_layer)
maxp_3 = GlobalMaxPooling1D(name='maxp_3')(conv_3)

# 连接这3个卷积层的激活值:
concat = concatenate([maxp_1, maxp_2, maxp_3])

# 全连接层:
dense_layer = Dense(n_dense,
                    activation='relu', name='dense')(concat)
drop_dense_layer = Dropout(dropout, name='drop_dense')(dense_layer)
dense_2 = Dense(int(n_dense/4),
                activation='relu', name='dense_2')(drop_dense_layer)
dropout_2 = Dropout(dropout, name='drop_dense_2')(dense_2)

# sigmoid输出层:
predictions = Dense(1, activation='sigmoid', name='output')(dropout_2)

#构建网络:
model = Model(input_layer, predictions)
```

如果您没有像这样用过 Keras 的 Model 类,以上网络结构可能令人望而生畏;但是等我们逐行分解代码后,您应该就会觉得它其实非常简单。

- 在使用 Keras 的 Model 类时,我们单独定义了一个输入层,而不只是通过简单地设置第一个隐藏层的形状来指明输入层。我们还为输入层明确指定了数据类型,16 位整型数字的取值最大可以达到 32 767,这足以容纳我们所输入单词的最大索引[1]。与网络中的所有层一样,我们可以指定 name 参数,这样当我们稍后打印模型摘要时(使用 model.summary()方法),就可以很容易地理清整个网络架构。
- 每一层都被分配了唯一的变量名,如 input_layer、embedding_layer 和 conv_2。我们将通过使用这些变量名让数据在网络中正确流动起来。
- 在使用 Keras 的 Model 类时,最特殊的一点是:数据变量的名称要填在层调用函数之后的第二个括号内,以指定使之前的哪个层的输出流入当前层。使用函数式编程语言的开发人员对此应该非常熟悉,比如在调用嵌入层的那一行代码中,第二个括号

---

[1] 缘于设置的 n_unique_words 和 n_words_to_skip 超参数,索引最多可以增加到 5500。

内的 input_layer 表示使输入层的数据流入嵌入层。
- 嵌入层和 SpatialDropout1D 层采用与之前相同的参数。
- SpatialDropout1D 层的输出（即名为 drop_embed_layer 的变量）将流入 3 个独立的并行卷积层，它们分别名为 conv_1、conv_2 和 conv_3。
- 根据图 11.27，这 3 个卷积分支均包含一个一维的卷积层（具有各不相同的 k_conv 卷积核大小）和一个一维的全局最大池化层。
- 这 3 个卷积分支中的每一个一维全局最大池化层的输出（即[maxp_1，maxp_2，maxp_3]）将由 concatenate( )连接成一个 NumPy 数组。
- 将连接后的 NumPy 数组输进两个全连接隐藏层，其中的每一个全连接隐藏层都使用了 dropout 机制，第二个全连接隐藏层的神经元数量是第一个全连接隐藏层的四分之一。
- sigmoid 输出神经元（$\hat{y}$）的激活值被命名为 predictions。
- 最后向 Model 类传入两个参数，以将模型的所有层联系在一起，这两个参数分别是输入层（即 input_layer）和输出层（即 predictions）的变量名。

以上精心设计的并行网络架构正如我们所愿，成为本章中性能最佳的情感分类器（见表 11.6）。参见名为 Multi ConvNet Sentiment Classifier 的 Jupyter 文件，这个模型的验证损失在第 2 个训练周期最小（0.262），同时验证准确率为 89.4%，ROC AUC 为 96.2%，相比序列卷积模型提升了 0.1%。

表 11.6　对比不同情感分类器模型架构的性能

模型架构	ROC AUC（%）
全连接网络架构	92.9
卷积网络架构	96.1
简单 RNN	84.9
LSTM	92.8
Bi-LSTM	93.5
堆叠的 Bi-LSTM	94.9
GRU	93.0
卷积-LSTM	94.5
多层 ConvNet	96.2

11.7　小结

本章的前半部分介绍了自然语言数据的预处理方法、使用自然语言语料库创建词向量的方法以及计算 ROC AUC 的步骤。本章的后半部分以影评褒贬情感分类任务为例，应用以上知识构建了一系列自然语言处理的深度学习模型。其中一些模型涉及前面章节中介绍的神经层，如全连接层和卷积层；还有一些模型涉及循环神经网络的神经层，如 LSTM 和 GRU。另外，本书首次提到了非序列模型架构。

　　不同情感分类器模型架构的性能实验结果见表11.6。如果自然语言数据集的规模足够庞大，则Bi-LSTM架构可能会优于卷积网络架构。

11.8　核心概念

下面列出了到目前为止我们已经介绍的重要概念，本章新增的概念已用紫色标出。

- 参数
  - 权重 w
  - 偏置 b
- 激活值 a
- 神经元
  - sigmoid 神经元
  - tanh 神经元
  - ReLU 神经元
  - linear 神经元
- 输入层
- 隐藏层
- 输出层
- 神经层的类型
  - 全连接层
  - softmax 层
  - 卷积层
  - 最大池化层
  - Flatten 层
  - 嵌入层
- RNN
- Bi-LSTM（双向 LSTM）
- 连接层
- 损失函数：
  - 平方损失（均方误差）函数
  - 交叉熵损失函数
- 正向传播
- 反向传播
- 不稳定梯度（特别是梯度消失）
- Glorot 权重初始化
- 批量归一化
- dropout
- 优化器
  - 随机梯度下降
  - Adam
- 优化器超参数
  - 学习率 η
  - batch size
- word2vec

第12章
生成对抗网络

在第3章中，我们介绍了可用来创建新颖的、极具艺术性的图像的深度学习模型。在本章中，我们将把第3章中的理论、第10章中的卷积神经网络、第11章中的Keras Model类和几种新的神经网络层结合起来，使您能够用代码搭建生成对抗网络（Generative Adversarial Network，GAN），用以生成像手绘图一样的新图像。

12.1　生成对抗网络的基本理论

生成对抗网络包含两个深度学习网络，它们彼此相互对抗。如图3.1所示，其中一个网络是用于生成逼真的伪造图像的生成器，而另一个网络是判别器，作用是鉴别生成器生成的伪造图像。我们再来看看图12.1，左侧是生成器，它的任务是接收随机噪声输入并将其转换为伪造图像；右侧为判别器，它是用于区分真实图像与伪造图像的二元分类器。为了便于说明，图12.1已经过高度简化，我们稍后将对其内容进行详细介绍。经过几轮训练后，生成器变得更擅长生成难以辨别的伪造图像，而判别器也会相应提高自身鉴别伪造图像的能力。随着训练持续进行，这两个模型展开激烈的对抗，都试图战胜对方，这就使得这两个模型在各自的任务上都变得越来越专业。这种对抗性相互作用最终导致生成器生成的伪造图像不仅使判别器难以分辨，连人眼都难以区分。训练生成对抗网络包括以下两个相互对抗的过程。

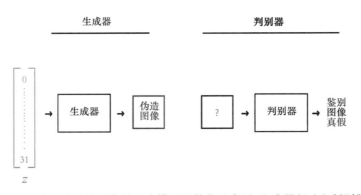

图 12.1　组成生成对抗网络的两个模型的简化示意图：生成器(左)和判别器(右)

（1）训练判别器：如图12.2所示，在此过程中，生成器生成伪造图像，但它仅执行正向传播[1]，而判别器则学习分辨真实图像和伪造图像。

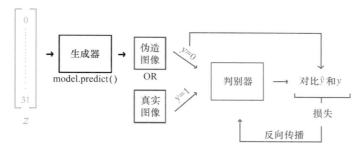

图12.2 训练判别器。生成器通过正向传播生成伪造图像，将伪造图像与来自数据集的真实图像混合在一起，再配合这些图像对应的真假标签，对判别器进行训练。绿色表示学习路径，黑色表示非学习路径，蓝色箭头用于提醒您注意图像标签 y

（2）训练生成器：如图12.3所示，在此过程中，判别器鉴别生成器生成的伪造图像，并且仅执行正向传播；生成器则使用这些信息加强训练，以便更好地误导判别器，使其难以分辨真假。

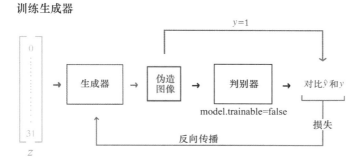

图12.3 训练生成器。生成器通过正向传播生成伪造图像，并根据判别器的正向传播对这些图像进行评分，进而通过反向传播算法优化和更新生成器。绿色表示学习路径，黑色表示非学习路径，蓝色箭头用于提醒您注意图像与其标签 y 的关系，在训练生成器时，y 始终等于1

综上，无论是训练生成器还是判别器，其中一个模型都将输出一个暂时没有经过训练的结果（生成器或判别器仅执行正向传播），而另一个模型则根据这个结果来学习如何更好地完成自己的任务。在训练生成对抗网络的整个过程中，判别器的训练与生成器的训练交替进行。下面让我们从判别器的训练开始（见图12.2），详细地介绍这两个训练过程。

- 生成器生成伪造图像（仅执行正向传播，显示为黑色），这些伪造图像与大量真实图像混合在一起，并被输入判别器进行训练。
- 判别器输出预测值 $\hat{y}$，$\hat{y}$ 值表示输入图像为真实图像的概率。
- 交叉熵损失可通过判别器输出的预测值 $\hat{y}$ 与相应的真实标签 y 计算出来。

---

[1] 正向传播过程不涉及模型训练（即不包含反向传播过程）。

- 以损失最小化为目标训练模型,通过反向传播算法更新判别器的参数(用绿色显示),以使其能够更好地区分真实图像与伪造图像。

在判别器训练期间,只有判别器在学习,生成器不参与训练,因此生成器不会学到任何东西。现在,我们将注意力从判别器的训练转向生成器的训练(如图12.3所示)。

- 生成器接收随机噪声向量作为输入[①],并生成伪造图像作为输出。
- 将生成器生成的伪造图像直接输入判别器。生成器希望能误导判别器,使之将所有的伪造图像标记为真实图像($y=1$)。
- 判别器用黑色框表示,它通过执行正向传播输出预测值$\hat{y}$,可根据$\hat{y}$值来判断输入图像是真实的还是伪造的。
- 生成器在交叉熵损失函数的指导下更新其参数,以学习如何生成足以迷惑判别器的伪造图像。通过不断最小化损失,生成器将学会如何生成以假乱真的伪造图像,它们甚至对于人眼来说都是近乎真实且难以分辨的。

因此,在生成器训练期间,只有生成器在学习。在本章的后面,我们将向您展示如何固定判别器的参数,然后使用反向传播算法更新生成器的参数,且不会对判别器造成任何影响。

当生成对抗网络刚开始训练时,生成器还不知道应该生成什么,输入随机噪声向量后,生成器将输出随机噪声图像。这些劣质的伪造图像与真实图像差异巨大,因为真实图像的特征组合与这些伪造图像的特征存在天壤之别,因此判别器一开始很容易就能区分真伪。但是随着生成器被不断训练,它逐渐学会了如何复制真实图像的某些内在结构。继而生成器变得能够误导判别器,反过来迫使判别器从真实图像中学习更加复杂和细微的特征,而这又让生成器战胜判别器变得更加困难。通过以这种方式来回交替地训练生成器和判别器,生成器将学会伪造越来越难以分辨的图像。最后,这两个对抗模型陷入对峙:它们达到各自架构的极限,并且双方的学习都几乎停滞。[②]

在训练结束时,判别器将被丢弃,生成器才是我们的最终产品。我们可以输入随机噪声,生成器将创造出对抗训练过程中那些输入图像特征类似的图像。从这个意义上讲,生成对抗网络可以被认为具有类似人类的创造力。如果为生成对抗网络提供一个包含大量名人脸部照片的训练数据集,它就可以产生逼真的名人肖像。如图3.4所示,将特定的z值输入生成器之后,如果我们在生成对抗网络的潜在空间内指定特定的坐标,则能够使网络输出具有特定属性的照片,例如特定的年龄、性别或眼镜款式等。在本章将要训练的生成对抗网络中,您将使用由手绘图片组成的训练数据集,生成对抗网络将学习绘制新颖的图画,这种事情是前所未有的。我们将在这里详细讨论生成器和判别器的架构,下面首先介绍如何下载和预处理这些图片数据。

12.2 "Quick,Draw!"数据集

在第1章的末尾,我们曾鼓励您去玩一局"Quick,Draw!"游戏。如果您玩了,那您就

---

① 这里的随机噪声向量对应于第3章介绍的后置空间向量(见图3.4),而与图6.8中表示$w \cdot x + b$的z变量无关。我们将在本章的后面详细地讨论这个问题。

② 更复杂的生成器和判别器将学习更复杂的特征并生成更逼真的图像。然而一般情况下它们不需要那么复杂,因为模型越复杂就越难以训练。

为世界上最大的手绘数据集做了一些贡献。在撰写本书时，"Quick，Draw！"数据集包含
5000万张手绘图片，共345个类别。图12.4展示了其中12个类别的示例图片，包括蚂蚁、自行车和苹果等。本章将使用苹果图像训练生成对抗网络，但是您也可以选择自己喜欢的任何其他类别。如果喜欢冒险①，您甚至可以同时训练多个类别！

"Quick，Draw！"数据集中的数据有好几种格式，包括原始图像和未经任何处理的图像。为了获得相对统一的数据，我们建议使用经过预处理的数据，这些数据已经过中心化、标准化以及其他更多技术性处理。具体来

图12.4 那些玩过"Quick，Draw！"游戏的人在游戏中绘制的棒球、篮球和蜜蜂等手绘图形

说，为了在Python中更简便地处理数据，我们建议选择经过预处理的NumPy格式的位图。

我们这里下载了apple.npy文件，但您也可以为自己的生成对抗网络选择所需类别。Jupyter工作目录下的内容如图12.5所示，数据文件的存储路径如下。

```
/deep-learning-illustrated/quickdraw_data/apples.npy
```

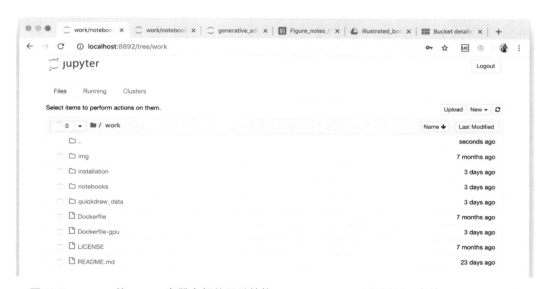

图12.5 Jupyter的Docker容器内部的目录结构。quickdraw_data目录（用于存储"Quick，Draw！"游戏的NumPy位图）与最外层文件目录（用于存储我们在本书中运行的其他所有Jupyter文件）是同级放置的

---

① 如果您有很多可用的计算资源（我们建议使用多个GPU），那么您可以同时在345个类别的手绘数据上训练GAN，但是我们还没有测试过这样做会不会有问题。

您可以将数据存储在其他位置,也可以更改文件名(尤其是在您下载了除苹果外的其他类别之后),但是相应地,您需要更改用于加载数据的代码。

第一步是加载相关的依赖库。对于名为 Generative Adversarial Network 的 Jupyter 文件,例12.1[1]列出了所需的所有依赖库。

例12.1　下载相关的依赖库

```
#用于数据输入和输出:
import numpy as np
import os

#用于深度学习:
import keras
from keras.models import Model
from keras.layers import Input, Dense, Conv2D, Dropout
from keras.layers import BatchNormalization, Flatten
from keras.layers import Activation
from keras.layers import Reshape      # 新!
from keras.layers import Conv2DTranspose, UpSampling2D # 新!
from keras.optimizers import RMSprop # 新!

#用于绘图与可视化:
import pandas as pd
from matplotlib import pyplot as plt
%matplotlib inline
```

除了3个新的网络层和RMSProp优化器[2]之外,以上所有依赖库在本书中都已出现过,我们将在设计模型架构时复习它们。

现在回到数据加载过程。假如您设置的目录结构与我们的相同,并且您同样下载了apple.npy文件,则可以直接使用例12.2中的代码加载这些数据。

例12.2　加载"Quick, Draw!"数据集

```
input_images = "../quickdraw_data/apple.npy"
data = np.load(input_images)
```

如果您的目录结构与我们的不同,或者您从"Quick, Draw!"数据集中选择了不同类别的NumPy图像,则需要根据具体情况修改input_images路径。

可通过运行data.shape来查看训练数据的维数(二维)。第一维是图像个数,在撰写本书时,苹果类共有145 000张图片,但在您阅读本书时,图像可能还会更多。第二维是每一幅图像的像素个数,这些图像与MNIST手写数字一样,大小为28×28像素。

---

① 我们的 GAN 架构是基于 Rowel Atienza 的。
② 第9章介绍了RMSProp优化器。如果您想复习一下的话,请回顾9.4节。

"Quick，Draw！"图像不仅大小与MNIST手写数字相同，而且它们的像素点同样也以8位整数表示。例如，您可以通过执行data[4242]来查看第4243幅图像，因为数据仍然是一维数组，所以显示的内容不多。

接下来预处理数据。

```
data = data/255
data = np.reshape(data,(data.shape[0],28,28,1))
img_w,img_h = data.shape[1:3]
```

让我们逐行分析上述代码。

- 与对MNIST数字所做的处理一样，将像素值除以255，从而将其归一化至0~1范围。
- 判别器网络的第一个隐藏层是二维卷积层，因此可以通过NumPy的reshape()方法将图像从1×784的向量转换为28×28的像素矩阵。因为图像是黑白的，所以第4维是1；如果图像是彩色的，则第4维是3。
- 存储图像的宽度（img_w）和高度（img_h）供以后使用。

图12.6展示了预处理数据后的可视化样例。可通过运行以下代码来可视化这个示例位图（苹果类别中的第4243张手绘图片）：

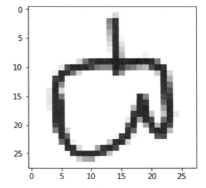

图12.6　这个示例位图是"Quick，Draw！"数据集中苹果类别的第4243张手绘图片

```
plt.imshow(data[4242,:,:,0], cmap='Greys')
```

12.3　判别器网络

判别器是一种相当简单的卷积神经网络，其涉及第10章详细介绍的Conv2D层和第11章末尾介绍的Model类。判别器网络的模型架构如例12.3所示。

例12.3　判别器网络的模型架构

```
def build_discriminator(depth=64, p=0.4):

    #定义输入
    image = Input((img_w,img_h,1))

    #卷积层
    conv1 = Conv2D(depth*1, 5, strides=2,
                   padding='same', activation='relu')(image)
```

```
conv1 = Dropout(p)(conv1)

conv2 = Conv2D(depth*2, 5, strides=2,
               padding='same', activation='relu')(conv1)
conv2 = Dropout(p)(conv2)

conv3 = Conv2D(depth*4, 5, strides=2,
               padding='same', activation='relu')(conv2)
conv3 = Dropout(p)(conv3)

conv4 = Conv2D(depth*8, 5, strides=1,
               padding='same', activation='relu')(conv3)
conv4 = Flatten()(Dropout(p)(conv4))

#输出层
prediction = Dense(1, activation='sigmoid')(conv4)

#定义模型
model = Model(inputs=image, outputs=prediction)
return model
```

本书第一次没有直接创建网络架构，而是定义了一个函数（名为 build_discriminator），并通过这个函数来返回一个构造成功的模型对象。根据图 12.7 所示的判别器网络示意图和例 12.3 中的代码，下面我们来剖析判别器网络的每一部分。

- 输入图像的尺寸为 28×28 像素，其通过变量 img_w 和 img_h 被传进输入层。
- 这里有 4 个隐藏层，并且它们都是卷积层。
- 卷积核的数量逐层翻倍，第 1 个隐藏层具有 64 个卷积核（因此输出通道数为 64 的激活值矩阵），而第 4 个隐藏层具有 512 个卷积核（因此输出通道数为 512 的激活值矩阵）。[①]
- 卷积核的大小保持为 5×5。[②]
- 前 3 个卷积层的步长为 2×2，这意味着经过其中每一个卷积层之后数据流的高度和宽度均减半［参见式（10.3）］。最后一个卷积层的步长为 1×1，因此输出的激活值矩阵与输入该层的激活值矩阵具有相同的高度和宽度（4×4）。
- 为每个卷积层均应用概率为 0.4（p=0.4）的 dropout 机制。
- 最后一个卷积层将三维的激活值矩阵转换为一维向量，以便输入全连接层。
- 与第 11 章中的影评褒贬情感分类模型一样，辨别图像的真伪也是一项二分类任务，因此输出层由单个 sigmoid 神经元组成。

---

① 卷积核越多，参数越多，模型也就越复杂，当然也更有助于提高 GAN 所生成图像的清晰度。对于本例来说，这个数量已经足够了。
② 到目前为止，我们在本书中主要使用的是 3×3 大小的卷积核，但是对于 GAN 来说，在靠近输入端时使用稍微大一点的卷积核效果可能更好。

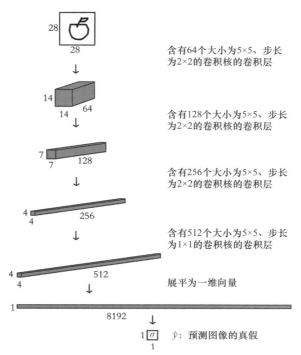

含有64个大小为5×5、步长
为2×2的卷积核的卷积层

含有128个大小为5×5、步长
为2×2的卷积核的卷积层

含有256个大小为5×5、步长
为2×2的卷积核的卷积层

含有512个大小为5×5、步长
为1×1的卷积核的卷积层

展平为一维向量

f：预测图像的真假

图12.7　判别器网络的示意图，用于预测输入图像是真实的（图像来自"Quick,Draw!"
数据集）还是伪造的（图像由生成器生成）

我们可以使用不带任何参数的build_discriminator()函数来构建判别器。

```
discriminator = build_discriminator()
```

通过调用模型的summary()函数，可以输出模型架构的摘要，从中可以看出：模型总共
有430万个参数，其中大多数（约76%）与最后的卷积层有关。例12.4给出了用来编译判别
器网络的代码。

例12.4　编译判别器网络

```
discriminator.compile(loss='binary_crossentropy',
                      optimizer=RMSprop(lr=0.0008,
                                        decay=6e-8,
                                        clipvalue=1.0),
                      metrics=['accuracy'])
```

下面逐行分析上述代码。

■　判别器同第11章中的模型一样，都是二分类器，因此需要使用二元交叉熵损失函数。
■　第9章曾提到，RMSProp同Adam一样，也是一种"理想的优化器"。[①]

————————

① Ian Goodfellow 与其同事在2014年发表了第一篇关于GAN的论文。当时，RMSProp是比较主流的优化器（研
究人员 Kingma 和 Ba 也在2014年提出了 Adam 优化器，从那以后，Adam 变得更加流行）。如果想通过用 Adam
代替 RMSProp 来达到类似的效果，则可能需要稍微调整一下超参数。

- RMSProp优化器的衰减率(ρ)是第9章介绍的超参数之一。
- 最后,clipvalue也是一个超参数,作用是防止学习梯度(随机梯度下降期间损失关于参数的偏微分)超过您为clipvalue设置的值,因此clipvalue能够让您有效规避梯度爆炸(参见第9章)。clipvalue的值通常设为1。

12.4　生成器网络

虽然判别器网络的卷积神经网络结构看起来较为眼熟,但生成器网络包含了许多本书之前未曾涉及的内容。生成器网络的示意图如图12.8所示。

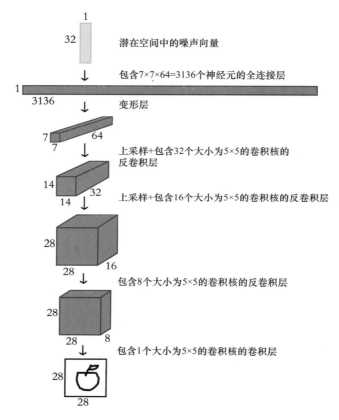

图12.8　生成器网络的示意图,输入随机噪声(在这种情况下,它们代表32个潜在空间维度)并输出28×28像素的图像。在作为对抗网络的一部分进行训练之后,这些图像应类似于训练数据集中的图像(也就是手绘的苹果图形)

我们将包含反卷积(de-convolutional或convTranspose)层的生成器称为反卷积神经网络(deCNN)。一般的卷积层会检测特征,并输出标记特征在图像中位置的激活值矩阵;与之相对,反卷积层则根据激活值矩阵对特征在空间中进行排布,而后将它们输出。生成器网络的前几步是将噪声输入(一维向量)转换为二维数组,然后输入反卷积层;几个反卷积层随后将随机噪声输入转换为伪造图像。

用于构建生成器网络的代码如例12.5所示。

例 12.5　构建生成器网络

```python
z_dimensions = 32
def build_generator(latent_dim=z_dimensions,
                    depth=64, p=0.4):

    #定义输入
    noise = Input((latent_dim,))

    #第1个全连接层
    dense1 = Dense(7*7*depth)(noise)
    dense1 = BatchNormalization(momentum=0.9)(dense1)
    dense1 = Activation(activation='relu')(dense1)
    dense1 = Reshape((7,7,depth))(dense1)
    dense1 = Dropout(p)(dense1)

    #反卷积层
    conv1 = UpSampling2D()(dense1)
    conv1 = Conv2DTranspose(int(depth/2),
                            kernel_size=5, padding='same',
                            activation=None,)(conv1)
    conv1 = BatchNormalization(momentum=0.9)(conv1)
    conv1 = Activation(activation='relu')(conv1)

    conv2 = UpSampling2D()(conv1)
    conv2 = Conv2DTranspose(int(depth/4),
                            kernel_size=5, padding='same',
                            activation=None,)(conv2)
    conv2 = BatchNormalization(momentum=0.9)(conv2)
    conv2 = Activation(activation='relu')(conv2)

    conv3 = Conv2DTranspose(int(depth/8),
                            kernel_size=5, padding='same',
                            activation=None,)(conv2)
    conv3 = BatchNormalization(momentum=0.9)(conv3)
    conv3 = Activation(activation='relu')(conv3)

    #输出层
    image = Conv2D(1, kernel_size=5, padding='same',
                   activation='sigmoid')(conv3)

    #定义模型
```

```
model = Model(inputs=noise, outputs=image)

    return model
```

下面我们详细研究一下生成器网络的模型架构。

- 将输入噪声向量(z_dimensions)的维度设定为32。在设置超参数z_dimensions时,应遵循第11章提到的在为词向量空间选择维数时的建议:较高维的噪声向量具有存储更多信息的功能,因而可以提高生成对抗网络输出的伪造图像的质量,但这也会增加计算复杂度。通常建议以2的倍数调节这个超参数并进行试验。
- 与判别器网络的模型架构(见例12.3)一样,我们再次选择了如下构建方式:把生成器网络的构建过程放到函数中进行。
- 输入是随机噪声数组,长度为latent_dim(在本例中为32)。
- 第一个隐藏层为全连接层。这个全连接层使得输入的潜在空间可以灵活地映射到随后的二维(反卷积)隐藏层的潜在空间。32个输入维度被映射到全连接层中的3136个神经元,这些神经元将输出一个一维的激活值数组,这个激活值数组随后被变形为一个7×7×64的激活值矩阵。这个全连接层是生成器中唯一应用了dropout机制的层。
- 生成器网络包含3个反卷积层(Conv2DTranspose)。第1个反卷积层有32个反卷积核,反卷积核的数量在后面两层中将依次减半。[①] 由于上采样层(UpSampling2D)的作用,虽然反卷积核的数量减少了,但是数据流的大小却增加了。每次应用上采样层(使用默认参数)时,激活值矩阵的高度和宽度都会加倍。[②] 所有反卷积层都具有以下特点:
  - 反卷积核的大小为5×5;
  - 步长为1×1(默认值);
  - 填充方式为'same',以保持反卷积操作后激活值矩阵的大小不变;
  - 激活函数为ReLU函数;
  - 应用了批量归一化(有正则化效果)。
- 输出层为卷积层,作用是将28×28×8的激活值矩阵转换为28×28×1的像素图像。就像输入判别器的真实图像一样,最后一步中的sigmoid函数用于确保将像素值归一化至0～1范围。

正如我们在判别器网络中所做的,我们可以使用不带参数的build_generator()函数来构建生成器。

```
generator = build_generator()
```

在调用模型的summary()函数后可以看到,生成器只有177 000个可训练参数,约为判别器参数的4%。

---

① 与卷积层一样,反卷积核的数量与输出的激活值矩阵的通道数应对应。
② 也就是说,上采样层与池化层执行的操作大致互逆。

12.5　对抗网络

结合图 12.2 和图 12.3 所示的训练过程,我们可以得到图 12.9 所示的流程图。通过执行本章中的代码示例,我们已经完成以下工作。

- 关于判别器的训练(参见图 12.2),构建判别器网络并进行编译:训练判别器分辨真假图像的能力。
- 关于生成器的训练(参见图 12.3),我们虽然已经构建了生成器网络,但还需要将其编译为对抗网络的一部分,以便为训练做好准备。

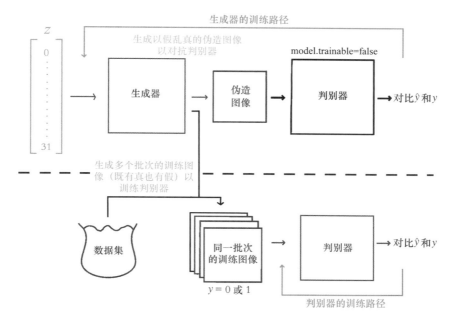

图 12.9　整个对抗网络的训练流程图。虚线的作用是把生成器的训练和判别器的训练分开。绿色的线表示训练路径,而黑色的线表示只有正向传播。红色箭头表示反向传播在生成器和判别器训练过程中的路径

为了将生成器和判别器合并在一起以构建对抗网络,我们需要执行例 12.6 中的代码。

例 12.6　**对抗网络的模型架构**

```
z = Input(shape=(z_dimensions,))
img = generator(z)
discriminator.trainable = False
pred = discriminator(img)
adversarial_model = Model(z, pred)
```

下面逐行解析上述代码。

- 我们使用 Input() 函数定义了模型的输入 z, z 是一个长度为 32 的随机噪声数组。
- 将 z 输入生成器,输出一个 28×28 像素大小的图像,我们将其命名为 img。
- 为了训练生成器,判别器模型的参数必须是固定的(参见图 12.3),因此这里将判别

器的可训练属性 trainable 设置为 False。

- 把伪造图像 img 输入参数已固定的判别器模型,输出关于图像真假的预测值(pred)。
- 最后,使用 Keras 函数式 API 的 Model 类构建对抗模型。指定对抗模型的输入为 z,输出为 pred,Keras 函数式 API 会自动将对抗网络的生成器产生的仿造图像 img 传入判别器。

用于编译对抗网络的代码如例 12.7 所示。

例 12.7 编译对抗网络

```
adversarial_model.compile(loss='binary_crossentropy',
                          optimizer=RMSprop(lr=0.0004,
                                            decay=3e-8,
                                            clipvalue=1.0),
                          metrics=['accuracy'])
```

compile()方法的参数与我们在判别器网络中使用的参数相同(参见例 12.4),只是优化器的学习率和学习率衰减因子均减小了一半。判别器和生成器的学习率之间需要有一种微妙的平衡,这样 GAN 才能更好地生成难以分辨的伪造图像。如果您在编译判别器模型时想要调整它的优化器超参数,那么您可能会发现,为了生成令人满意的图像,您还需要相应地调整对抗模型的优化器超参数。

需要注意的是,在 GAN 训练过程中,判别器训练过程和对抗模型训练过程使用了相同的判别器模型参数。判别器模型参数不是一直固定的,只有当判别器是对抗模型的一个组成部分时它们才会被固定。这样在判别器训练过程中,判别器模型参数在反向传播过程中才会得到更新,模型才能学会分辨真伪图像。与之相反,对抗模型中用到的判别器模型参数是固定的——这个判别器与前面的判别器完全相同,具有相同的参数,只是当训练对抗模型时,这个判别器的参数不会得到更新。

12.6 训练生成对抗网络

我们可以通过调用 train()函数来训练生成对抗网络,如例 12.8 所示。

例 12.8 训练生成对抗网络

```
def train(epochs=2000, batch=128, z_dim=z_dimensions):
    d_metrics = []
    a_metrics = []

    running_d_loss = 0
    running_d_acc = 0
```

```
running_a_loss = 0
running_a_acc = 0

for i in range(epochs):

    #真实图像:
    real_imgs = np.reshape(
        data[np.random.choice(data.shape[0],
                              batch,
                              replace=False)],
        (batch,28,28,1))

    #生成伪造图像:
    fake_imgs = generator.predict(
        np.random.uniform(-1.0, 1.0,
                          size=[batch, z_dim]))

    #将图像输入判别器:
    x = np.concatenate((real_imgs,fake_imgs))

    #用标签y表示判别器的输出结果:
    y = np.ones([2*batch,1])
    y[batch:,:] = 0

    #训练判别器:
    d_metrics.append(
        discriminator.train_on_batch(x,y)
    )
    running_d_loss += d_metrics[-1][0]
    running_d_acc += d_metrics[-1][1]

    #对抗网络的噪声输入和“真实值”y:
    noise = np.random.uniform(-1.0, 1.0,
                              size=[batch, z_dim])
    y = np.ones([batch,1])

    #训练对抗网络:
    a_metrics.append(
        adversarial_model.train_on_batch(noise,y)
    )
    running_a_loss += a_metrics[-1][0]
    running_a_acc += a_metrics[-1][1]

    #输出伪造图像:
```

```
    if (i+1)%100 == 0:

        print('Epoch #{}'.format(i))
        log_mesg = "%d: [D loss: %f, acc: %f]" % \
        (i, running_d_loss/i, running_d_acc/i)
        log_mesg = "%s [A loss: %f, acc: %f]" % \
        (log_mesg, running_a_loss/i, running_a_acc/i)
        print(log_mesg)

        noise = np.random.uniform(-1.0, 1.0,
                                  size=[16, z_dim])
        gen_imgs = generator.predict(noise)

        plt.figure(figsize=(5,5))

        for k in range(gen_imgs.shape[0]):
            plt.subplot(4, 4, k+1)
            plt.imshow(gen_imgs[k, :, :, 0],
                       cmap='gray')
            plt.axis('off')

        plt.tight_layout()
        plt.show()

    return a_metrics, d_metrics

#训练生成对抗网络:
a_metrics_complete, d_metrics_complete = train()
```

为了帮助大家更好地理解生成对抗网络的训练过程,下面我们对上述代码进行解析。

■ 两个空列表(例如d_metrics)和4个0变量(例如running_d_loss)用于在训练判别器和对抗网络时记录损失和精确度。

■ 这里使用for循环来实现每个周期的训练。注意,虽然通常情况下,GAN开发人员会把一次循环称为一个周期,但实际上称为batch更准确:在for循环的每一次迭代中,我们都将从数据集的成千上万张手绘图片中抽取128个手绘的苹果图形。

■ 在每一个训练周期中,我们都将交替训练判别器和生成器。

■ 我们可以采用如下步骤来训练判别器(如图12.2所示)。

  ■ 选取128张真实图像作为样本。

  ■ 通过创建噪声向量(在[−1.0, 1.0]范围内均匀采样)并将其输入generator.predict()方法,生成128幅伪造图像。注意,在这一步中生成器只执行正向传播而不更新任何参数。

  ■ 将真实图像列表和伪造图像列表连接为变量x,作为判别器的输入。

- ■ 创建数组y,将图像标记为真或假,以便训练判别器。
  - ■ 为了训练判别器,将变量x和数组y输入模型的train_on_batch()函数。
  - ■ 每一个训练周期结束后,模型在训练集上的损失和精确度将被记录在d_metrics 列表中。
- ■ 我们可以采用如下步骤来训练生成器(如图12.3所示)。
  - ■ 用变量noise表示随机噪声向量,用实数数组y表示标签向量,并将它们输入对抗模型的train_on_batch()函数。
  - ■ 对抗模型的生成器将把noise输入转换为伪造图像,这些伪造图像则作为输入被传给对抗模型的判别器。
  - ■ 因为在训练对抗模型时,判别器的参数会被固定,所以判别器只会根据目前的辨别能力告诉我们输入的图像是真的还是假的。即使其中包含生成器输出的伪造图像,它们也会被标记为真($y = 1$),并且在反向传播期间使用交叉熵损失来更新生成器模型的权重。通过最小化损失,生成器应该能学会迷惑判别器,使判别器错误地将伪造图像归类为真实图像。
  - ■ 在每一轮训练结束后,在a_metrics列表中添加对抗损失和精确度。
- ■ 每经过100个训练周期,就执行以下操作。
  - ■ 打印当前周期。
  - ■ 记录判别器和对抗模型的损失和精确度。
  - ■ 随机采样16次,得到16个噪声向量,使用生成器的predict()方法生成伪造图像,存储在gen_imgs中。
  - ■ 在一个4×4的网格中绘制16张伪造图像,这样我们就可以在训练期间随时监视生成器所伪造图像的质量。
- ■ 当train()函数结束时,返回对抗模型和判别器模型性能指标的列表(分别为a_metrics和d_metrics)。
- ■ 随着训练的进行,调用train()函数,将性能指标保存到a_metrics_complete和d_metrics_complete变量中。

经过100个周期的训练后(见图12.10),GAN伪造的图像似乎有了一些模糊的手绘特征,但我们还无法看出是苹果。然而,经过200个周期的训练后(见图12.11),这些图像开始有了一些模糊的苹果的样子。经过数百个周期的训练后,GAN开始能够伪造出一些清晰的苹果图像(见图12.12)。经过2000个周期的训练后,我们的GAN已经能够输出第3章末尾展示的"机器艺术"演示图像(见图3.9)。

下面我们运行例12.9和例12.10中的代码以绘制GAN的训练损失图(见图12.13)和训练精度图(见图12.14)。结果表明,随着伪造的苹果手绘图质量的提高,对抗模型的损失也在不断下降,这正是我们所期望的结果,因为这个模型的损失与判别器网络将伪造图像误分类为真实图像有关。从图12.10~图12.12可以看出,训练的时间越长,伪造的图像就越逼真。随着对抗模型中的生成器开始伪造出更高质量的赝品,判别器区分真假图像的任务也变得更加困难,在最初的300个训练周期中,训练损失在逐步上升。但从第300个训练周期开始,判别器在二分类任务上有了一定程度的改进,训练损失有所减少,训练精度有所提高。

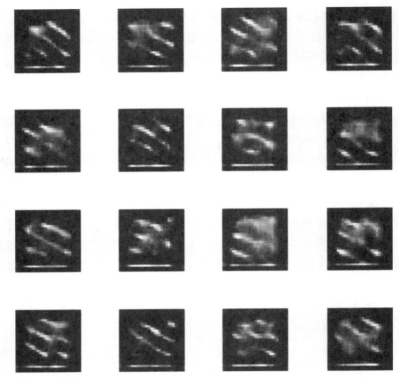

图12.10 经过100个周期的训练后,伪造的苹果手绘图

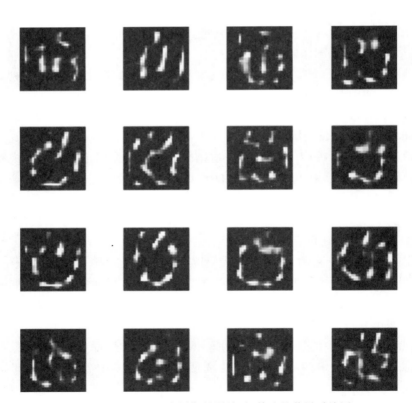

图12.11 经过200个周期的训练后,伪造的苹果手绘图

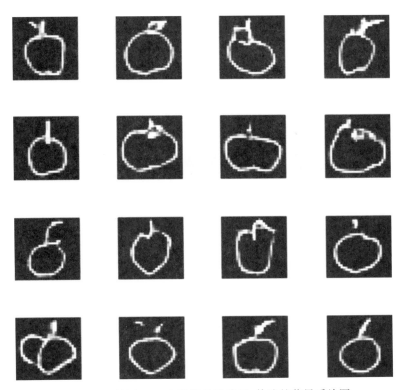

图 12.12 经过 1000 个周期的训练后,伪造的苹果手绘图

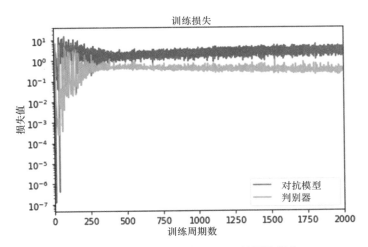

图 12.13 不同训练周期下 GAN 的训练损失

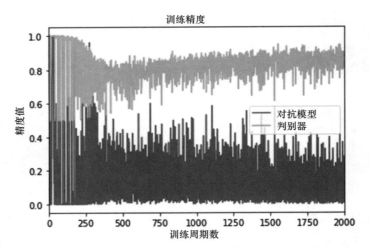

图 12.14　不同训练周期下 GAN 的训练精度

例 12.9　绘制 GAN 的训练损失图

```
ax = pd.DataFrame(
    {
        '对抗模型': [metric[0] for metric in a_metrics_complete],
        '判别器': [metric[0] for metric in d_metrics_complete],
    }
).plot(title='训练损失', logy=True)
ax.set_xlabel("训练周期数")
ax.set_ylabel("损失值")
```

例 12.10　绘制 GAN 的训练精度图

```
ax = pd.DataFrame(
    {
        '对抗模型': [metric[1] for metric in a_metrics_complete],
        '判别器': [metric[1] for metric in d_metrics_complete],
    }
).plot(title='训练精度')
ax.set_xlabel("训练周期数")
ax.set_ylabel("精度值")
```

12.7　小结

在本章中,我们讨论了生成对抗网络的基本理论,生成对抗网络包括两个新的神经层——反卷积层和上采样层。我们还构建了判别器网络和生成器网络,可通过将它们组合在一起来构建对抗网络。通过交替训练判别器和生成器,我们的生成对抗网络学会了如何伪造逼真的苹果手绘图。

12.8　核心概念

下面列出了到目前为止我们已经介绍的重要概念,本章新增的概念已用紫色标出。

- 参数
  - 权重 w
  - 偏置 b
- 激活值 a
- 神经元
  - sigmoid 神经元
  - tanh 神经元
  - ReLU 神经元
  - linear 神经元
- 输入层
- 隐藏层
- 输出层
- 神经层的类型
  - 全连接层
  - softmax 层
  - 卷积层
  - 反卷积层
  - 最大池化层
  - 上采样层
  - Flatten 层
  - 嵌入层
  - RNN
- Bi-LSTM(双向 LSTM)
- 连接层
- 损失函数
  - 平方损失(均方误差)函数
  - 交叉熵损失函数
- 正向传播
- 反向传播
- 不稳定梯度(特别是梯度消失)
- Glorot 权重初始化
- 批量归一化
- dropout
- 优化器
  - 随机梯度下降
  - Adam
- 优化器超参数
  - 学习率 η
  - batch size
- word2vec
- GAN 组件
  - 判别器网络
  - 生成器网络
  - 对抗网络

第13章
深度强化学习

在第4章中，我们介绍了强化学习（强化学习不同于有监督学习和无监督学习）的范式，强化学习智能体能够在环境中采取序列化行动。无论在现实世界还是虚拟世界中，环境都可能极其复杂且瞬息万变，为了实现既定目标，我们需要能够适应极端环境的复杂智能体。如今，许多强化学习智能体的设计都使用了深度神经网络，深度强化学习算法应运而生。

本章的主要内容如下。
- 概述强化学习的基本理论，重点介绍名为深度Q-Learning算法的深度强化学习模型；
- 使用Keras构建深度Q-Learning网络，以学习如何才能在模拟的电子游戏环境中表现出色；
- 讨论优化深度强化学习智能体性能的方法；
- 介绍除深度Q-Learning外的深度强化学习智能体家族。

13.1 强化学习的基本理论

回顾第4章(特别是图4.3)，强化学习属于机器学习方法，具体内容如下。
- 智能体在环境中采取行动(action)，这里我们假设行动是在时间t执行的。
- 环境向智能体返回如下两类信息。
  - 奖励(reward)：这是一个标量值，代表智能体在第t步行动后得到的定量反馈。例如，吃豆人在吃到樱桃后会有100分的奖励。智能体的终极目标是使积累的奖励最大化。在某环境条件下，若某种行动有利于帮助智能体最大化奖励，则智能体接下来就会更倾向于执行这种行动。
  - 状态(state)：智能体在采取一个行动后，就会使环境以某一概率转移到另一个状态，简而言之，状态是环境受智能体的行动影响而变化的方式。当智能体在下一步(时间步$t+1$)选择采取什么行动时，它需要把当前状态作为条件。
- 循环执行上述两个步骤，直至达到某最终状态。达到最终状态其实有很多种方式。例如，在游戏中获得最大奖励，达到某些特定的预期目标(如自动驾驶汽车到达预设的目的地)，用光指定的时间，用完所有的移动次数，智能体在游戏中死亡，等等。

强化学习问题在实质上是序列化决策问题。在第4章中,我们讨论了强化学习的一些典型例子,包括:

- 雅达利电子游戏,例如《吃豆人》《打砖块》;
- 自动驾驶,例如自动驾驶汽车和无人机;
- 棋盘游戏,例如围棋、国际象棋和日本将棋;
- 用机械臂操纵物体,例如使用玩具锤拔出木钉。

13.1.1　Cart-Pole 游戏

在本章中,我们将使用OpenAI Gym来训练智能体玩Cart-Pole游戏,这是控制理论领域的学者们研究的一个经典问题,其中OpenAI Gym是一个强化学习环境库(图4.13展示了其中的几个环境)。Cart-Pole游戏的玩法如下。

- 游戏的目的是通过移动推车来平衡顶部的杆。如图13.1所示,杆通过一个紫色的点被连接到推车上,这个紫色的点表示销钉,杆可以绕水平轴旋转。[①]

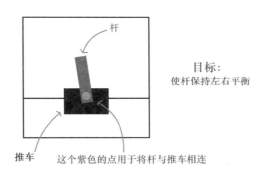

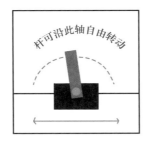

图 13.1　Cart-Pole游戏的目的是使棕色的杆在黑色的推车上尽可能长时间保持平衡。游戏的玩家(无论是人还是机器)可以控制推车,使其沿黑线向左或向右水平移动。杆可以沿着紫色销钉形成的轴自由转动

- 推车本身只能向左或向右水平移动。在任何特定时间步,推车都必须向左或向右移动而不能保持静止。
- 每局游戏开始时,推车将被放置在屏幕中心附近的位置,杆随机偏离垂直方向一个

---

① 图4.13(a)展示了Cart-Pole游戏的屏幕截图。

小角度。
- 如图 13.2 所示,只要发生以下两种情况之一,游戏就提前结束。
  - 杆偏离垂直方向的角度过大,无法在推车上保持平衡。
  - 推车触及边界——屏幕的最右边或最左边。
- 在本章所玩的游戏版本中,每局游戏的最大时间步数均为 200。如果游戏没有因为杆失去平衡或推车驶出屏幕而提前结束,则游戏将在 200 步后自动结束。
- 游戏每多持续一个时间步,玩家就得到 1 分奖励,玩家所能得到的最大奖励是 200 分。

如果发生以下两种情况之一，游戏就提前结束

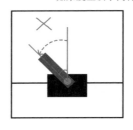
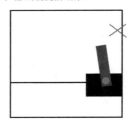

杆倒向水平方向　　　　　　　推车触及屏幕的边界
（杆的倾斜角度过大）

图 13.2　若杆倒向水平方向或推车的一部分被移出画面,Cart-Pole 游戏就会提前结束

Cart-Pole 游戏非常简单,这是强化学习入门阶段的一个经典问题。对于自动驾驶汽车而言,实际上存在着无数种可能的环境状态:当汽车沿着道路行驶时,相机、雷达、激光雷达[①]、加速度计、麦克风等无数种传感器就会从车辆周围的环境中采集大量的状态信息,每秒的数据量约为 1GB。与之相比,Cart-Pole 游戏只有如下 4 种状态信息。
- 推车在一维水平轴上的位置;
- 推车的速度;
- 杆的角度;
- 杆的角速度。

同样,自动驾驶的汽车可能会执行许多相当细微的动作,例如加速、制动、向右或向左转向;而在 Cart-Pole 游戏中,在任意时间步,玩家只能采取一个动作:左移或右移推车。

13.1.2　马尔可夫决策过程

强化学习问题在数学上可以用马尔可夫决策过程(Markov Decision Process,MDP)来描述。MDP 是由所谓的马尔可夫特性定义的:假设在马尔可夫决策过程中,任何时间步的环境状态都仅由上一时间步的环境状态决定。对于 Cart-Pole 游戏,这意味着在某个时间步 t,我们的智能体将仅考虑 $t-1$ 时间步的信息,并根据推车和杆的状态(例如推车的位置、杆的角度等)来决定向左还是向右移动。[②]

---

① 与普通雷达的原理相同,但激光雷达使用的是激光而不是声波。
② 许多金融交易策略都具有马尔可夫特性。例如,一种金额交易策略可能只会考虑在特定交易日结束时所有股票的价格,而不考虑前一天任何股票的价格。

如图13.3所示,MDP由5部分组成。

（1）S是所有可能状态的集合,小写字母s表示每个可能的状态。在Cart-Pole游戏中,推车位置、推车速度、杆的角度、杆的角速度这4个量形成的组合可代表某一特定状态。尽管Cart-Pole游戏相对而言比较简单,但其4个状态维度经过排列组合后所能描述的状态数量仍相当多。举个简单的例子:推车既可以在屏幕的右侧缓慢移动,并且让杆保持垂直平衡;也可以迅速向屏幕的左边缘移动,而对杆以大角度顺时针旋转。

（2）A是所有可能行动的集合,单个行动可表示为a。在Cart-Pole游戏中,A集合仅包含左移和右移两个元素;但在其他环境中,A集合包含的元素可能更多。

（3）R表示奖励的分布,(s,a)表示将某个特定状态与某个特定行动配对。给定一对(s,a),就会存在相应的奖励分布R。事实上,R是一种概率分布:完全相同的(s,a)在不同时间会产生随机数量的奖励r。[①]智能体虽然无法掌握奖励分布R的详细信

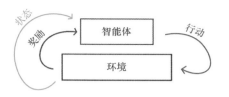

"马尔可夫决策过程"

S: 所有可能状态

A: 所有可采取的行动

R: 在状态s采取行动a后所获得奖励的概率分布

P: 在状态s采取行动a后,状态变为s_{t+1}的概率分布

γ: 折损因子

图13.3 强化学习循环可被视为马尔可夫决策过程,具体包括S、A、R、P和γ共5部分

息(包括分布形状、均值和方差等),但却可以通过在环境中不断采取行动来发掘这一分布。例如,在图13.1中,您可以看到推车在屏幕的中间位置,并且杆向左稍微倾斜。[②]在此状态下,向左移动推车会使杆更加接近垂直线,延长杆保持平衡的时间,从而获得更高的奖励r;相反,向右移动推车则会增大杆向水平方向掉落的概率,使得游戏提前结束,从而获得更小的奖励r。

（4）P与R一样,也是概率分布。P表示采取行动a后,当前状态s_t变成下一状态s_{t+1}的概率。和R一样,智能体也无法掌握P分布的详细信息,但是智能体可以通过在环境中采取行动来推断出P的相关信息。例如,在Cart-Pole游戏中,左移动作对应于向左移动推车,这个关系相对简单,智能体能够很快掌握[③];而在图13.1中,如果在状态为s时左移推车,那么在下一状态s_{t+1},杆将更加接近垂直线,此时,当前行动与下一状态的关系较为复杂,学习起来

---

① 在强化学习中通常就是这样的。但Cart-Pole游戏提供了一种完全确定的相对简单的环境,在任何时候,两个完全相同的(s,a)实际上都将产生相同的奖励。为了说明强化学习的一般原理,我们在本小节中使用的一些示例可能会让您觉得Cart-Pole游戏并没有那么高的确定性,请别太在意。

② 为简单起见,在此例中,我们忽略了推车速度和杆的角速度,因为我们无法从静态图像中推断出这类状态信息。

③ 与本书中的其他神经网络一样,可以使用随机参数对深度强化学习智能体中的ANN进行初始化。这意味着在训练之前(也就是在第一局Cart-Pole游戏开始之前),智能体甚至都不了解某(s,a)与下一个状态s_{t+1}之间哪怕最简单的关系。例如,在Cart-Pole游戏中,左移意味着推车向左移动,对于人类玩家来说这顺理成章,但是对于随机初始化的神经网络而言,没有什么是"显而易见的",因此所有关系都必须通过多个游戏回合来学习。

也就比较困难，因此需要更多的游戏回合来学习这一关系。

（5）γ 是一个超参数，被称为折损因子或衰减率。为了说明其重要性，我们抛开 Cart-Pole 游戏，而是先来了解一下《吃豆人》游戏。吃豆人这个角色需要在二维平面上移动并吃掉平面中的樱桃以获得积分，如果被幽灵捉住了，吃豆人就会死亡。如图13.4所示，当智能体考虑预期奖励的价值时，我们认为立即获得的奖励要比过一段时间才能获得的奖励更有价值。例如，吃豆人吃掉距离自己1像素的樱桃可获得100分，吃掉距离自己20像素的樱桃也可获得100分，这时我们认为前者的价值高于后者。吃豆人在去吃远处樱桃的过程中，可能会被幽灵夺去生命或被其他危险物挡住去路，因此我们认为：可以立即获得的奖励（即期奖励）相比"遥远的"奖励（远期奖励）更有价值。[1][2]　如果我们令 $\gamma = 0.9$[3]，则距离吃豆人1个时间步的樱桃的价值为90分，而距离吃豆人20个时间步的樱桃的价值仅为12.2分[4]。

图13.4　在马尔可夫决策过程中，相对于立刻获得的奖励，衰减因子 γ 会对较远距离的奖励产生折损效果。图中的绿色三叶虫相当于吃豆人，鱼相当于樱桃，章鱼相当于幽灵。假定 $\gamma = 0.9$，距离三叶虫1个时间步的鱼的价值为90分，而距离三叶虫20个时间步的鱼的价值只有12.2分。就像《吃豆人》游戏中的幽灵一样，这里的章鱼四处游荡，企图杀死可怜的三叶虫。三叶虫在捕到更远的鱼之前，很可能就已经被章鱼杀死，这就是即期奖励相比远期奖励更有价值的原因

13.1.3　最优策略

MDP 的最终目标是找到一个函数，这个函数能使智能体在遇到 S 中的任何状态 s 时，都可以从 A 中选取适当的行动 a 来执行。换句话说，我们希望智能体能够学习一种将 S 映射到 A 的函数。如图13.5所示，我们称这样的函数为策略函数，用 π 表示。

为了便于理解，策略函数 π 可以简单表述为：无论智能体身处何种情况，目的都是采取适当的策略以获得最大奖励。关于奖励最大化的具体定义，可参考以下公式：

---

[1]　可以通过运用 γ 折损因子对未来可能获得的奖励进行衰减，这类似于会计中折现现金流的计算：将未来每年的预期收入折算成现值。

[2]　在本章的后面，我们将介绍价值函数（V）和 Q 值函数（Q）的概念。V 和 Q 都包含 γ，若游戏没有时间步的限制，则 γ 可以防止 V 和 Q 在游戏中变得无界（数值过大溢出会导致计算无法进行）。

[3]　$100 \times \gamma^t = 100 \times 0.9^1 = 90$。

[4]　$100 \times \gamma^t = 100 \times 0.9^{20} = 12.16$。

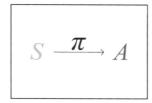

图13.5　策略函数π使智能体能够将任何状态s映射到行动a(其中,s来自
所有可能状态的集合S,a来自所有可能行动的集合A)

$$J(\pi^*) = \max_\pi J(\pi) = \max_\pi E\left[\sum_{t>0} \gamma^t r_t\right] \qquad (13.1)$$

- $J(\pi)$被称为目标函数。我们可以利用机器学习技术使$J(\pi)$最大,也就是使奖励最大化。[①]
- π表示将S映射到A的任何策略函数。
- 在所有可能的策略π中,π^*表示将S映射到A的最优策略。也就是说,对于给定的状态s,在经过π^*函数后,将被映射到一个特定的行动a,这个行动能使智能体获得最大折损奖励。
- 折损奖励的期望被定义为$E\left[\sum_{t>0} \gamma^t r_t\right]$,$E$代表期望,$\sum_{t>0} \gamma^t r_t$代表折损奖励。
- 为计算所有时间步($t>0$)的折损奖励之和$\sum_{t>0} \gamma^t r_t$,我们需要执行以下操作:
  - 在每个时间步t计算可获得的奖励r_t,接着用r_t乘以该时间步的衰减因子γ^t,得到若干$\gamma^t r_t$;
  - 对这些折损奖励$\gamma^t r_t$进行加总,得到累计值$\sum_{t>0} \gamma^t r_t$。

13.2　深度Q-Learning网络的基本理论

在13.1节中,我们将强化学习定义为马尔可夫决策过程(MDP)。作为MDP的一部分,我们希望智能体在任何给定的时间步t遇到某种状态s时,都可以遵循最优策略π^*,从而找到能使折损奖励最大化的行动a。问题是,即使像Cart-Pole游戏这样简单的强化学习问题,准确得出其最大累计折损奖励$\max\left(\sum_{t>0} \gamma^t r_t\right)$也会很困难,计算效率极其低下。所有可能的未来状态构成集合S,所有可能采取的行动构成集合A,这两个集合都包含众多元素,因此有太多可能性需要考虑。为了使计算更加简便,我们可以使用Q-Learning方法,以预测特定情况下的最佳行动。

---

① 本书提到的损失函数是目标函数的变体。损失函数给出某个损失值C,而目标函数$J(\pi)$给出某个奖励值r。在损失函数中,我们的目标是使损失最小化,因此我们对其应用了梯度下降法(参见图8.2中下山的三叶虫)。相反,在函数$J(\pi)$中,我们的目标是使奖励最大化,因此我们对其应用了梯度上升法(好比三叶虫爬山)。在数学上,梯度上升法与梯度下降法有些类似。

13.2.1 值函数

在介绍 Q-Learning 之前,我们首先来了解这样一个概念——值函数。值函数用 $V^\pi(s)$ 表示,它可以告诉我们:如果智能体从给定状态 s 开始遵循其策略 π,那么该状态的价值是多少。

举个简单的例子,在 Cart-Pole 游戏中,假设我们的智能体已经有一种合理的策略 π 来平衡杆,回顾一下图 13.1[①],在这种状态下,杆接近垂直,因而累计的未来折损奖励可能相当大,给定状态 s 的 $V^\pi(s)$ 值很高。

现在我们想象另外一种状态 s_h,在该状态下,杆接近水平。此时 $V^\pi(s_h)$ 值较小,这是因为我们的智能体已经失去对杆的控制,游戏很快就会结束。

13.2.2 Q值函数

由上面的介绍可知,值函数只考虑了状态 s,可用 $V^\pi(s)$ 表示;而 Q 值函数(Q-value function)[②]不仅考虑状态,还会考虑与之对应的特定行动的效用,用 (s, a) 表示"状态-行动"对,与值函数的表示方法类似,Q 值函数用 $Q^\pi(s, a)$ 表示。

回顾图 13.1。将左移(记为 a_L)与状态 s 配对,然后遵循让杆保持平衡的策略 π,我们在这种策略下可以得到较高的累计折损奖励。因此,状态-行动对 (s, a_L) 的 Q 值是较高的。

接下来,我们考虑将右移(记为 a_R)与图 13.1 中的状态 s 配对,同样遵循让杆保持平衡的策略 π。尽管这么做不会直接导致游戏结束,但相较于左移,这么做得到的累计折损奖励可能会偏低。在状态 s 下,左移通常会使杆更接近垂直线,此时杆可以得到更好的平衡和控制;而右移通常使杆更接近水平线,此时更难控制,游戏更有可能提前结束。总之,我们可以预料到 (s, a_L) 的 Q 值要高于 (s, a_R) 的 Q 值。

13.2.3 估计最优Q值

当智能体处于某个状态 s 时,我们希望它能计算出最优 Q 值,用 $Q^*(s, a)$ 表示。在所有可能的行动中,具有最高 Q 值(累计的未来折损奖励最高)的行动将是最佳选择。

我们可以利用式(13.1)计算折损奖励并对所有计算结果进行比较,从而确定最优策略(对应的折损奖励最高)。值得注意的是,即使在相对简单的强化学习问题中,想要得到最优策略 π^* 也是很困难的,因为计算起来相当复杂。同样,若想确定最优 Q 值 $Q^*(s, a)$,则面临的计算问题也很棘手。此时可采用第 4 章提到的深度 Q-Learning 方法(参见图 4.5),也就是利用神经网络估计最优 Q 值。对于这些深度 Q-Learning 网络(简称 DQN)来说,有:

$$Q^*(s, a) \approx Q(s, a; \theta) \tag{13.2}$$

其中:

- 最佳 Q 值($Q^*(s, a)$)是我们想要不断逼近的目标;
- 在 Q 值近似函数 $Q(s, a; \theta)$ 中,除了包括状态 s 和行动 a 之外,还包含希腊字母 θ,θ 是神经网络模型参数。自第 6 章以来,我们已经熟悉的模型参数主要包括权重和偏置。

---

① 如本章前面所述,我们仅考虑推车和杆的位置,因为我们无法从静止图像中推测推车速度或杆的角速度。

② Q 值函数中的"Q"代表质量(quality),但从业人员很少将其称为"质量-值函数"。

在Cart-Pole游戏中,可以将式(13.2)应用于DQN智能体,以使其在遇到特定状态 s 时,可以判断采取行动 a(左移或右移)能否得到较高的累计折损奖励。例如,如果预测左移能得到更高的累计折损奖励,那就左移。在13.3节中,我们将通过Keras搭建的全连接神经网络编码实现DQN智能体,读者可根据代码进行实际操作。

若想全面了解强化学习理论(包括深度 Q-Learning 网络),我们建议您阅读最新版的 *Reinforcement Learning*: *An Introduction*,该书由理查德·萨顿(Richard Sutton,见图 13.6)和安德鲁·巴托(Andrew Barto)共同编写。

图13.6 理查德·萨顿(Richard Sutton)是强化学习领域最为闪耀的明星,他是艾伯塔大学计算机科学专业的教授。最近,他还被 Google DeepMind(DeepMind 是英国的一家人工智能公司,在 2014 年被谷歌收购)评为业内杰出的研究科学家

13.3 定义DQN智能体

在名为 Cartpole DQN 的 Jupyter 文件中,我们提供了一个DQN智能体[①]的定义代码,这个DQN智能体能够学习在环境中如何采取行动。以 OpenAI Gym 环境库中的 Cart-Pole 游戏为例,我们需要导入如下模块:

```
import random
import gym
import numpy as np
from collections import deque
from keras.models import Sequential
from keras.layers import Dense
from keras.optimizers import Adam
import os
```

其中最重要的模块是 gym,也就是 Open AI Gym。与往常一样,只有当调用到某个模块的函数时,我们才会对该模块进行详细讨论。

接下来设置超参数,如例13.1所示。

---

① 这个DQN智能体是在 Keon Kim 所做工作的基础上编写的,可从 Keon Kim 的 GitHub 代码库中找到。

例13.1 **设置Cart-Pole DQN的超参数**

```
env = gym.make('CartPole-v0')
state_size = env.observation_space.shape[0]
action_size = env.action_space.n
batch_size = 32
n_episodes = 1000
output_dir = 'model_output/cartpole/'
if not os.path.exists(output_dir):
    os.makedirs(output_dir)
```

下面逐行解析上述代码。

■ 首先使用Open AI Gym的make()方法确定与智能体交互的特定环境,我们选择的环境是Cart-Pole游戏的v0版本,可将其赋给变量env。欢迎您自行选择其他Open AI Gym环境,如图4.13所示。

■ 从环境中提取如下两个参数。

  ■ state_size:状态信息的种数。对于Cart-Pole游戏而言,状态信息的种数为4,分别是推车位置、推车速度、杆的角度以及杆的角速度。

  ■ action_size:可执行的操作种数。对于Cart-Pole游戏而言,可执行的操作种数为2,分别是左移和右移。

■ 将用于训练神经网络的batch size设置为32。

■ 将游戏回合数n_episodes设置为1000。您很快就会发现,这个数值设置得很合理,因为一般在1000个回合内,智能体就可表现出色,取得高分。对于更复杂的环境,您可能需要增大这个超参数的值,这样智能体才可以进行更多回合的学习。

■ 最后指定了一个目录('model_output/cartpole/'),每训练一段时间,就将神经网络的参数保存到其中。如果该目录尚不存在,请使用os.makedirs()进行创建。

例13.2提供了用于创建DQN智能体DQNAgent的Python代码。

例13.2 **创建DQN智能体DQNAgent**

```
class DQNAgent:
    def __init__(self, state_size, action_size):
        self.state_size = state_size
        self.action_size = action_size
        self.memory = deque(maxlen=2000)
        self.gamma = 0.95
        self.epsilon = 1.0
        self.epsilon_decay = 0.995
        self.epsilon_min = 0.01
        self.learning_rate = 0.001
        self.model = self._build_model()
```

```python
def _build_model(self):
    model = Sequential()
    model.add(Dense(32, activation='relu',
                    input_dim=self.state_size))
    model.add(Dense(32, activation='relu'))
    model.add(Dense(self.action_size, activation='linear'))
    model.compile(loss='mse',
                  optimizer=Adam(lr=self.learning_rate))
    return model

def remember(self, state, action, reward, next_state, done):
    self.memory.append((state, action,
                        reward, next_state, done))

def train(self, batch_size):
    minibatch = random.sample(self.memory, batch_size)
    for state, action, reward, next_state, done in minibatch:
        target = reward # if done
        if not done:
            target = (reward +
                      self.gamma *
                      np.amax(self.model.predict(next_state)[0]))
        target_f = self.model.predict(state)
        target_f[0][action] = target
        self.model.fit(state, target_f, epochs=1, verbose=0)
    if self.epsilon > self.epsilon_min:
        self.epsilon *= self.epsilon_decay

def act(self, state):
    if np.random.rand() <= self.epsilon:
        return random.randrange(self.action_size)
    act_values = self.model.predict(state)
    return np.argmax(act_values[0])

def save(self, name):
    self.model.save_weights(name)

def load(self, name):
    self.model.load_weights(name)
```

13.3.1　初始化参数

在例13.2中，我们首先使用许多参数来初始化DQNAgent类。

- state_size和action_size的具体数值视具体环境而定,如前所述,在Cart-Pole游戏中它们分别为4和2。

- memory用于存储记忆,这些记忆在需要时可被加载,以便用于接下来DQN神经网络的训练。这些记忆被存入名为deque(双端队列)的数据结构,该数据结构是一种容量固定的列表:若指定maxlen = 2000,则表明该数据结构仅保留最近的2000个记忆,当我们尝试将第2001个记忆添加到deque列表中时,它的第1个记忆就会被删除,因此该列表包含的记忆始终不会超过2000个。

- gamma是我们之前介绍的折损因子(又称为衰减率)γ(见图13.4),可利用这个参数对模型在未来时间步获得的奖励进行衰减。有效的γ值通常接近1(例如0.9、0.95、0.98和0.99)。γ值越接近1,未来奖励的折损就越小。[1] 调试诸如γ的强化学习模型参数是很困难的,针对这一问题,在本章的最后,我们将介绍一个名为SLM Lab的工具。

- epsilon是另一个强化学习参数,又称为探索率,用希腊字母ϵ表示。智能体在采取行动时有两种模式:一种是"探索"模式(可以让智能体探索行动对下一状态s_{t+1}和环境返回的奖励r的影响),另一种是"利用"模式(利用神经网络在游戏中已经积累的知识)。"探索"代表智能体采取的行动是完全随机的,获得的奖励可能有高有低,从而收集关于环境的"知识"或者累积关于行动选择的经验;"利用"代表智能体根据已有的知识和经验选择行动,获得的奖励比较稳定,但是获得的奖励不会超过已有经验中的最大值。ϵ代表采取完全随机行动所占的比例,也就是采取探索模式的比例。在第一个游戏回合开始之前,智能体没有游戏经验可利用,因此我们将epsilon设置为1.0,表示将全部时间用于探索。

- 随着智能体不断积累游戏经验,我们会缓缓地降低探索率,以便它可以逐渐利用学到的信息来获得更高的累积奖励(如图13.7所示)。也就是说,在每回合游戏结束时,我们将用epsilon_decay乘以ϵ。epsilon_decay是一个超参数,一般取0.990、0.995或0.999。[2]

- epsilon_min是探索率ϵ能够衰减到的最小值,通常被设置为接近零的值,例如0.001、0.01或0.02。若将其设置为0.01,则意味着在ϵ衰减至0.01之后(在本例中为911个游戏回合之后),我们的智能体将仅有1%的概率完全随机地采取行动,而有99%的概率利用游戏经验并采取经验中能够获得最高奖励的行动。[3]

- learning_rate与第8章中的随机梯度下降超参数相同。

- 最后,建议将_build_model()方法作为"私有"方法使用。这意味着建议仅在"内部"使用该方法,即仅由DQNAgent类的实例使用。

---

[1] 如果设置$\gamma = 1$,那么未来的奖励不会发生折损,但我们不建议这样做。

[2] 和$\gamma = 1$类似,若设置epsilon_decay = 1,则意味着ϵ不会衰减。也就是说,智能体会一直以恒定比例进行探索。我们一般不会将epsilon_decay设置为1。

[3] 如果现阶段对探索率这个概念还不是很清楚,那么稍后当我们逐个讨论智能体的训练结果时,您应该就能加深对它的理解了。

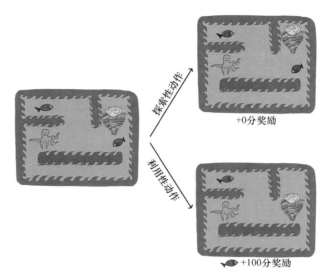

图13.7　这里使用吃豆人环境来说明强化学习的两个概念：探索性动作（exploratory action）与利用性动作（exploitative action），其中绿色的三叶虫代表DQN智能体，相当于《吃豆人》游戏中的吃豆人角色（参见图13.4）。在一个给定的游戏回合中，探索率ϵ的取值越高，则智能体越多时候处于探索模式。在探索模式下，智能体将采取完全随机的行动。例如，智能体可能会沿着与鱼相反的方向游动，此时获得的奖励为0分；反之，若向鱼的方向游动，智能体就能立刻得到鱼，从而获得100分的奖励。与探索模式相对的是利用模式，假设DQN智能体的神经网络参数已经从以前的游戏经验中得到很好的训练，在利用模式下，智能体将根据已知经验来选择期望奖励最高的行动

13.3.2　构建智能体的神经网络模型

例13.2中的_build_model()方法用于构建和编译一个基于Keras的神经网络，这个神经网络可以将状态s与Q值$Q^\pi(s, a)$联系在一起。在经过训练后，面对特定的环境状态，智能体可以根据网络预测的Q值来选择应该采取的行动。_build_model()方法的很多内容我们之前就已经非常熟悉了，比如在例13.2中：

- 我们构建了一个序列模型。
- 我们还为这个序列模型增加了以下神经层。
    - 第一个隐藏层是全连接的，由32个ReLU神经元组成。网络输入层的大小是用input_dim参数指定的，这其实也就指定了状态信息s的维度。在Cart-Pole游戏中，这个值是一个长度为4的数组，其中的4个元素分别对应推车位置、推车速度、杆的角度和杆的角速度。[①]
    - 第二个隐藏层也是全连接的，由32个ReLU神经元组成。如前所述，我们稍后在介绍SLM Lab工具时，将探讨超参数该如何选择以及如何适应特定的模型架构。

---

① 在Cart-Pole游戏以外的环境中，状态信息可能会复杂得多。例如，在雅达利的一款名叫《吃豆人》的电子游戏中，状态信息s是由屏幕像素点组成的，因而输入将是二维或三维的（分别对应黑白或彩色）。在这种情况下，第一个隐藏层最好选用Conv2D卷积层（参见第10章）。

- 输出层的维数等于所有可能的行动数目。[1] 在 Cart-Pole 游戏中,输出层是一个长度为2的数组,其中的两个元素分别对应左移和右移。与回归模型一样(参见例9.8),若使用 DQN,z 值将直接由神经网络输出,而不必转换成 $0\sim1$ 的概率值。为此,这里使用的是线性激活函数而非本书中经常提到的 sigmoid 或 softmax 函数。

- 与编译回归模型的一样(例参见9.9),当输出层采用线性激活函数时,选用均方误差损失函数会很不错,因此这里将 compile() 方法中的 loss 参数设置成 mse。优化器则按常规选择 Adam。

13.3.3 记忆游戏

在任意特定时间步 t,也就是在强化学习循环的任意迭代中(参见图13.3),DQN 智能体的 remember() 方法都会被调用,以便将当前记忆追加到一个双端队列(deque)的末端。在这个双端队列中,每个记忆都由第 t 个时间步的5条信息组成:

- 智能体遇到的状态 s_t;
- 智能体采取的行动 a_t;
- 环境反馈给智能体的奖励 r_t;
- 环境反馈给智能体的下一个状态 s_{t+1};
- 一个真值标记,当第 t 个时间步是这局游戏的最后一步时,这个值就为 true,否则为 false。

13.3.4 记忆回放训练

如例13.2中的 train() 方法所示,DQN 智能体的神经网络模型是通过"回放"这些记忆来训练的。在此过程中,首先从双端队列(里面存储着2000个记忆)中随机抽取32(batch_size 参数的取值)个记忆,这32个记忆将组成一个批次。智能体每次行动所累积的经验则形成一个相当大的记忆集合,从中随机抽取少量记忆会使得模型训练更加有效。若选取最近的32个记忆来训练模型,则由于这些记忆的许多状态非常相似,训练效果可能并不理想。为了说明这一点,假设推车在时间步 t 处于某个位置,杆几乎保持垂直;那么在相邻的时间步(例如 $t-1$、$t+1$、$t+2$),推车很可能还在相同的位置附近,杆也同样近乎保持垂直。若从更久远而非最近的记忆中抽样,则能让模型在每一轮的训练中获得更丰富的经验。

对于抽取的32个记忆中的每一个,我们都进行如下训练:如果记忆中的真值被标记为 True,也就是说,这个记忆发生在游戏的最后一个时间步,则可以确定在这个时间步获得的最高奖励等于该时间步的奖励 r_t。因此,我们设置 target = reward,从而使目标奖励等于 r_t。

如果真值被标记为 False,则需要尝试预测目标奖励(即最大折损奖励)是多少。为了实现这一预测过程,我们可以把折损[2]后的未来最大 Q 值加到已知的奖励 r_t 上。至于如何估计

---

① 之前的所有例子都只有两种结果(参见第11章和第12章),因为使用的是单个 sigmoid 神经元。在这里,我们之所以我们为每种结果指定单独的输出神经元,是因为我们希望代码除了对 Cart-Pole 游戏有用之外,对多于两种行动选择的环境也适用。

② 也就是和衰减因子 γ 相乘。

未来的Q值,可以通过将下一步状态 s_{t+1} 传入predict( )函数来实现,predict(next_state)的返回值就是我们预测的下一时间步的Q值。在Cart-Pole游戏中,执行此操作会返回两个输出,一个输出对应于左移,另一个输出对应于右移,这两个输出中的较大者(由NumPy的amax( )函数给出)即我们预测的未来最大Q值。

无论目标奖励是明确知道的(此局游戏的最后一步)还是用未来最大Q值估算出来的(非此局游戏的最后一步),我们都将继续在train( )函数的for循环中执行以下操作。

- 再一次运行predict( )方法,输入当前状态 s_t。如前所述,在Cart-Pole游戏中,我们会获得两个输出:一个输出对应于左移,另一个输出对应于右移。将这两个输出存储到target_f中。
- 不管智能体在这个记忆中到底采取哪个行动 a_t,我们都设置target_f[0][action] = target,从而使target_f的输出值等于目标奖励。[①]
- 调用fit( )方法以训练模型。
  - 模型的输入是当前状态 s_t,输出是target_f,其中包括未来最大折损奖励的近似值。通过精调模型参数[式(13.2)中的 θ],我们可以提高在给定状态下,智能体准确预测采取何种行动才能得到最大折损奖励的能力。
  - 在许多强化学习问题中,epochs可以设置成1。与其多次重复单个训练集,还不如玩更多局Cart-Pole游戏以产生尽可能多的新训练集。
  - 设置verbose=0,因为在这个阶段,我们不需要通过查看模型的训练信息来监视模型的训练进度。我们将在每一局游戏结束后考查智能体的表现。

13.3.5　选择要采取的行动

我们可以使用智能体的act( )方法来选择在给定时间步 t 所要采取的特定行动 a_t。act( )方法使用NumPy的rand( )函数随机抽取一个0~1的值,并用 v 表示。结合智能体的epsilon、epsilon_decay和epsilon_min等超参数, v 值能帮我们确定智能体进入探索性模式还是利用性模式。[②]

- 如果随机值 v 小于或等于探索率 ϵ,则使用randrange( )函数探索性地随机选择行动。在早期的游戏回合中, ϵ 值比较大,此时大多数动作是探索性的;在后面的游戏回合中, ϵ 不断地减小(减小的速度取决于超参数epsilon_decay),智能体采取的探索性动作也会越来越少。
- 如果随机值 v 大于探索率 ϵ,智能体将选择利用性动作:通过记忆"回放"来利用模型已经学会的"知识",并把状态 s_t 输入模型的predict( )方法。对于智能体在理论上可以采取的每个行动,predict( )方法都会返回相应的激活输出。[③] 我们可以使用NumPy的argmax( )函数来选择拥有最大激活输出的行动 a_t。

[①] 之所以这么做,是因为我们只能基于智能体实际采取行动后得到的Q值来训练模型。我们可以基于下一个状态 s_{t+1} 来估计target,已知 s_{t+1} 对应智能体在第 t 个时间步采取的行动 a_t;但我们不知道假如智能体采取其他行动的话,环境返回给我们的会是怎样的下一个状态 s_{t+1}。

[②] 前面在讨论初始化DQNAgent类的参数时,我们使用图13.7对探索性模式和利用性模式进行了生动说明。

[③] 由于激活函数是线性的,因此输出的不是概率,而是行动的折损奖励。

13.3.6 保存和加载模型参数

最后,save()和load()方法可以帮助我们保存和加载模型参数。尤其在复杂环境下,智能体的表现可能会很不稳定:有时,由于游戏时间较长,智能体可能在当前给定环境下表现很好,而在后面的游戏回合中表现较差。由于这种不稳定性,您最好定期存储自己的模型参数。这样的话,如果智能体在后面的几个游戏回合中表现很差,那么在早期游戏回合中表现不错的参数就可以重新加载回来。

13.4 与 OpenAI Gym 环境交互

在创建了DQNAgent类之后,我们可以使用如下代码初始化这个类的一个实例,这里将其命名为agent。

```
agent = DQNAgent(state_size, action_size)
```

例13.3中的代码能让我们的智能体与OpenAI Gym环境交互,我们以Cart-Pole游戏为例。

例 13.3 让 DQN 智能体与 OpenAI Gym 环境交互

```
for e in range(n_episodes):
    state = env.reset()
    state = np.reshape(state, [1, state_size])
    done = False
    time = 0
    while not done:
#       env.render()
        action = agent.act(state)
        next_state, reward, done, _ = env.step(action)
        reward = reward if not done else -10
        next_state = np.reshape(next_state, [1, state_size])
        agent.remember(state, action, reward, next_state, done)
        state = next_state
        if done:
            print("episode: {}/{}, score: {}, e: {:.2}"
                    .format(e, n_episodes-1, time, agent.epsilon))
        time += 1
    if len(agent.memory) > batch_size:
        agent.train(batch_size)
    if e % 50 == 0:
        agent.save(output_dir + "weights_"
                    + '{:04d}'.format(e) + ".hdf5")
```

　　超参数 n_episodes 的值为 1000,用于在最外层的大型 for 循环中指定循环次数,这里指定智能体进行 1000 局游戏。每一局游戏用变量 e 作为局数计数器,例如 e=n,这表示正在进行第 n 局游戏。下面对例 13.3 中的 for 循环进行解析。

- 这里使用 env.reset() 来开启每一局游戏,并且始于随机状态 s_t。Keras 神经网络的输入有着特定的形式,为了使状态 s_t 满足该特定形式,我们需要使用 reshape() 函数将其由列变成行。①

- 在这上千局游戏的内部,均嵌套着一个 while 循环,表示在每一局游戏中按时间步进行迭代。当每一局游戏结束时,也就是在 done 等于 True 之前,就在每个时间步 t(用变量 time 表示)执行以下操作。

  - env.render() 这一行已经被注释掉,因为当您通过 Docker 容器中的 Jupyter 文件运行这行代码时,会出现报错信息。如果您以其他方式运行这行代码(不使用 Docker 容器中的 Jupyter 文件),那么可以尝试取消注释并运行。如果无报错信息,则会弹出一个窗口,以图像形式展示环境。这时您就可以实时地逐局观看智能体玩 Cart-Pole 游戏了。当然看不了也没关系,因为这对智能体的学习不会产生任何影响。

  - 将状态 s_t 传递给智能体的 act() 方法,act() 方法会返回智能体采取的行动 a_t,可能是 0(代表左移),也可能是 1(代表右移)。

  - 将行动 a_t 传入环境的 step() 方法,step() 方法返回下一个状态 s_{t+1}、当前的奖励 r_t 和更新后的真值标志 done。

  - 如果该局游戏结束,此时 done=True,就将奖励设置成负值(-10)。这可以有效防止智能体由于失去平衡控制或驶出屏幕而导致游戏提前结束。如果该局游戏未结束,此时 done=False,那么游戏每持续一个时间步,就对奖励加 1。

  - 同样,我们还需要重新调整 state 的格式,我们可以利用 reshape() 函数使 next_state 由列变成行。

  - 使用 remember() 方法将该时间步的各类信息(状态 s_t、采取的行动 a_t、奖励 r_t、下一个状态 s_{t+1}、标志 done)保存到记忆中。

  - 将 next_state 赋给 state,为循环中的下一次迭代(第 t+1 个时间步)做准备。

  - 如果这局游戏结束了,就打印这局游戏的汇总指标(示例输出参见图 13.8 和图 13.9)。

  - 将时间步计数器 time 加 1。

- 当双端队列中保存的记忆数大于 batch size 时,我们可以通过记忆"回放"的方式调用 train() 方法,进而训练神经网络模型的参数。②

- 每玩 50 局游戏,就使用 save() 方法保存一下神经网络模型的参数。

　　如图 13.8 所示,智能体在玩前 10 局 Cart-Pole 游戏时,所得分数不高,最多能撑过 41 个时间步(也就是说,只能得 41 分)。在最初的几局游戏中,探索率 ϵ 为 100%。到了第 10 局游戏,

---

① 出于相同的原因,我们之前在例 9.11 中执行了转置操作。

② 您可以尝试将这行代码改写到 while 循环的内部。但这样做之后,由于会更加频繁地训练智能体,因此每局游戏花费的时间都比以前多了不少,但智能体却有可能在较少的游戏回合中就获得高分。

ϵ衰减到96%,这意味着在智能体采取的所有行动中,有4%是在利用模式下采取的(参见图13.7)。但无论如何,在早期的训练中,利用性行动大多是随机的和不稳定的。

如图13.9所示,到第991局游戏时,智能体已经掌握Cart-Pole游戏的精髓。智能体在最后的10局游戏中,能持续200个时间步,并获得199步的最高分。到了第911局游戏[1],探索率ϵ已经降到最小值1%,所以在最后的10局游戏中,智能体99%的时间步都处在利用模式。在最后这些拥有完美表现的游戏回合中,显然这些利用性行动是在神经网络的指导下采取的,而这里的神经网络是利用之前回合中的游戏经验训练而成的。

```
episode: 0/999, score: 19, e: 1.0
episode: 1/999, score: 14, e: 1.0
episode: 2/999, score: 37, e: 0.99
episode: 3/999, score: 11, e: 0.99
episode: 4/999, score: 35, e: 0.99
episode: 5/999, score: 41, e: 0.98
episode: 6/999, score: 18, e: 0.98
episode: 7/999, score: 10, e: 0.97
episode: 8/999, score: 9, e: 0.97
episode: 9/999, score: 24, e: 0.96
```

```
episode: 990/999, score: 199, e: 0.01
episode: 991/999, score: 199, e: 0.01
episode: 992/999, score: 199, e: 0.01
episode: 993/999, score: 199, e: 0.01
episode: 994/999, score: 199, e: 0.01
episode: 995/999, score: 199, e: 0.01
episode: 996/999, score: 199, e: 0.01
episode: 997/999, score: 199, e: 0.01
episode: 998/999, score: 199, e: 0.01
episode: 999/999, score: 199, e: 0.01
```

图13.8 DQN智能体在玩Cart-Pole游戏时的前10局表现。得分比较低(只能维持10~42个时间步),探索率ϵ很高(刚开始是100%,到第10局时衰减到96%)

图13.9 DQN智能体在玩Cart-Pole游戏时的最后10局表现。DQH智能体在这10局游戏中全都得到最高分(199步)。探索率ϵ已经衰减到最小值1%,所以智能体99%的行动都是在利用模式下采取的

之前提到过,DQN智能体经常出现不稳定现象。当您训练DQN智能体玩Cart-Pole游戏时,您或许会发现DQN智能体在后面的某些回合中表现得很好(比如在第850或第900局游戏中,并且常常有很多局都能坚持200个时间步),但在最后一局(第1000局)却表现欠佳。这时您就可以使用load()方法来调用模型早些时候保存的训练参数。

13.5 通过SLM Lab进行超参数优化

在本章中,我们多次提到超参数,本节介绍超参数调整工具SLM Lab。[2]

强化学习框架SLM Lab是由加利福尼亚软件工程师Wah Loon Keng和Laura Graesser共同开发的,他们二人分别任职于手游公司MZ和Google Brain团队。这个框架可以从GitHub官网获取,其中具有很多项目实现以及与深度强化学习相关的功能。

- SLM Lab允许您使用多种类型的深度强化学习智能体,包括DQN和本书尚未介绍的智能体。

---

① 这里虽然没有展示出来,但是您可以参考名为Cartpole DQN的Jupyter文件。
② SLM是Strange Loop Machine的缩写,strange loop和人们的意识体验有关,参见Hofstadter, R. (1979). *Gödel, Escher, Bach*. New York: Basic Books.

■ SLM Lab提供了智能体的模块化组件,允许您构建自己想要的新型强化学习智能体。

■ 智能体可以置于由不同环境库(如 OpenAI Gym 和 Unity)提供的环境中(参见第4章)。

■ 可以同时在多个环境中训练智能体。例如,某个DQN智能体在OpenAI Gym环境中玩Cart-Pole游戏的同时,还能在Unity环境中玩平衡球游戏Ball2D。

■ 您可以将给定环境中智能体的表现作为基准,与其他环境中智能体的表现进行对比。

至关重要的是,SLM Lab提供了一种试验超参数的简便方法,以评估不同超参数组合在环境中对智能体性能的影响。观察图13.10所示的实验图,在某次实验(experiment)中,我们训练DQN智能体在许多不同的试验(trail)中玩Cart-Pole游戏,我们可以给每次试验中的智能体设置不同的超参数,以使其分别在各自的试验中通过多局游戏被训练多次。部分超参数的设置如下。

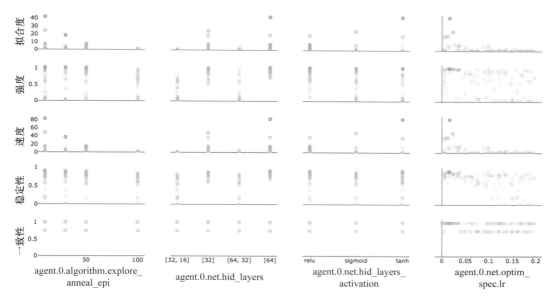

图13.10 使用SLM Lab进行的一次实验,旨在研究各种超参数(例如神经网络架构、激活函数、学习率等)在Cart-Pole游戏中对DQN智能体性能的影响

■ 全连接网络模型架构。
   ▤ [32]:含有32个神经元的单个隐藏层。
   ▤ [64]:也是单个隐藏层,但有64个神经元。
   ▤ [32, 16]:两个隐藏层,第一个有32个神经元,第二个有16个神经元。
   ▤ [32, 16]:同样是两个隐藏层,但第一个有64个神经元,第二个有32个神经元。
■ 所有隐藏层使用的激活函数。
   ▤ sigmoid 函数。
   ▤ tanh 函数。
   ▤ ReLU 函数。

- 优化学习率(η),范围是0~0.2。
- 探索率(ϵ)退火[①],范围是0~100。

SLM Lab 提供了许多指标来评估模型的性能(参见图 13.10 中各个子图的纵轴)。

- 强度:智能体获得的累计奖励。
- 速度:智能体达到一定强度所需的时间(也就是经过多少局游戏)。所需时间越短,速度越快。
- 稳定性:智能体表现的稳定程度。若智能体在当前游戏回合中表现良好,并且在后续游戏回合中表现依旧良好,则说明智能体的稳定性较好。
- 一致性:智能体表现的可重复性。在超参数设置相同的试验中,若智能体每次都表现相同,则说明一致性高。
- 拟合度:一个同时考虑了上述4个指标的总体指标。从图13.10中的拟合度指标可以看出,对于Cart-Pole游戏中的DQN智能体而言,下面的超参数设置是最优的。
    - 只有单个隐藏层的神经网络架构,隐藏层包含64个神经元比包含32个神经元好。
    - 隐藏层中的神经元以 tanh 函数作为激活函数。
    - 低学习率(η),约等于0.02。
    - 在玩10局游戏之后,探索率(ϵ)就开始衰减,这要优于经过50~100局游戏后探索率才开始衰减。

运行 SLM Lab 的细节不在本书的讨论范围内。[②]

13.6 DQN智能体以外的智能体

在深度强化学习中,本章介绍的深度 Q-Learning 网络相对简单。和其他许多深度强化学习智能体相比,DQN智能体不仅简单,而且可以充分利用训练样本。但是,DQN智能体存在以下缺点。

(1)若环境中可排列组合的(s, a)过多,则Q函数可能会变得异常复杂,估算Q^*(最优Q值)会很棘手。

(2)即便可以比较容易地计算出Q^*,但相较于其他方法,DQN智能体的探索能力较差,所以可能根本找不到Q^*。

因此,虽然DQN智能体的训练效率很高,但它没法解决所有问题。接下来,我们将简要介绍除了DQN智能体以外的其他类型的深度强化学习智能体,如图13.11所示。

- 值优化智能体:此类智能体包括DQN智能体及其变体(如 double DQN 和 dueling QN)以及其他一些智能体,它们是通过值优化函数(包括Q值函数)来解决强化学习问题的。

---

① 退火是代替衰减的一种方法,它们的目的是一样的。当把超参数 epsilon 和 epsilon_min 设置成固定值(分别为1.0和0.01),退火可以调整 epsilon_decay,以使ϵ逐渐降至0.01。例如,如果将退火设置成25,那么ϵ就会从第1局游戏中的1,到第25局游戏后均匀降至0.01;如果将退火设置成50,那么ϵ就会从第1局游戏中的1,到第50局游戏后均匀降至0.01。

② 在撰写本书时,SLM Lab 只能安装在基于 UNIX 的操作系统(包括macOS)中。

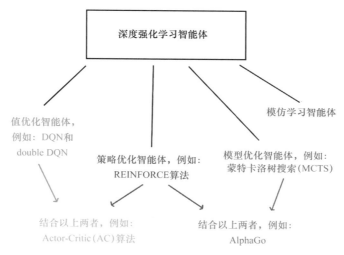

图13.11　多种深度强化学习智能体

- 模仿学习智能体：此类智能体(如行为克隆和条件模仿学习算法)可以很好地模仿教给它们的行为，例如给它们展示如何在餐碟架上放置盘子，或者如何向杯子中倒水。尽管模仿学习是一种很有吸引力的方法，但由于应用范围相对较小，因此我们在本书中不再深入讨论。
- 模型优化智能体：此类智能体在给定时间步基于(s,a)预测未来状态。这种方法的典型例子是蒙特卡洛树搜索(MCTS)，在第4章中我们结合AlphaGo对其做过介绍。
- 策略优化智能体：此类智能体直接学习策略，也就是说，它们直接学习图13.5所示的策略函数π。

13.6.1　策略梯度算法和REINFORCE算法

回忆图13.5，强化学习智能体的目的就是学习策略函数π，这个函数能将状态空间S映射到行动空间A。值优化智能体(如DQN)通过预测值函数(如最优Q值函数)来间接学习策略函数π。若使用策略优化智能体，则可以直接学习π。

策略梯度(PG)算法可以直接对策略函数π执行梯度上升[1]操作，我们以相当著名的强化学习算法REINFORCE[2]为例。像REINFORCE这样的PG算法的优势在于，它们可能会收敛于一个相当理想的策略[3]，因此与DQN这样的值优化算法相比，它们的适用范围更广。然而，PG算法具有较低的一致性，也就是说，它们与DQN这样的值优化算法相比表现的波动更大，所以PG算法往往需要更多的训练样本。

---

[1] 由于PG算法的目的是使奖励最大化(而不是让损失最小化)，因此它们执行的是梯度上升而非梯度下降操作。

[2] Williams，R.（1992）. Simple statistical gradient-following algorithms for connectionist reinforcement learning. *Machine Learning*，8，229-256.

[3] 尽管已经证明一些特定的PG算法可以找到问题的全局最优解，但PG智能体仍趋向于收敛到至少一个局部最优解，参见 Fazel，K.，et al.（2018）. Global convergence of policy gradient methods for the linear quadratic regulator. *arXiv*：1801.05039.

13.6.2　Actor-Critic算法

如图 13.11 所示，Actor-Critic 算法是一个强化学习智能体，它将值优化智能体和策略优化智能体结合在了一起。具体来说，如图 13.12 所示，Actor-Critic 算法结合了 Q-Learning 算法和 PG 算法。从更高层次看，Actor-Critic 算法是指一个循环，该循环在以下两者之间交替往复。

- Actor：决定采取行动的 PG 算法。
- Critic：一种 Q-Learning 算法，可对 Actor 采取的行动进行评价，并提出调整建议。Critic 利用了 Q-Learning 训练中的一些技巧，例如记忆"回放"。

图 13.12　Actor-Critic 算法通过将策略梯度算法（扮演 Actor 的角色）与
Q-Learning 算法（扮演 Critic 的角色）相结合来进行强化学习

从广义上讲，Actor-Critic 算法会让人联想到第 12 章的生成对抗网络（GAN）。GAN 的生成器网络与判别器网络形成了一个循环，前者生成伪造图像，后者对图像进行鉴别。在 Actor-Critic 算法中，Actor 和 Critic 也处在一个循环中，前者采取行动，后者对行动进行评估。

Actor-Critic 算法的优点在于相比 DQN 能解决更多的问题，并且其一致性相比 REINFORCE 算法更强。但由于包含 PG 算法，因此 Actor-Critic 算法仍然在训练效率方面稍有不足。

实现 REINFORCE 算法和 Actor-Critic 算法已然超出本书的讨论范围，但您可以使用 SLM Lab 尝试运行一下，查看并学习它们的底层代码。

13.7　小结

在本章中，我们首先介绍了强化学习的基本理论，包括马尔可夫决策过程。然后我们利用这些基本理论建立了 DQN 智能体，解决了 Cart-Pole 游戏问题。最后，我们介绍了除 DQN 外的其他深度强化学习算法，例如 REINFORCE 算法和 Actor-Critic 算法。本章还介绍了 SLM Lab，它不仅是一个囊括现有深度强化学习算法的框架，而且是一个可用于精调智能体超参数的工具。

至此，本书的第Ⅲ部分就结束了。在第Ⅲ部分，我们介绍了机器视觉（第 10 章）、自然语言处理（第 11 章）、生成对抗网络（第 12 章）以及深度强化学习（第 13 章）等实际应用问题。在接下来的第Ⅳ部分，本书将指导您把以上技术应用到具体的项目中。

13.8　核心概念

下面列出了到目前为止我们已经介绍的重要概念,本章新增的概念已用紫色标出。

- 参数
  - 权重 w
  - 偏置 b
- 激活值 a
- 神经元
  - sigmoid 神经元
  - tanh 神经元
  - ReLU 神经元
  - linear 神经元
- 输入层
- 隐藏层
- 输出层
- 神经层的类型
  - 全连接层
  - softmax 层
  - 卷积层
  - 反卷积层
  - 最大池化层
  - 上采样层
  - Flatten 层
  - 嵌入层
  - RNN
  - Bi-LSTM(双向 LSTM)
- 连接层
- 损失函数
  - 平方损失(均方误差)函数
  - 交叉熵损失函数
- 正向传播
- 反向传播
- 梯度不稳定(特别是梯度消失)
- Glorot 权值初始化
- 批量归一化
- dropout
- 优化器
  - 随机梯度下降
  - Adam
- 优化器超参数
  - 学习率 η
  - batch size
- word2vec
- GAN 组件
  - 判别器网络
  - 生成器网络
  - 对抗网络
- 深度 Q-Learning

第IV部分
您与人工智能

第14章　推进专属于您的深度学习项目

第14章
推进专属于您的深度学习项目

恭喜您读到本书的最后一章！在第Ⅰ部分，我们介绍了什么是深度学习以及它是如何流行起来的。在第Ⅱ部分，我们深入探讨了深度学习的基本理论。在第Ⅲ部分，我们将所学理论广泛应用到了一系列实际问题中，包括机器视觉、自然语言处理、艺术生成以及在复杂变化的环境中采取行动和做出决策。

在本章中，我们将给您更多的资源和建议，以帮助您从第Ⅲ部分所学出发，推进您自己的深度学习项目，您的这些项目甚至可能有益于社会发展。我们在本章末尾将会讨论您的深度学习项目将如何对软件工程的全面持续发展和通用人工智能的早日到来做出贡献。

14.1 深度学习项目构想

在本节中，我们将为专属您的第一个深度学习项目提供一些构想参考和建议。

14.1.1 机器视觉和生成对抗网络

要建立自己的深度学习项目，最简单的方法是探索 Fashion-MNIST 数据集①。Keras 库中已经预先包含了这些数据，它们是 10 类服装的照片（见表 14.1）。对于 Fashion-MNIST 数据集，图片的大小、格式以及训练集、测试集的划分规则都与

表 14.1　Fashion-MNIST 类别

类别标签	描述	类别标签	描述
0	T恤	5	凉鞋
1	裤子	6	衬衫
2	套衫	7	运动鞋
3	连衣裙	8	包
4	外套	9	踝靴

---

① Xiao, H., et al. (2017). Fashion-MNIST: A novel image dataset for benchmarking machine learning algorithms. *arXiv*：1708.07747.

您已十分熟悉的 MNIST 手写数字数据集相同：它们都是 8 位的 28×28 像素的灰度图（见图 14.1），并且都有 60 000 幅训练图像和 10 000 幅测试图像。因此，本书中任何涉及 MNIST 手写数字的 Jupyter 文件，都可以使用以下代码轻松地替换加载数据的部分以读取 Fashion-MNIST 数据集（见例 5.2）。

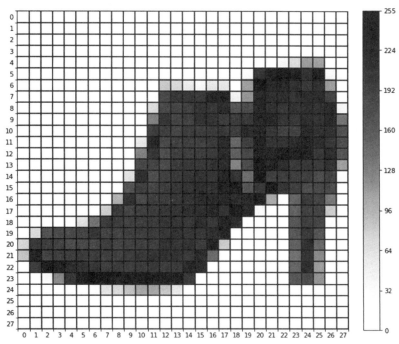

图 14.1　与图 5.3 类似，这是来自 Fashion-MNIST 数据集的一幅示例图像。这幅图像属于第 9 类，所以根据表 14.1，这是一只踝靴。本书附带的名为 Fashion MNIST Pixel by Pixel 的 Jupyter 文件中包含了我们用于创建这幅图像的代码

```
from keras.datasets import fashion_mnist
(X_train, y_train), (X_valid, y_valid) = fashion_mnist.load_data()
```

在此基础上，您可以开始尝试修改模型架构并调整超参数，以提高验证准确率。与手写 MNIST 数字相比，Fashion-MNIST 数据的分类更具挑战性，所以您需要更好地运用您在本书中所学的知识。在第 10 章中，模型在 MNIST 数据集上的验证准确率大于 99%（参见图 10.9），但是要想模型在 Fashion-MNIST 数据集上的验证准确率大于 92% 可并不容易，而达到 94% 及以上更是罕见。

我们可以通过以下途径找到其他用于深度学习图像分类模型的优秀机器视觉数据集。

■ Kaggle：这个数据科学竞赛平台有许多真实的数据集，在这个平台上构建一个成功的模型甚至可以让您赚到一笔钱。例如，该平台举办的"Cdiscount 图片分类挑战赛"就为优胜者准备了 35 000 美元的现金奖励，赛事内容是对一家法国电子商务公司的产品图片进行分类。Kaggle 提供的数据集会在比赛进行过程中不断更新，因此

您在任何时候都有大量的图像数据可用,与此同时提升自己的深度学习实践能力、地位、荣誉,甚至得到不菲的现金奖励。

■ Figure Eight:这家众包数据处理公司(原名为CrowdFlower)提供了众多细心采集的图像分类公开数据集,详情可访问Figure Eight官网并搜索关键词image。

■ 研究人员Luke de Oliveira编写了一份简洁明了的清单,其中列出了深度学习领域最为知名的一些数据集,您可以从网上搜索并查看。

如果您想构建并训练生成对抗网络,那么可以从以下小的数据集开始。

■ 我们在第12章中使用的"Quick, Draw!"数据集中一个或多个类别的图片。

■ Fashion-MNIST数据集。

■ 普通的MNIST手写数字数据集。

14.1.2　自然语言处理

Fashion-MNIST数据可以直接输入本书的图像分类模型,同样,张翔与其同事[来自Yann LeCun(参见图1.9)的实验室]整理的数据集也可以毫不费力地输入第11章建立的自然语言分类模型,这是您自己的首个NLP项目理想的数据集选择。

张翔等人整理的8个自然语言数据集在他们发表的论文[1]中都有详细描述,其中的每个数据集都比第11章使用的IMDb影评褒贬情感分类数据集(里面有25 000个训练样本)至少大一个数量级,以使您能够训练更复杂的深度学习模型和表达更丰富的词向量空间。其中的6个数据集含有两个以上的类别(这需要您在网络的softmax层中设置多个输出神经元),另外两个是二分类问题(您可以直接使用分类IMDb影评数据的神经网络中的单个sigmoid输出神经元),这两个数据集如下。

■ Yelp Review Polarity:Yelp网站发布了56万个训练样本和3.8万个测试样本,这些样本均为顾客对Yelp网站上发布的服务或地点的星级评价,要么是好评(4星或5星),要么是差评(1星或2星)。

■ Amazon Review Polarity:电子零售巨头亚马逊收集了360万个训练样本和40万个测试样本,这些样本均是亚马逊收到的用户对其产品的褒贬评价。

与机器视觉一样,Kaggle、Figure Eight(同样,您可以在Figure Eight官网上搜索关键词emotion或text)和Luke de Oliveira提供的NLP数据将成为您自行构建的深度学习项目的坚实基础。

14.1.3　深度强化学习

您的首个深度强化学习项目可能包括如下新内容。

■ 新的环境:通过改变Cartpole DQN文件中的OpenAI Gym环境[2],您可以使用第13章中的DQN智能体来探索其他不同于Cart-Pole游戏的环境,比如相对简单的MountainCar(MountainCar-v0)和Frozen Lake(FrozenLake-v0)环境。

■ 新的智能体:如果您可以使用运行着类UNIX操作系统的计算机(包括运行着

① Zhang, X., et al. (2016). Character-level convolutional networks for text classification. *arXiv*: 1509.01626.

② 可通过更改输入gym.make()的字符串参数来执行此操作,参见例13.1。

macOS 系统的计算机），则可以通过安装 SLM Lab（参见图 13.10）来试试其他智能体（例如 Actor-Critic 智能体，参见图 13.12）。其中一些智能体足够复杂，适用于探索像 OpenAI Gym 的 Atari 游戏或 Unity 的三维环境这样的高级环境。

如果您对自己手中已训练好的智能体感到比较满意，则可以在 DeepMind Lab 等其他平台上对它们进行测试（参见图 4.14），或者借助 SLM Lab 在多个不同的环境中同时测试某个智能体。

14.1.4　转换现有的机器学习项目

到目前为止，尽管我们建议在所有项目上都尽可能使用第三方数据源，但您可能已经收集好或下载了自己的数据，您甚至可能已经将这些数据用于线性回归模型或支持向量机等机器学习模型。同样，您也可以将已有的数据应用于深度学习模型，推荐从包含 3 个隐藏层的全连接网络（与第 9 章的 Deep Net in Keras 文件中的网络一样）开始。如果您想要预测一个连续变量而不是一个分类变量，那么 Regression in Keras 文件（参见第 9 章的末尾）对您来说将是一个十分合适的模板。

您可以在深度学习模型中输入或多或少的原始数据，或者如果您已经从原始数据中提取出一些特征，则可以将这些特性作为输入，这也是没有问题的。事实上，谷歌的研究人员提出了一种兼顾深度和宽度的模型架构，其不仅能将已提取到的特征作为输入，而且能从原始数据中学习新特征。图 14.2 展示了该模型架构的示意图，注意其中包含了第 11 章介绍的连接层（见例 11.41）。

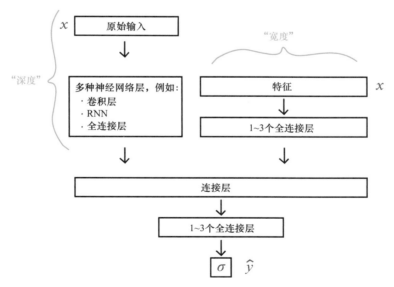

图 14.2　这个能够兼顾深度和广度的模型架构将来自两个不同分支的输入连接了在一起。"注重深度的"分支接收一些原始数据，并使用恰当的神经网络层（例如卷积层、RNN、全连接层）自动提取特征，"深"是指含有较多的神经网络层。同时，"注重广度的"分支接收已获得的特征（在构建网络之前，已通过一些其他算法或函数从原始数据中提取的特征）作为输入，"广"是指这样的输入特征往往较多

14.2　引申项目资源

除了上面这些建议的项目之外,我们还在本书第一作者的个人网站上准备了一个资源目录,在那里您可以找到:

- 开源、洁净且数量庞大的数据源;
- 用于训练大型深度学习模型的硬件和云计算设备;
- 重要的深度学习论文集及相关代码实现;
- 交互式的深度学习教学演示;
- 用于预测时间序列数据的递归神经网络示例,比如金融应用。[①]

社会公益项目

我们特别希望您可以关注一下我们的资源目录中"值得解决的问题汇总"页面,上面列出了当今社会面临的一些最为紧迫的全球性问题,我们鼓励您应用深度学习技术解决这些问题。例如,在其中一项研究[②]中,来自麦肯锡全球研究所的研究人员调研了如下 10 个较有社会影响力的领域:

- 平等和包容;
- 教育;
- 健康与粮食安全;
- 安全与司法;
- 信息验证和确认;
- 危机应对;
- 经济赋权;
- 公共及社会部门;
- 环境;
- 基础设施。

他们随后详细展示了本书介绍的许多技术在各个领域的预期应用效果,具体如下。

- 将深度学习应用于结构化数据(第 5～9 章的全连接网络):适用于上述所有 10 个较有社会影响力的领域。
- 图像分类,包括笔迹识别(第 10 章):适用于除公共及社会部门领域外的其他所有领域。
- NLP,包括情感分析(第 11 章):适用于除基础设施领域外的其他所有领域。
- 内容生成(第 12 章):既适用于平等和包容领域,也适用于公共及社会部门领域。
- 强化学习(第 13 章):适用于健康与粮食安全领域。

---

① 这是许多深度学习学生非常感兴趣的话题,但这超出了本书的讨论范围。

② Chui, M. (2018). Notes from the AI frontier: Applying AI for social good. McKinsey Global Institute.

14.3　建模过程和超参数调优

根据本章介绍的关于深度学习项目的思想,我们认为超参数调优是一个项目成功与否的关键。在本节中,我们将为您提供一套构建模型的流程,您可以将其作为自己项目的简单模板。但是由于项目的独特性,您必然要对其稍加修改。例如,您不可能一成不变地执行所有步骤[1];当执行到较为后续的步骤时,您可能会根据模型行为[2]调整和改进之前的步骤,并查看改动是否有良好效果,循环重复这样的过程直到满意为止。以下是一套指导性流程。

(1)参数初始化:如第9章(参见图9.3)所述,您应该使用合理的随机初始化模型参数。我们建议将偏置初始化为0,并使用 Xavier Glorot 方法初始化权重。诸如此类的初始化过程,Keras 都会自动处理。

(2)损失函数选择:如果您要解决一个分类问题,则应该使用交叉熵损失函数;而如果您要解决一个回归问题,则应该使用平方损失函数。如果您还想尝试更多的损失函数,则可以访问 Keras 官网以获得一些参考。

(3)如果您的初始模型(您可以直接使用本书中已实现的任何模型)在验证数据集上的准确率较低(例如在 MNIST 手写数字数据集上的准确率低于10%),那么请考虑以下策略。

- 简化问题:如果您正在进行 MNIST 手写数字分类,那么可以先将类别数从10减少到2。
- 简化网络架构:网络层数太多可能导致学习过程中出现梯度消失问题,简化模型架构(例如删除某个网络层)有助于我们发现潜在的问题。
- 减小训练数据集:如果您使用的训练数据集很大,那么完成单个周期的训练可能需要很长时间。通过细分训练样本,您可以更快地迭代和改进模型。

(4)对网络层进行试验:一旦模型学习到某种程度,您就可以开始对网络层进行试验了。

- 改变层的数量:遵循第8章(包含图8.8)中讨论的原则,您可以尝试添加或删除某个层或模块(比如图10.10中的卷积-池化模块)。
- 改变层的类型:对于特定的问题和数据集,含有特定层的网络的性能明显优于其他网络,详见我们在第11章的影评情感分类器中通过更改层的类型而带来的性能提升(见表11.6)。
- 改变层的宽度:建议每一层中神经元的个数以2的 n 次幂的形式变化,如第8章的图8.8所示。

(5)避免过拟合:如第9章所述,建议通过使用 dropout、数据增强和批量归一化等技术提高模型的泛化能力。另外,如果可以收集到更多额外的训练数据,则对模型泛化能力的提

---

[1] 随着您的深度学习项目经验越来越丰富,并且随着您尝试越来越多其他的高性能网络架构(例如 GitHub 仓库中、StackOverflow 网站上或 arXiv 文章中的模型),您将会对如何设计网络并根据特定问题调优超参数游刃有余。

[2] 可通过以下方法来研究模型行为,例如在训练模型时使用 TensorBoard 观察模型在训练集和验证集上的损失(见图9.8)。

高是很有帮助的。最后,正如我们在第11章中所演示的那样,如果您的模型在训练期间确实存在过拟合现象,那么明智的做法是使用上一个训练周期(也就是验证损失最小的那个训练周期)中保存的模型参数(参见图14.3)。

(6)调优学习率:如第9章所述,您可以调高或调低学习率。然而,像 Adam 和 RMSProp 这样的优化器通常不用您手动调整,它们能够自动调整学习率。[①]

(7)调优 batch size:这个超参数可能是影响最小的参数,因此您可以将对 batch size 的调优放到最后进行,具体细节请参考第8章(图8.7附近的内容)。

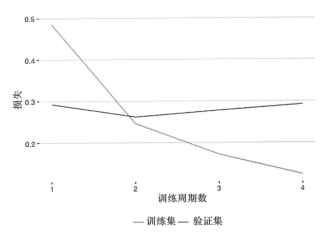

图 14.3   模型训练期间的训练损失(红色)和验证损失(蓝色)。虽然这些结果来自 Multi ConvNet Sentiment Classifier 文件(参见第11章的11.6节),但其实过拟合是深度学习模型的典型问题。在第2个训练周期之后,训练损失继续趋向于零,而验证损失则逐渐上升。第2个训练周期的验证损失最小,因此应该重新加载来自第2个训练周期的模型参数,以便进行进一步的模型测试

自动搜索超参数

对于某个深度学习模型,超参数可调节的选择实在太多了,我们不可能使用手动调节的方式覆盖到所有选项,因此研究人员开发出了自动搜索超参数的方法。在第13章中,我们具体介绍了使用 SLM Lab 在深度强化学习模型中搜索超参数的方法。对于一般的深度学习模型,我们推荐使用 Spearmint[②]。值得注意的是,蒙特利尔大学的 James Bergstra 和 Yoshua Bengio[③]

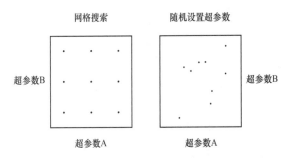

图 14.4   与随机设置超参数相比,严格的网格搜索更难找到给定模型的最佳超参数

---

① 但是也有例外情况,例如在第12章(生成对抗网络)和第13章(深度强化学习)中,我们发现即使使用 Adam 和 RMSProp 优化器来调优学习率,操作也是有效的。

② Snoek, J., et al. (2012). Practical Bayesian optimization of machine learning algorithms. *Advances in Neural Information Processing Systems*, 25.

③ 图1.10是 Yoshua Bengio 的肖像。

研究发现,有证据表明,无论手动调节超参数也好,自动搜索超参数也罢,与严格的网络搜索相比,随机设置超参数都更有可能找到模型的最佳超参数,原因参见图14.4。[①]

14.4 深度学习框架

在本书中,我们使用Keras来构建和运行深度学习模型。然而事实上,每年都会不断涌现出很多深度学习框架。本节将介绍主流的其他一些深度学习框架。

14.4.1 Keras和TensorFlow

TensorFlow是最为著名的深度学习框架之一,它的名字来源于传递(Flow)信息的张量(Tensor),张量就是信息数组(例如输入值x或激活值a),信息则是通过使用某种方式(也就是定义神经元的数学表达式,如图6.7所示的"本书中最重要的公式")传递的。TensorFlow最初是谷歌为内部使用而开发的,这家科技巨头在2015年开源了TensorFlow的代码。

图14.5展示了5个目前最为主流的深度学习框架的谷歌搜索频率,TensorFlow排第一,Keras排第二。考虑到这些,您可能对如何使用TensorFlow特别感兴趣,其实我们在本书中一直使用的高级API——Keras的底层引擎就是TensorFlow,而且自2019年TensorFlow 2.0发布以来,Keras就已成为TensorFlow推荐的子框架,Keras在构建网络时会直接调用TensorFlow方法。为了使用TensorFlow的早期版本构建模型,您有必要熟悉以下3个步骤。

(1)配置详细的"计算图"。

(2)在"会话"中初始化计算图。

(3)将数据输入会话,同时从会话之外获取关于模型参数、性能指标等的相关信息。

之所以需要执行如此复杂的步骤,是因为这样可以使TensorFlow自动优化深度学习模型的训练过程,并在跨设备运算(CPU和GPU可能跨多个服务器)时尽可能减少运行时间。随着技术的不断发展,各个主流框架(例如PyTorch)的开发人员均设计出创造性的机制来不断完善它们,例如:

- 构建概念上极简的、以层为中心的、可跨设备分布式执行的深度学习模型;
- 高度优化跨多设备模型的并行执行效率。

TensorFlow的开发团队则与Keras框架进行了更加紧密的联动,并提出动态图模式(Eager mode)以顺应这种潮流,动态图模式可在不牺牲性能的情况下立即执行绝大多数张量运算(图模型只能在构建完成并在会话中启动后才能开始执行)。在TensorFlow 2.0之前,动态图模式在使用时必须先激活[②],但是从2.0版本开始,TensorFlow默认就已经激活动态图模式。

---

① Bergstra,J.,& Bengio,Y.(2012). Random search for hyper-parameter optimization. *Journal of Machine Learning Research*,13,281-305.

② 可通过代码tf.enable_eager_execution()来激活动态图模式。

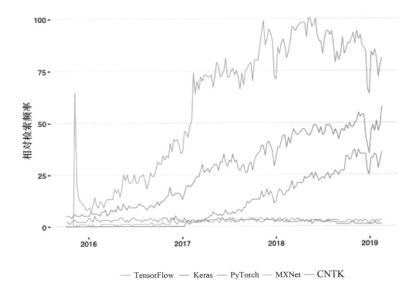

图 14.5　5 个目前最为主流的深度学习框架的谷歌搜索频率（从 2015 年 10 月到 2019 年 2 月）

　　将本书在 Keras 上运行的代码迁移到 TensorFlow 上运行是非常容易的。例如 Deep Net in TensorFlow 文件，除了依赖库的加载方式（请对比例 14.1 与例 5.1 和例 9.4），其他内容均与 Deep Net in Keras 文件（参见第 9 章）相同。

例 14.1　在不加载 Keras 的情况下，使用 TensorFlow 构建基于 Keras 层的深度神经网络

```
import tensorflow as tf
from tensorflow.python.keras.datasets import mnist
from tensorflow.python.keras.models import Sequential
from tensorflow.python.keras.layers import Dense, Dropout
from tensorflow.python.keras.layers import BatchNormalization
from tensorflow.python.keras.optimizers import SGD
from tensorflow.python.keras.utils import to_categorical
```

　　通过以上代码，您可以开始探索 TensorFlow 的附加功能并体验其高度灵活性。有时我们会将 TensorFlow 与 Keras 一起使用而不是仅使用 Keras API，原因主要在于我们想要执行以下操作。

- 定义 tf.keras.Model 类的子类，在其中重写父类的方法以自定义正向传播运算过程，进而实现自己想要的特殊层功能。
- 使用 tf.data 创建高性能的数据输入通道。
- 将模型部署到：
  - 带有 TensorFlow Serving 的服务器上的高性能系统；
  - 带有 TensorFlow Lite 的移动设备或嵌入式设备；
  - 带有 TensorFlow.js 的网页浏览器。

14.4.2 PyTorch

PyTorch起源于一个名为Torch的基于Lua编程语言的机器学习框架。PyTorch实际上是Torch的扩展，旨在通过移植到使用更广泛的Python语言，实现更快速、直观的深度学习部署和训练。PyTorch是由Yann LeCun（参见图1.9）领导的Facebook AI研究小组开发的。尽管用户数量比不上TensorFlow或Keras，但PyTorch在短时间内获得了极大的关注（参见图14.5）。

许多高级的深度学习库（包括Keras）实际上只是对底层代码（用Python、C或其他编程语言编写）的一种简单封装；然而，PyTorch并不是简单封装Torch的代码，而是由熟悉Python语言的开发人员完全改写、量身定做，同时仍保持了Torch原始的计算效率。

PyTorch的核心是矩阵运算，这一点与NumPy不谋而合；实际上，PyTorch中的张量与NumPy中的绝大多数函数兼容，并且在NumPy数组和PyTorch张量之间进行转换也十分容易。缘于与NumPy的深度集成，您甚至可以直接使用Python编写自定义层的代码。不过，与NumPy不同的是，PyTorch中有专门负责在GPU上执行计算的系统，从而能够充分利用GPU的大规模矩阵并行计算能力。此外，PyTorch还内置了加速库，它们在任何设备上都可以帮助PyTorch提高运行速度，而PyTorch自定义的内存分配器则可以极大提高存储效率。

如果您想了解更多信息，可查阅附录C，我们将在附录C中深入研究PyTorch的许多功能。我们将对PyTorch与TensorFlow进行比较，并给出训练深度学习模型的演示。PyTorch的语法与Keras类似，您应该能够很快上手。

14.4.3 MXNet、CNTK、Caffe等深度学习框架

除了Keras、TensorFlow和PyTorch之外，还有许多其他的深度学习框架，例如MXNet、CNTK、Caffe等。

- MXNet：由Amazon开发。
- CNTK：微软认知工具包（Microsoft Cognitive Toolkit），它是微软于2020年开源的深度学习框架，在语音识别领域最负盛名。
- Caffe：由伯克利大学专为机器视觉和CNN应用程序而设计。Caffe2是Caffe的进化版，由Facebook人工智能研究院（FAIR）开发，已于2018年并入FAIR的PyTorch项目。
- Theano：蒙特利尔大学的一个项目，曾一度能与TensorFlow相媲美，它们都是深度学习框架的领头羊，但由于负责Theano的许多开发人员跳槽到Google的TensorFlow项目，因此Theano不再进行开发。

以上所有框架都是开源的，实际上目前任何主流的深度学习框架都是如此。此外，由于它们绝大多数和Keras一样遵循以层为中心的设计理念，并且具有相似的语法，因此您可以轻松读懂它们的代码并自行尝试使用它们。

14.5 Software 2.0

于各种深度学习框架下构建和部署的大量模型正在彻底改变软件领域。著名数据科学

家 Andrej Karpathy（参见图 14.6）在一篇广为流传的博客中指出，深度学习促进了 "Software 2.0" 的发展。Karpathy 将 Software 1.0 描述为诸如 Python、Java、JavaScript、C ++等经典的计算机编程语言。在 Software 1.0 范畴下，我们需要在计算机程序中提供明确的指令，指挥计算机按特定方式产生输出。

图 14.6 Andrej Karpathy 是位于加利福尼亚的汽车和能源公司特斯拉的 AI 主管。Karpathy 和本书中提到的许多机构都有联系，如 OpenAI（参见图 4.13 和第 13 章）、斯坦福大学（他在 Fei-Fie Lee 教授的指导下完成了博士学位，参见图 1.14）、DeepMind（参见图 4.4～图 4.10）、Google（作为 TensorFlow 的开发人员在本书中被无数次提及）和多伦多大学（参见图 1.16 和图 3.2）

与 Software 1.0 不同，Software 2.0 由深度学习模型组成，这些模型会对函数进行逼近，例如我们在本书中用于对手写数字进行分类、预测房价、分析影评的褒贬情感、生成苹果手绘图和拟合用来玩 Cart-Pole 游戏的函数（最终收敛于最优 Q 值）。产品化的深度学习模型动辄数百万或数十亿的参数量也从侧面说明：和硬编码的 Software 1.0 相比，它们更具适应性、高效性和易用性。但 Software 2.0 不能取代 Software 1.0；因为 Software 2.0 建立在 Software 1.0 已搭建好的全部关键数字基础架构之上。

Karpathy 指出，Software 2.0 具有以下优点。

（1）计算的同质性：深度学习模型由同质单元（如 ReLU 神经元等）组成，从而使矩阵计算具有高度可优化性和可扩展性。

（2）固定的运行时间：一旦在生产环境中进行部署后，特定深度学习模型就将使用特定数量的计算，与模型输入几乎无关。Software 1.0 的方法可能涉及众多 if-else 语句，由于输入数据量的参差不同，需要的计算量差异可能很大。

（3）使用固定的内存资源：原因与上一条基本类似，特定深度学习模型在执行正向传播时需要固定的内存资源，与具体的某次输入无关。

（4）简单：通过阅读本书，您已经掌握了跨领域创建高性能算法的技能。在深度学习出现之前，跨领域建模需要在每个单独的领域构造算法，这显然要求开发人员具备更多特定领域的专业知识。

（5）性能优异：深度学习模型在多个任务领域显著优于其他传统的机器学习方法。我们来回顾一下本书第Ⅲ部分介绍的任务领域。

- 机器视觉（例如第 10 章中的 MNIST 手写数字识别）：在传统的机器学习方法中，开发人员需要对视觉特征进行大量的硬编码，这通常需要多年的相关经验。深度学习模型的性能更好（参见图 1.15），它们可以自动学习特征，并且不要求开发人员具备很丰富的视觉专业知识。

- 自然语言处理（例如第 11 章中的情感分析）：在传统的机器学习方法中，开发人员通常需要多年的语言学研究经验（包括对应用中涉及的特定语言的独特语法和语义的理解）才能构建有效的算法。深度学习模型在自然语言处理领域往往表现更好（参见图 2.3），它们会自动学习相关特征，并且开发人员只需要很少的语言学专业知识就能成功构建算法。

- 模拟艺术和视觉图像(例如第 12 章中的图像生成):生成对抗网络作为深度学习模型的一种,和现有的任何其他方法相比,生成的图像都更具吸引力和逼真度。[①]
- 棋盘游戏(例如第 13 章中的深度 Q-Learning 网络):AlphaZero 以一己之力在围棋、国际象棋和日本将棋比赛中完胜 Software 1.0 和传统的机器学习方法(参见图 4.10)。值得注意的是,AlphaZero 执行效率更高,并且不需要任何训练数据。

14.6 迈向通用人工智能

回顾第 1 章中三叶虫的视觉发展历史(参见图 1.1),自然界里的生物花费数百万年才进化出像灵长类动物这样复杂有效的全色视觉系统。相比之下,从第一个计算机视觉系统(参见图 1.8)产生,到可以在视觉识别任务上获得的效果达到或超过人类[②](参见图 1.15),才不过几十年的时间。虽然图像分类是狭义人工智能(ANI)的经典例子,但该领域的快速发展让许多研究人员相信,通用人工智能(AGI)甚至于超级人工智能(ASI)也可能在有生之年[③]实现。例如,我们在第 1 章中提到的 Müller 和 Bostrom 的调查结果就显示,AGI 与 ASI 预计在 2040 年和 2060 年分别得以实现。

以下 4 个主要因素正在推动 ANI 的快速发展,并且有可能推动我们朝着 AGI 和 ASI 的方向前进。

- 数据:近些年,数字领域的数据量大约每 18 个月翻一番。这种指数级的增长速度没有丝毫放缓的迹象(例如,回顾第 13 章,自动驾驶汽车产生的数据仍在不断增加)。许多数据的质量很差,但正如我们在本章开头提到的开源数据集一样,数据量正在变得越来越大,存储成本也越来越低,而且更易收集、清洗和结构化(例如,第 1 章和第 10 章中的 ImageNet 数据集)。
- 计算能力(简称算力):尽管未来几年[④]单 CPU 的性能提升速度可能会放缓,但 GPU 内部和跨服务器(每个服务器都有多个 CPU,可能还有多个 GPU)的大规模并行化矩阵运算效率将进一步获得提升。
- 算法:数据科学领域的研究人员和开发人员队伍正在迅速壮大,这些科学家和工程师遍布全球,他们正在改进数据挖掘技术以揭示更有意义的潜在特征。每隔一段时间,就会有一定量的突破和飞越涌现出来,例如 AlexNet(参见图 1.15),这些突破几乎无不与深度学习关系密切。
- 基础设施建设:Software 1.0 基础设施(例如开源操作系统和编程语言)、Software 2.0 库和技术(可通过 arXiv 和 GitHub 在全球实时共享)以及低成本的云计算设备(例如 Amazon Web Services、Microsoft Azure、Google Cloud Platform),为人们在越来越大规模的数据集上进行实验提供了无限可能。

---

① 感兴趣的读者可以阅读 Shan Carter 和 Michael Nielsen 的互动文章,其中阐述了如何使用 GAN 来增强人工智能。
② 图 1.15 中的信息来源于 Andrej Karpathy 本人。
③ 有关 ANI、AGI 和 ASI 的介绍,请参阅第 1 章末尾的内容。
④ "摩尔定律"只不过是一条定律,而晶体管缩小至电子的尺度使得在给定芯片上降低计算成本变得越来越棘手。

往往人们觉得很难的认知任务,通常只是人类摸索了几千年或更短时间的事情,例如下棋、解决矩阵代数问题、优化金融投资组合等,而这些类型的任务对于今天的机器来说却很容易完成;相反,人类在那些自认为很容易的认知任务上却已历经数百万年的发展和进化,例如解读社交中他人的暗示、将婴儿安全地带上楼梯等,并且到目前为止这些任务仍然在很大程度上超出机器的能力范围。因此,尽管围绕机器学习有着种种令人兴奋的憧憬,但是通用人工智能可能还有很长的路要走,并且从目前看还只是存在理论上的可能。阻碍当代深度学习实现AGI的一些例子如下。[①]

- 深度学习需要对许多样本进行训练,如此庞大的数据集并非总能得到,与之形成鲜明对比的是,生物学习系统(例如小老鼠或婴儿)通常可以从极少量样本中进行学习。
- 深度学习模型通常是一个黑匣子。尽管存在诸如Jason Yosinski和DeepViz工具的可视化分析技术,但这些都不足以完全地解释模型。
- 深度学习模型无法利用人们对世界形成的一些现有的知识。例如,深度学习模型在进行正向传播时,就不会将输入数据的实际情况考虑在内。
- 深度学习模型预测出的输入x和结果y的相关性无法作为两者因果关系的依据。而能够不仅仅拟合变量之间的相关性,还能够挖掘变量之间的因果关系,对通用人工智能的发展才是至关重要的。
- 深度学习模型通常容易出现诡异或尴尬的错误和失效情况,它们甚至有可能因为输入图像的单个像素值发生更改而被欺骗。[②]

也许我们面临的以上困难极大地引起了您的兴趣,您可以考虑从事与设计解决方案相关的职业!我们无法预知未来会怎样,但是鉴于数据、计算能力、算法和基础设计建设的激增式发展,我们有信心预言,深度学习将是您宝贵的一个机遇。

14.7 小结

本章从多个方面对本书进行了总结,包括启发您的项目构想、引申项目资源、给出训练模型指南、介绍除了Keras之外可供您使用的深度学习框架以及探索神经网络对于软件行业的革命性影响等。

我们希望您随时通过以下方式与我们保持交流。

- Twitter账户用来发布新增内容,包括录制的视频教程:@JonKrohnLearns。
- Medium平台用来发布长篇文章:@jonkrohn。
- 为了便于您对本书提出问题,以及方便读者之间相互讨论,我们还创建了一个Google网上论坛。

[①] 有关深度学习局限性的更多信息,参见Marcus,G. (2018). Deep learning:A critical appraisal. *arXiv*:1801.00631.
[②] 故意想方设法误导机器学习算法的行为被称为对抗攻击,这可以通过输入对抗样本来实现。关于这个主题的论文有很多,一篇有关对CNN进行单像素对抗攻击的论文参见Su,J., et al. (2017). One pixel attack for fooling deep neural networks. *arXiv*:1710.08864.

■ 最后,您可以随时在LinkedIn上添加我们,但请务必备注您是本书读者。

至此,本书内容详解完毕(见图14.7)。我们希望您能喜欢这本更具象化的交互式深度学习入门图书,非常感谢您能够投入时间和精力阅读本书,祝您今后一切顺利!

图14.7 三叶虫向您挥手告别

第 V 部分
附录

附录A 神经网络的形式符号

附录B 反向传播

附录C PyTorch

附录 A
神经网络的形式符号

为了使我们对神经元的讨论尽可能简单明了，本书使用简写符号来注记神经
网络的各个组件。在本附录中，我们列出了使用更广泛的正式符号，以便：

- 更精确地描述神经元；
- 与附录 B 中介绍的反向传播算法保持一致。

回顾图 7.1，其中的神经网络共有 4 层。首先是输入层，输入层可以认为是即
将进入网络的数据的入口。例如，在 MNIST 模型中，输入层有 784 个数据，代表手
写 MNIST 数字的 28×28 个像素。输入层内不发生计算；输入层中只是输入值的占
位符，用于让网络判断需要为下一层[①]准备多少计算量。

在图 7.1 中，接下来的两层是隐藏层，神经网络中的大部分计算都发生在其中。
正如我们即将讨论的，隐藏层中的每个神经元都会对输入值 x 进行数学变换和组
合，并输出激活值 a。由于我们需要用一种方式来标记特定层中的特定神经元，因
此从第一个隐藏层开始，我们用上标代表层的编号，用下标代表层中的某个神经
元。以图 7.1 为例，其中的第一个隐藏层包含 a_1^1、a_2^1 和 a_3^1 共 3 个神经元。通过这种
方式，我们就可以精确地指向特定层中的特定神经元。例如，a_2^2 表示第二个隐藏层
中的第二个神经元。

因为图 7.1 是全连接网络，所以神经元 a_1^1 会接收来自前一层中所有神经元的
输入，即网络的输入 x_1 和 x_2。每个神经元都有自己的偏置 b，我们将采用与激活值
a 完全相同的方式标记偏置。例如，b_2^1 是第一个隐含层中第二个神经元对应的
偏置。

图 7.1 中的绿色箭头表示在正向传播过程中发生的数学变换，每个绿色箭头
都有与其相关的单独权重。为了直接引用这些权重，我们可以使用以下符号：$w_{(1,2)}^1$
是第一个隐藏层中的权重（见权重上标），它会将神经元 a_1^1 连接到该神经元所在输
入层中的输入 x_2（见权重下标）。这种双下标是必需的，因为网络是完全连接的：一
层中的每个神经元都将被连接到该层之前层中的每个神经元，并且每个这样的连
接都对应一个权重。总之，有关权重的下标，要点如下：

- 上标代表接收前层输入的神经元属于第几个隐藏层；
- 第一个下标对应该隐含层内接收前层输入的神经元；

---

① 出于这个原因，我们通常不需要对输入神经元进行任何标记，并且它们也没有权重和偏置。

■　第二个下标对应从前一层提供输入的神经元。

再举一个例子，神经元 a_2^2 的权重记为 $w_{(2,i)}^1$，其中的 i 是前一层中的神经元。

神经网络的最后一层为输出层。与隐藏层一样，输出层中的神经元也有权重和偏置，它们的标记方式相同。

附录 B
反向传播

在本附录中，我们将使用附录 A 中的形式符号，深入探讨第 8 章介绍的反向传播算法。让我们从定义一些注记符号开始。由于反向传播算法从网络的输出端向输入端方向逐层计算梯度，因此我们先定义最后一层所涉及的上标（记为 L），前面的层则依次标记为 $(L-1, L-2, \cdots, L-n)$。同一层的权重、偏置和输出均用相同的上标来标记。回顾式（7.1）和式（7.2）中激活函数 a^L 的计算方法，我们可以将前一层的激活值 (a^{L-1}) 乘以权重 w^L 并加上偏置 b^L，得到 z^L；然后将 z^L 输入激活函数（此处简称 σ），得到 a^L；最后即可使用欧几里得距离定义一个简单的损失函数。最后一层函数表达式为

$$z^L = w^L \cdot a^{L-1} + b^L \tag{B.1}$$

$$a^L = \sigma\left(z^L\right) \tag{B.2}$$

$$C_0 = \left(a^L - y\right)^2 \tag{B.3}$$

由于反向传播计算是从输出层开始的，因此在每次迭代中，我们都需要最后一层总损失值对于激活函数 a^L 的梯度 $\partial C / \partial a^L$，我们将这个值记为 δ_L。鉴于此处的损失是通过损失函数计算出来的一个数，并且输出层的后面没有任何层，因此这是一种特殊情况，δ_L 可表示为

$$\delta_L = \frac{\partial C}{\partial a^L} = 2\left(a^L - y\right) \tag{B.4}$$

注意这里的初始 δ 值是特殊情况，其余各层均与此不同。为了更新 L 层中的权重，我们需要算出损失函数对于 L 层权重的梯度 $\partial C / \partial w^L$。根据链式法则，$\partial C / \partial w^L$ 为损失值 C 对于激活函数 a^L 的梯度、激活函数 a^L 对于 z^L 的梯度和 z^L 对于权值 w^L 的梯度的乘积：

$$\frac{\partial C}{\partial w^L} = \frac{\partial C}{\partial a^L} \cdot \frac{\partial a^L}{\partial z^L} \cdot \frac{\partial z^L}{\partial w^L} \tag{B.5}$$

由于 $\partial C / \partial a^L = \delta_L$[参见式（B.4）]，式（B.5）可简化为

$$\frac{\partial C}{\partial w^L} = \delta_L \cdot a^{L-1} \cdot \left(1 - a^{L-1}\right) \cdot a^{L-1} \tag{B.6}$$

这个值在本质上可理解为 L 层权重对总损失值的贡献因子，我们可以用它来更新 L 层中的权重。对于 $L-1$ 层：

$$\delta_{L-1} = \frac{\partial C}{\partial a^{L-1}} = \frac{\partial C}{\partial a^L} \cdot \frac{\partial a^L}{\partial z^L} \cdot \frac{\partial z^L}{\partial a^{L-1}} \tag{B.7}$$

同样，由于 $\partial C/\partial a^L = \delta_L$［参见式（B.4）］，式（B.7）可简化为

$$\delta_{L-1} = \frac{\partial C}{\partial a^{L-1}} = \delta_L \cdot a^L \cdot \left(1 - a^L\right) \cdot w^{L-1} \tag{B.8}$$

现在我们需要计算损失值 C 对于权重 w^{L-1} 的梯度，如前所述：

$$\frac{\partial C}{\partial w^{L-1}} = \frac{\partial C}{\partial a^{L-1}} \cdot \frac{\partial a^{L-1}}{\partial z^{L-1}} \cdot \frac{\partial z^{L-1}}{\partial w^{L-1}} \tag{B.9}$$

用 δ_{L-1} 代替 $\partial C/\partial a_{L-1}$［（参见式（B.8）］，其他项同理也进行替换，我们可以得到：

$$\frac{\partial C}{\partial w^{L-1}} = \delta_{L-1} \cdot a^{L-1} \cdot \left(1 - a^{L-1}\right) \cdot w^{L-2} \tag{B.10}$$

逐层重复此过程，直至输入层。

回顾上述内容：我们最先得到的 δ_L［参见式（B.4）］是损失值 C［参见式（B.3）］对于激活函数 a^L 的偏导数，我们也可以使用 δ_L 来表达损失值 C 对于 L 层权重的梯度［参见式（B.6）］。对于下一层，我们先求出 δ_{L-1}［参见式（B.8）］，类似地，它是损失值 C 对于激活函数 a^{L-1} 的偏导数，我们同样使用 δ_{L-1} 来表达损失值 C 对于 $L-1$ 层权重的梯度［参见式（B.10）］。以此类推，直至输入层。

到目前为止，在本附录中，我们仅以由一个输入、一个隐藏神经元和一个输出组成的神经网络为例。在实际情况下，深度学习模型往往并非如此简单。值得庆幸的是，在一个层中有多个神经元以及多个输入输出的情况下，上面的公式均可进行扩展。

考虑存在多个输出类别的情况，例如，当您对 MNIST 手写数字进行分类时，有 10 个输出类别（$n = 10$），分别表示数字 0～9。对于每个类别，模型都会给出输入图像属于该类别的概率。这时，我们需要求出所有类别的（以平方损失函数为例）总损失值：

$$C_0 = \sum_{n=1}^{n} \left(a_n^L - y_n\right)^2 \tag{B.11}$$

在式（B.11）中，a^L 和 y 是向量，每个向量包含 n 个元素。

为此，在计算输出层的 $\partial C/\partial w^L$ 时，我们必须考虑以下情况：最后一个隐藏层中可能存在许多神经元，并且其中的每个神经元都被连接到每个输出神经元。在这里我们需要稍微修改一下注记符号：将最后一个隐藏层中神经元的个数定义为 i，将输出层中神经元的个数定义为 j。这样我们就可以得到一个权重矩阵，其行号代表输出神经元序号，其列号代表隐藏层神经元序号，而最后一个隐藏层连接到输出层的每个权重都可以表示为 w_{ji}。现在我们求出每个权重（有 $i \times j$ 个权重）的梯度：

$$\frac{\partial C}{\partial w_{ji}^L} = \frac{\partial C}{\partial a_j^L} \cdot \frac{\partial a_j^L}{\partial z_j^L} \cdot \frac{\partial z_j^L}{\partial w_{ji}^L} \tag{B.12}$$

对层中的每个权重执行此操作，从而为 $i \times j$ 个权重建立梯度向量。

尽管以上过程基本上与之前的 3 层单神经元网络的反向传播过程相同［参见式（B.7）］，但前一层的损失值 C 对于激活函数 a_{L-1} 的梯度计算公式却是不一样的。由于梯度是由当前层的输入和权重的偏导数组成的，并且存在多个，因此我们需要对它们进行求和：

$$\delta_{L-1} = \frac{\partial C}{\partial a_i^{L-1}} = \sum_{j=0}^{n_i-1} \frac{\partial C}{\partial a_j^L} \cdot \frac{\partial a_j^L}{\partial z_j^L} \cdot \frac{\partial z_j^L}{\partial a_i^{L-1}} \tag{B.13}$$

　　这里需要进行大量的数学运算,因此我们简而言之:相较于式(B.1)~式(B.10)的简单神经网络,除了要计算关于多个权重的梯度[参见式(B.12)]之外,在本质上并没有区别。为了计算处于任意位置的权重的梯度,我们需要该位置的 δ 值,δ 值本身是由下一层中所有连接到该位置的偏导数组成的,因此我们需要对所有偏导数进行求和[参见式(B.13)]。

附录C
PyTorch

在本附录中，我们将介绍PyTorch的相关内容，并与主要的竞争对手——TensorFlow做比较。

PyTorch的核心特性

在第14章中，我们介绍了PyTorch，现在我们继续研究其核心特性。

自动求导机制

PyTorch在执行操作时使用了自动求导机制，即反向传播模式下的自动微分。如第7章所述，原始输入经深度神经网络处理后可得到最终输出，这一过程在实质上就是使用一系列函数依次对输入执行计算。在反向传播模式下，自动微分机制应用链式法则将最后得到的损失值对其输入计算微分，并按照从网络输出端向输入端的方向逐层执行这种计算（这在第8章介绍过，更多细节参见附录B）。注意：在训练时的每一次迭代中，正向传播过程会计算网络中各个神经元的激活值，并将每个函数都记录在一张图（graph）中。等到训练结束时，PyTorch便可以根据这张图中记录的内容，通过反向传播算法计算每个神经元的梯度。

define-by-run

让自动求导变得有趣的是PyTorch框架的define-by-run（运行即定义）特性：每一次反向传播的计算都是由对应的正向传播定义的，即反向传播步骤只取决于代码的具体运行方式，这意味着训练中的每一次迭代（参见图8.5）都可以是不一样的。PyTorch的这一特性在诸如自然语言处理的任务中有用，其中的输入序列通常需要设置为最大长度（即语料库中最长句子的长度），较短的句子则需要用0填充补齐（就像我们在第11章中所做的那样）。与之不同，PyTorch本就支持动态输入，因而也就无须进行截断或填充。

define-by-run还意味着PyTorch框架是"同步的"，即只有当程序执行至某行代码时，该行代码才会被分析和运行，这让调试过程变得更容易了。一旦运行代码时发生错误，您就可以准确看到错误是由哪一行代码造成的。此外，通过添加适当的辅助函数，用户可以轻松地将这种即刻执行（"eager" execution）的模式切换为基于图（graph）的传统模式，因为在这种传统模式下，图（graph）是在程序开始时预先定义好的,可以在一定程度上提高模型训练和优化的速度。

对比 PyTorch 和 TensorFlow

　　该如何在 PyTorch 和 TensorFlow 之间做出选择呢?这的确很难回答。接下来,我们就这个话题进行讨论并比较这两个框架的优缺点。

　　目前,TensorFlow 的应用要比 PyTorch 广泛得多。在快速发展的深度学习世界里,抢占先机是非常重要的。PyTorch 于 2017 年 1 月首次发布,并且直到 2018 年 12 月 7 日才发布 1.0.0 版本,而 TensorFlow 早在 2015 年 11 月就发布了,这使得 TensorFlow 率先获得公众的青睐,网上一时间涌现出大量教程和 Stack Overflow 帖子,这让 TensorFlow 有了极大优势。

　　相较于 TensorFlow 的静态特性,PyTorch 的动态特性使得迭代训练更加轻松快捷。[①] 您在 PyTorch 中不用事先定义整个网络,就可以随时定义、改变和执行网络中的节点。相较于 TensorFlow,在 PyTorch 中进行调试明显简单了许多,这主要归功于 PyTorch 的 define-by-run 特性,这意味着在执行代码的过程中若发生错误,您可以更容易地追踪到错误是由哪一行造成的。

　　借助内置的 TensorBoard 平台,TensorFlow 中的训练过程可被直观而轻松地可视化(参见图 9.8)。然而目前 PyTorch 在训练过程中也可以调用 TensorBoard;同时,由于能够更隐式地从底层获得训练期间的数据,因此 PyTorch 甚至可以配合其他库(例如 matplotlib)使您自定义地构建可视化方案。

　　在 Google 的开发和生产实践中,TensorFlow 应用极其广泛,因此具有更多复杂的开发选项,例如移动端支持和分布式训练等,PyTorch 在这些方面则相形见绌。然而随着 PyTorch 1.0.0 的发布,我们可以使用新的即时(Just In Time,JIT)编译器和分布式库来弥补 PyTorch 在这些方面的不足。此外,所有的主流云供应商均支持 PyTorch 的系统集成,包括在谷歌云上支持 PyTorch 与 TensorBoard 和 TPU 的集成![②]

　　在日常使用中,PyTorch 感觉比 TensorFlow 更加"Python 化":PyTorch 被专门编写成 Python 的一个库,所以 Python 开发人员会对其更熟悉;虽然 TensorFlow 在 Python 中也有广泛应用,但由于 TensorFlow 的底层是用 C++编写的,因此在应用过程中会有些麻烦。Keras 的出现就是为了解决 TensorFlow 的这些问题,但 Keras 同时也使得原本 TensorFlow 中的某些功能变得不再好用。[③] PyTorch 的 Fast.ai 库旨在为 PyTorch 提供更高层次的抽象接口,起类似于 Keras 对 TensorFlow 的作用。

　　综合以上所有因素,如果您从事研究,或者您的生产环境要求不高,PyTorch 或许是最优选择。实验时的迭代速度、更简便的调试功能以及与 NumPy 的紧密集成,使得 PyTorch 非常适合于研究。然而,当需要将深度学习模型应用到生产环境中时,尤其是使用分布式训练或者在移动平台上进行推理时,TensorFlow 才是您更为正确的选择。

---

① TensorFlow 2.0 的 Eager 模式旨在弥补这一不足。
② 人们可能一直以为谷歌与其主要的竞争对手(这里指 Facebook)在系统集成方面停滞不前。
③ 在 TensorFlow 2.0 中,TensorFlow 与 Keras 的更紧密结合就是为了解决诸多此类冲突和问题。

动手实践 PyTorch

在本节中,我们将介绍 PyTorch 安装和使用的基础知识。

PyTorch 的安装

除了 TensorFlow 和 Keras,PyTorch 也是我们推荐您安装到 Docker 容器[1]中的深度学习框架之一,这可以方便您运行本书中所有的 Jupyter 文件。因此,只要您按照说明进行操作,您就可以自然而然地完成安装工作。如果您不在我们建议的 Docker 容器中运行 PyTorch,那么您可以查阅 PyTorch 官网上的安装说明。

PyTorch 中的基本单位

PyTorch 中的基本单位是张量和变量。

张量的基本操作

和 TensorFlow 一样,张量不过是矩阵或向量的别称。除了 PyTorch 为张量提供在 GPU 上运算的支持以外,张量与 NumPy 数组在功能上基本一样。在底层,存在着很多张量用来记录图(graph,用于自动求导机制)和梯度。

默认的张量通常是 FloatTensor。PyTorch 有 8 种张量,其中包括整型和浮点型张量。当定义将要使用的张量类型时,您需要考虑内存和精确度;8-bit 整型只能表示小于 256 的整数(0～255),相比 64-bit[2] 整型占用的内存要少得多。总之,在表示小于或等于 255 的整数时不需要使用更高位数的整型张量。尤其是在 GPU 体系架构下运行模型时,这一点很重要,因为显存通常是 GPU 运行速度的限制因素;相比之下,在 CPU 上运行模型时安装更多的内存(RAM,通常称为内存)则更为经济。

```
import torch
x = torch.zeros(28, 28, 1, dtype=torch.uint8)
y = torch.randn(28, 28, 1, dtype=torch.float32)
```

上面这段代码(以及本附录中其他所有代码都被保存在名为 PyTorch 的 Jupyter 文件中)创建了一个全为 0 的 28×28×1 的张量 x,类型为 uint8。[3]您也可以使用 torch.ones( )创建一个全为 1 的张量。上面代码中的第二个张量 y 是由服从标准正态分布的随机数组成的。[4] 根据定义,这些数字不能是 8-bit 整型,因此我们这里使用 32-bit 浮点型。

如前所述,这些张量和 NumPy 的 n 维数组有很多共同之处。比如,使用 torch.from_numpy( ) 方法可以非常方便地将一个 NumPy 数组转换为 PyTorch 张量。PyTorch 还可以对这些张量

---

① 参见第 5 章的开头。
② 64-bit 整型可以表示的最大整数是 $2^{63}-1$。
③ uint8 中的"u"代表无符号,8-bit 整型所能表示的整数范围是 0～255 而非 -128～128。
④ 标准正态分布的均值为 0、标准差为 1。

执行许多高效的数学操作，其中的许多方法 NumPy 中也有。

自动微分

在创建 PyTorch 张量时，通过将参数 requires_grad 设置为 True 可以将网络的图（graph）和梯度存储在本地。每个张量都有 grad 属性用来存储其梯度，在调用 backward() 方法之前，grad 属性会被设置成 None。backward() 方法可以进行反向传播并计算图（graph）中每个点的梯度。在第一次调用 backward() 方法之后，grad 属性会被设置为梯度值。

在下面的代码块中，我们定义了一个简单的张量，并对其执行了一些数学运算，接着调用 backward() 方法以反向遍历整个图（graph）并计算梯度，随后将计算出来的梯度存储在 grad 属性中。

```python
import torch

x = torch.zeros(3, 3, dtype=torch.float32, requires_grad=True)

y = x - 4
z = y**3 * 6
out = z.mean()

out.backward()

print(x.grad)
```

因为 x 的 requires_grad 属性为真，所以我们可以对这一系列计算执行反向传播操作。PyTorch 通过应用自动求导机制，对生成最后输出的这一系列函数进行了嵌套，调用 out.backward() 即可直接计算出梯度并把它们存储在 x.grad 中。运行完上面的最后一行代码后，显示的内容如下：

```
tensor([ [32., 32., 32.],
         [32., 32., 32.],
         [32., 32., 32.] ])
```

如本例所示，使用 PyTorch 框架可以省去手动逐个微分的麻烦。接下来，我们介绍在 PyTorch 中构建深度神经网络的基础知识。

在 PyTorch 中构建深度神经网络

相信您应该对构建深度神经网络的基本范式很熟悉了，无非就是将多个层堆叠在一起（参见图 4.2）。在本书的示例中，我们一直把 Keras 库当作原始 TensorFlow 函数的高级抽象接口来使用。同样，PyTorch 的 nn 模块包含了多种网络层的定义和函数接口，它们接收张量作为输入，并且返回的输出也是张量。在下面的示例中，我们将构建一个两层的网络，它和本书第 II 部分用于识别手写数字的全连接网络类似。

```
import torch

#为输入和输出定义随机张量
x = torch.randn(32, 784, requires_grad=True)
y = torch.randint(low=0, high=10, size=(32,))

#使用Sequential类定义模型
model = torch.nn.Sequential(
    torch.nn.linear(784, 100),
    torch.nn.Sigmoid(),
    torch.nn.Linear(100, 10),
    torch.nn.LogSoftmax(dim=1)
)

#定义优化器和损失函数
optimizer = torch.optim.Adam(model.parameters())
loss_fn = torch.nn.NLLLoss()

for step in range(1000):
    #通过正向传播进行预测
    y_hat = model(x)
    #计算损失
    loss = loss_fn(y_hat, y)
    #在进行反向传播之前将梯度归零
    optimizer.zero_grad()
    #根据损失计算梯度
    loss.backward()
    #输出结果
    print('Step: :4d - loss: :0.4f'.format(step+1, loss.item()))
    #更新模型参数
    optimizer.step()
```

下面对上述代码进行逐步分解。

■ 张量x和y是这个模型的输入与输出。

■ 与在 Keras 中类似,这里也使用 Sequential 类来构建深度学习模型(从 linear 层到 LogSoftmax 层)。

■ 初始化一个优化器,这里选用 Adam,优化器的内部参数取默认值。可以使用 model. parameters()方法把所有需要优化的张量传递到优化器中。

■ 初始化损失函数,这里不需要设置任何内部参数;我们可以选用 PyTorch 内置的负对

　　数似然损失函数 torch.nn.NLLLoss( )。[①]

- ■ 我们可以手动定义训练次数(参见图8.5),这里是1000次,在每一次训练中:
  - ■ 用 y_hat = model(x)计算模型输出;
  - ■ 将预测值 $\hat{y}$ 和真实值 y 传入 NLLLoss( )损失函数以计算损失值;
  - ■ 在每一次迭代中都需要先将梯度归零,因为梯度是在缓冲区中累积的,若不清零,梯度就会一直累加,从而影响计算结果;
  - ■ 根据损失值,执行反向传播以重新计算梯度;
  - ■ 最后,优化器会根据梯度更新模型权重。

　　以上过程与我们在 Keras 中使用的 model.fit( )方法不尽相同。但是,在学习了本书中的基本理论以及操作实例后,相信对于您来说,理解 PyTorch 代码不会很难,您可以很快地从 Keras 转到 PyTorch,并熟练地构建深度学习模型。[②]

---

① 在 PyTorch 中将 LogSoftmax 输出层与 torch.nn.NLLLoss( )损失函数配合使用,等效于在 Keras 中使用内置了交叉熵损失函数的 Softmax 输出层。PyTorch 确实也提供了 cross_entropy( )损失函数,但是由于已经包含 softmax 计算,因此如果您决定使用 cross_entropy( )损失函数,则无须再将 softmax 函数添加到网络输出的位置。

② 请注意,本附录中的示例 PyTorch 深度学习模型并没有学习到任何实质性内容。虽然损失减少了,但模型只是简单地拟合了我们随机生成的训练数据(当然最终会造成过拟合)。我们可以输入随机数并将它们映射到其他随机数。如果同样随机地生成一些验证数据,我们就会发现验证损失不会降低,这是因为过拟合对于训练集来说看起来大有裨益,但对验证数据的预测效果却毫无作用,因此计算得到的损失不会减少。您如果感兴趣的话,可以使用 MNIST 数据集(可以使用 Keras 导入这些数据,如例5.2所示)中的真实数据初始化 x 和 y,并训练 PyTorch 模型以获得一些有实际意义的结果。

本书图片来源

图 P.2：Cajal，S.-R.（1894）. Les Nouvelles Idées sur la Structure du Système Nerveux chez l'Homme et chez les Vertébrés. Paris：C. Reinwald & Companie.

图 1.5：Hubel，D. H.，& Wiesel，T. N.（1959）. Receptive fields of single neurones in the cat's striate cortex. *The Journal of Physiology*，148，574-591.

图 1.13：Viola，P.，& Jones，M.（2001）. Robust real-time face detection. *International Journal of Computer Vision*，57，137-154.

图 1.18：Screenshot of TensorFlow Playground © Daniel Smilkov and Shan Carter.

图 1.19：Screenshot of TensorFlow Playground © Daniel Smilkov and Shan Carter.

图 2.8：Screenshot of word2viz © Julia Bazińska.

图 3.2：Goodfellow，I.，et al.（2014）. Generative adversarial networks. *arXiv*：1406.2661.

图 3.3：Radford，A.，et al.（2016）. Unsupervised representation learning with deep convolutional generative adversarial networks. *arXiv*：1511.06434v2.

图 3.5：Zhu，J.-Y.，et al.（2017）. Unpaired Image-to-Image Translation using CycleConsistent Adversarial Networks. *arXiv*：1703.10593.

图 3.7：Zhang，H.，et al.（2017）. StackGAN：Text to photo-realistic image synthesis with stacked generative adversarial networks. *arXiv*：1612.03242v2.

图 3.8：Chen，C. et al.（2018）Learning to See in the Dark. *arXiv*：1805.01934.

图 4.5：Mnih，V.，et al.（2015）. Human-level control through deep reinforcement learning. *Nature*，518，529-533.

图 4.8：Silver，D.，et al.（2016）. Mastering the game of Go with deep neural networks and tree search. *Nature*，529，484-489.

图 4.9：Silver，D.，et al.（2016）. Mastering the game of Go without human knowledge. *Nature*，550，354-359.

图 4.10：Silver，D.，et al.（2017）. Mastering Chess and Shogi by Self-Play with a General Reinforcement Learning Algorithm. *arXiv*：1712.01815.

图 4.12：Levine，S.，Finn，C.，et al.（2016）. End-to-End Training of Deep Visuomotor Policies. *Journal of Machine Learning Research*，17，1-40.

图 4.13：Screenshot of OpenAI Gym © OpenAI.

图 4.14：Screenshot of Deep Mind lab © 2018 DeepMind Technologies Limited.

图 9.8：Screenshot of TensorBoard © Google Inc.

图 10.14：Ren，S. et al.（2015）. Faster R-CNN：Towards Real-Time Object Detection with Region Proposal Networks. *arXiv*：1506.01497.

图 10.15：He，K.，et al.（2017）. Mask R-CNN. *arXiv*：1703.06870.

图 12.5：Screenshot of Jupyter © 2019 Project Jupyter.

图 13.10：Screenshot of SLM Lab © Wah Loon Keng and Laura Graesser.